基于大数据和BIM技术的工程造价管理

主　编◎黄隆盛　王志亮　谭　颖

東北林業大學出版社
Northeast Forestry University Press
·哈尔滨·

版权专有　侵权必究
举报电话：0451-82113295

图书在版编目（CIP）数据

基于大数据和BIM技术的工程造价管理 / 黄隆盛，王志亮，谭颖主编. — 哈尔滨：东北林业大学出版社，2024.1

ISBN 978-7-5674-3425-7

Ⅰ. ①基… Ⅱ. ①黄… ②王… ③谭… Ⅲ. ①建筑造价管理－应用软件－研究 Ⅳ. ①TU723.3-39

中国国家版本馆CIP数据核字(2024)第037291号

责任编辑：乔鑫鑫
封面设计：文　亮
出版发行：东北林业大学出版社
（哈尔滨市香坊区哈平六道街6号 邮编：150040）
印　　装：河北创联印刷有限公司
开　　本：787 mm×1092 mm　1/16
印　　张：17.25
字　　数：283千字
版　　次：2024年1月第1版
印　　次：2024年1月第1次印刷
书　　号：ISBN 978-7-5674-3425-7
定　　价：68.00元

如发现印装质量问题，请与出版社联系调换。（电话：0451-82113296　82191620）

前　言

BIM 技术的应用可有效改善当前工程造价数据不精确和滞后性的问题，同时还可实现对工程造价的全方位、精细化管理，但对于工程造价管理所需的其他信息，如市场价格、竞争对手信息等方面存在不足；而大数据在数据获取、处理和分析等方面具有显著的优势，但大数据无法准确获取工程本身的信息。因此，如何将大数据和 BIM 结合起来以提升工程造价管理效率已成为一个值得探讨的问题。

信息是开展工程造价工作中最为重要的影响因素，会对造价管理水平产生直接影响。运用大数据和 BIM 技术可以有效提升工程造价水平，改善造价管理绩效。基于此，本书首先分析了影响工程造价管理水平的因素，然后提出了基于大数据和 BIM 的工程造价管理的具体措施，以期为开展工程造价管理工作提供一定的借鉴意义。在我国建筑领域工程造价中，合理使用 BIM 技术能有效减轻人员工作负担，提升造价工作的准确性和有效性。

本书旨在研究基于大数据和 BIM 技术的工程造价管理，分析在大数据环境下，工程造价存在的一些问题，造成相关信息不能共享。针对这样的情况，合理应用 BIM 技术可以为工程造价管理信息系统打下坚实的基础，发挥 BIM 技术的最大价值，提升建筑行业工程造价的整体水平。

作　者

2023 年 7 月

目　　录

第一章　绪　论

第一节　BIM 技术的背景研究

一、BIM 的市场驱动力

在走可持续发展道路及低碳理念普及的大背景下，数字技术又举起BIM（建筑信息化模型）的大旗，登上建筑业的舞台。与传统仅提供技术支持并单纯影响建筑行业不同的是，BIM 能搭建一个或多个综合性系统平台，向项目投资者、规划设计者、施工建设者、监督检查者、管理维护者、运营使用者乃至改扩建者、拆除回收者等不同业内从业者提供时间范围涵盖工程项目整个周期的各类信息，并使这些信息具备联动、实时更新、动态可视化、共享、互查、互检等特点。在数字技术的支持下，不同的技术研发者编写出不同的软件来收集、分类、管理和应用这些建设项目信息，为规划师、建筑师、建造师提供技术支持与保证。伴随着一个个工程案例的实施及新的行业标准和规范的制定，BIM 全方位、多维度地影响着建筑业，开始了建筑行业的又一次变革。

目前，BIM 在我国的应用还处于起步阶段，主要运用在设计方面。事实上，BIM 可以应用于规划、招投标、施工、监理、运营等方面。BIM 应用是今后长时期内施工企业实施管理创新、技术创新，提升核心竞争力的有力保障。BIM 技术将是未来我国建筑业发展和科技提升面临的重点问题。中国建筑业协会工程建设质量管理分会针对目前工程建设 BIM 应用的研究报告调查问卷表明，从对 BIM 的了解和应用情况来看，听过 BIM 的人很多，达到受访者的 87%；但使用 BIM 的人很少，只占 6%。就 BIM 使用计划而言，促使企业应用BIM的最主要原因是投资能够得到回报，导致企业不用BIM的最主要原因是缺乏BIM人才。在项目设计阶段，施工、运营等传统后期参与方应该在设计早期就参与项目;在施工阶段,BIM有助于质量控制、安全控制、成本控制、进度控制、专业分包管理、资料管理等。受访者设计阶段做过的BIM应用包括碰撞检查、设计优化、性能分析、图纸检查、三维设计、建筑方案推敲、施工图深化和协同设计；施工阶段做过的BIM应用包括工程量统计、碰撞检查、施工过程三维动画展示、预演施工方案、管线综合、虚拟现实、施工模拟、模板放样和备工备料。

建筑业产品的单一性、项目的复杂性、设计的多维性、生产车间的流动性、团队的临时性、工艺的多样性等给建筑业的精细化管理带来了极大的挑战，且多年来国家对固定资产投资的青睐，使得建筑业成为长期利好的行业之一。因而无生存之忧的建筑企业主观上缺乏提升管理水平的动力，直接造成建筑业生产能力的落后。目前项目管理面临的挑战主要包括：更快的资金周转、更短的工期带来工期控制困难；三边工程，图纸问题多，易造成返工；工程复杂，技术难度高；投资管理复杂程度高；项目协同产生较多错误且效率低下；施工技术、质量与安全管理难度大。这些挑战的根源之一是建筑业普遍缺乏全生命周期的理念。建筑物在规划、设计、施工、竣工后运营乃至拆除的全生命周期过程中，建筑物的运营周期一般都达数十年之久，运营阶段的资金投入在全生命周期中比最大。尽管建筑竣工后的运营管理不在传统的建筑业范围之内，但是建筑运营阶段所发现的问题大部分可以从前期规划、设计和施工阶段找到原因。由于建筑的复杂性以及专业的分工化的发展，在传统建筑业生产方式下，规划、设计、施工、运营各阶段都存在一定的割裂性，整个行业普遍缺乏全生命周期的理念，存在着大量的返工、浪费与其他无效工作，造成了巨大的成本与效率损失。

BIM的意义在于完善了整个建筑行业从上游到下游的各个管理系统和工作流程间的纵、横向沟通和多维性交流，实现了项目全生命周期的信息化管理。BIM的技术核心是一个由计算机三维模型所形成的数据库，包含了贯穿于设计、施工和运营管理等整个项目全生命周期的各个阶段，并且各种信息始终建立在一个三维模型数据库中。BIM能够使建筑师、工程师、施工人员以及业主全面清楚地了解项目，建筑设计专业可以直接生成三维实体模型，结构专业则可取其中墙材料强度及墙上孔洞大小进行计算，设备专业可以据此进行建筑能量分析、声学分析、光学分析等，施工单位则可根据混凝土类型、配筋等信息进行水泥等材料的备料及下料，开发商则可取其中的造价、门窗类型、工程量等信息进行工程造价总预算、产品订货等。BIM 在促进建筑专业人员整合、改善设计成效方面发挥的作用与日俱增，它将人员、系统和实践全部集成到一个流程中，使所有参与者充分发挥自己的智慧和才华，可在设计、制造和施工等阶段优化项目成效，为业主增加价值、减少浪费，并最大限度地提高效率。

说到 BIM，不得不说的就是“协同”。实施 BIM 的最终目的是要提高项目质量和效率，从而减少后续施工期间的返工，保障施工工期，节约项目资金。BIM 的价值主要体现在五个方面：可视化、协调性、模拟性、优化性、出图。

可视化的真正运用在建筑业的作用非常大，如经常拿到的施工图纸，只是各个构件的信息在图纸上采用线条绘制表达，但是其真正的构造形式就需要建筑业参与人员去自行想象。BIM 提供了可视化的思路，将以往线条式的构件形成一种三维的立体实物图形展示在人们面前，使得设计师和业主等人员对项目需求是否得到满足的判断更加明确、高效，使决策更为准确。在设计时，常常由于各专业设计师之间的沟通不到位而出现各种专业之间的碰撞问题。BIM 的协调性就可以帮助处理这种问题。也就是说，BIM 可在建筑物建造前期对各专业的碰撞问题进行协调，生成协调数据。

协调性是建筑业中的重点内容，不管是施工单位，还是业主及设计单位，都在做着协调及相配合的工作。BIM 的协调作用也并不是只能解决各专业间的碰撞问题，它还可以解决如电梯井布置与其他设计布置及净空要求的协调、防火分区与其他设计布置的协调、地下排水布置与其他设计布置的协调等。

模拟性表现为，BIM 将原本需要在真实场景中实现的建造过程与结果在数字虚拟中预先实现。在招投标阶段和施工阶段可以进行 4D 模拟，根据施工的组织设计模拟实际施工，从而确定合理的施工方案来指导施工。同时，还可以进行 5D 模拟，实现成本控制。

在优化性方面，目前基于 BIM 的优化主要包括项目方案优化和特殊项目的优化。项目方案优化把项目设计和投资回报分析结合起来，设计变化对投资回报的影响可以实时计算出来，还可以对施工难度比较大和问题比较多的方案进行优化。

至于出图，更是BIM相比于CAD的最大优势。操作者可随机同步提供、阅读BIM模型内任一专业、任一节点、任一时间段的图纸、技术资料和文件。

推动 BIM 的应用，需要政府的引导、相关行业协会的推动、企业积极参与、市场的认可以及 BIM 技术研发和电脑硬件、软件的发展支撑。可以用一句话来描述国内建筑业三个主要参与方（业主、设计方、施工方）使用 BIM 的情况：受益最大的是业主，贡献最大的是设计方，动力最大的是施工方。

BIM 可以被简单地形容为“模型 + 信息”，模型是信息的载体，信息是模型的核心。同时，BIM 又是贯穿规划、设计、施工和运营的建筑全生命周期，可以供全生命周期的所有参与单位基于统一的模型实现协同工作。目前，BIM 的应用尚属初级阶段，除施工阶段 BIM 应用点基本可以形成体系外，设计阶段还主要体现在某些点的应用，还未能形成面，与项目管理、企业管理还有一段距离，运维阶段的 BIM 还处于探索阶段。但 BIM 的价值已经被行业所认可，BIM 的发展与推广将势不可当。

随着 BIM 模型中数据的分析与处理应用越来越深入，与管理职能结合度越来越高，最后将与项目管理（设计项目管理/施工项目管理/运维管理）、项目群管理、企业管理相结合。BIM 是数据的载体，通过提取数据价值，可以提高决策水平、改善业务流程，其已成为企业成功的关键要素。同时，BIM 模型中的数据是海量的，大量 BIM 模型的积累构成了建筑业的大数据时代，通过数据的积累、挖掘、研究与分析，总结归纳数据规律，形成企业知识库，在此基础上形成智能化的应用，可以有效用于预测、分析、控制与管理等。

未来，企业要想从激烈的竞争中获得领先优势，就必须借助信息技术改变原有建筑业靠大量资本、技术和劳动力投入的状况。也就是说，形成产业链竞争力的核心价值就在于 BIM 技术让信息形成了资产的改变，改变后的资产会带来超额的利润。而这也正好暗合了信息化的内在实质：以低成本的方式实现高水平的管控，实现信息共享，实现上下左右的无缝对接。

而最先要做的就是提高建筑企业的重视度。有的企业将 BIM 等信息化建设作为“面子工程”，没有务实推进的打算及长远规划，对信息化在企业发展中发挥的重要作用缺乏应有的认识。提高建筑企业对 BIM 应用的意识至关重要，这是目前提高 BIM 应用范围和水平的先决要素。中国建筑业协会工程建设质量管理分会有关专家认为，企业成功实施 BIM 可以分为四个阶段。第一阶段是制定战略。根据企业总体目标和资源拥有情况确定企业 BIM 实施的总体战略和计划，包括确定 BIM 实施目标、建立 BIM 实施团队、确定 BIM 技术路线、组织 BIM 应用环境等工作。第二阶段是重点突破。选择确定本企业从哪些 BIM 重点应用开始切入，对于已经选择确定的 BIM 重点应用逐个在项目中实施，从中总结出每个重点应用在企业的最佳实施方法。第三阶段是推广集成。首先是对已经实践过的 BIM 重点应用按照总结出来的最佳方法进行推广；其次是尝试不同 BIM 应用之间的集成应用，以及 BIM 和企业其他系统之间（如 ERP、采购、财务等）的集成应用，总结出集成应用的最佳方法。第四阶段是行业标准。推广集成应用和参与行业标准制定。中国建筑业协会工程建设质量管理分会秘书长李菲表示，大力推广应用包括 BIM 在内的先进质量技术和方法，将是今后分会工作的重点。目前还没有一套适合我国的 BIM 标准，这大大限制了 BIM 技术在国内的推广和应用。因此，构建 BIM 的标准成为一项紧迫与重要的任务。值得欣慰的是，政府已逐渐重视 BIM 的应用，并加快推广 BIM、协同设计、移动通信、无线射频、虚拟现实、4D 项目管理等技术在勘察设计、施工和工程项目管理中的应用。技术的创新也将推动 BIM 的应用。目前研究成果大多停留在论文、非商品化软件、示范案例上，对影响行业未来提升转型的信息化核心技术的核心工具 BIM 软件，必须要有一个非常明确的战略以及相应的行动路线，使软件更好地推进 BIM 的应用。

BIM 的理论基础主要源于制造行业集 CAD、CAM 于一体的计算机集成制造系统 CIMS（Computer Integrated Manufacturing System）理念和基于产品数据管理 PDM 与 STEP 标准的产品信息模型。

CAD 技术将建筑师、工程师从手工绘图推向计算机辅助制图，实现了工程设计领域的第一次信息革命。但是此信息技术对产业链的支撑作用是断点的，各个领域和环节之间没有必然的关联，从产业整体来看，信息化的综合应用明显不足。BIM是一种技术、一种方法、一种过程，它既包括建筑物全生命周期的信息模型，同时又包括建筑工程管理行为的模型，它将两者进行完美的结合来实现集成管理，它的出现将引发整个A/E/C（Arechitecture/Engineering/Construction）领域的第二次革命，BIM从二维（以下简称2D）设计转向三维（以下简称3D）设计，从线条绘图转向构件布置，从单纯几何表现转向全信息模型集成，从各工种单独完成项目转向各工种协同完成项目，从离散的分步设计转向基于同一模型的全过程整体设计，从单一设计交付转向建筑全生命周期支持。

由此可见，BIM带来的不仅是激动人心的技术冲击，更加值得注意的是，BIM技术与协同设计技术将成为互相依赖、密不可分的整体。协同是BIM的核心概念，同一构件元素只需输入一次，各工种即可共享该元素数据，并从不同的专业角度操作该构件元素。从这个意义上说，协同已经不再是简单的文件参照。可以说，BIM技术将为未来协同设计提供底层支撑，大幅提升协同设计的技术含量，它带来的不仅是技术，也将是新的工作流程及新的行业惯例。那么，BIM是在什么背景下出现的呢？BIM在整个工程建设行业中处于什么样的位置呢？而工程建设行业又赋予了BIM怎样的使命呢？

二、BIM在工程建设行业的位置

所谓BIM，即指基于最先进的三维数字设计和工程软件所构建的“可视化”的数字建筑模型，为设计师、建筑师、水电暖铺设工程师、开发商乃至最终用户等各环节人员提供“模拟和分析”的科学协作平台，帮助他们利用三维数字模型对项目进行设计、建造及运营管理，最终使整个工程项目在设计、施工和使用等各个阶段都能够有效地实现节省能源、节约成本、降低污染和提高效率的目的。

BIM在项目的全生命周期中都可以进行应用，从项目的概念设计、施工、运营，甚至后期的翻修或拆除，所有环节都可以提供相关的服务。BIM不但可以进行单栋建筑设计，还可以对一些大型的基础设施项目，包括交通运输项目、土地规划、环境规划、水利资源规划等进行设计。在美国，BIM的普及率与应用程度较高，政府或业主会主动要求项目运用统一的

BIM标准，甚至有的州已经立法，强制要求州内的所有大型公共建筑项目必须使用BIM。目前，美国所使用的BIM标准包括NBIMS（美国BIM标准，United States National Building Information Modeling Standard）、COBIE（Construction Operations Building Information Exchange）标准、IFC（Industry Foundation Class）标准等，不同的州政府或项目业主会选用不同的标准，但是他们的使用前提都是要求通过统一标准为相关利益方带来最大的价值。欧特克公司创建了一个指导BIM实施的工具“BIM Deployment Plan”，以帮助业主、建筑师、工程师和承包商实施BIM。这个工具可以为各个公司提供管理沟通的模型标准，对BIM使用环境中各方担任的角色和责任提出建议，并提供最佳的业务和技术惯例，目前英文版已经供下载使用，中文版也将在不久后推出。

BIM方法与理念可以帮助包括设计师、施工方等各相关利益方更好地理解可持续性以及它的四个重要因素：能源、水资源、建筑材料和土地。Erin向大家介绍了欧特克工程建设行业总部大楼的案例。该项目就是运用BIM理念进行设计、施工的，获得了绿色建筑的白金认证。大楼建筑面积超过5 000 m^2，从概念设计到入住仅用了8个月时间，每平方米的成本节省了29美元，节省了37%的能源成本，并真正地实现了零事故零索赔。欧特克作为业主成为最大的受益方，通过运用BIM实现可持续发展的模式，节约了大量可能被耗费的资源和成本。

随着行业的发展以及需求的凸显，中国企业已经形成共识：BIM将成为中国工程建设行业未来的发展趋势。相对于欧美、日本等发达国家，中国的BIM应用与发展比较滞后，BIM标准的研究还处于起步阶段。因此，在中国已有规范与标准保持一致的基础上，构建BIM的中国标准成为紧迫与重要的工作。同时，中国的BIM标准如何与国际使用标准（如美国的NBIMS）有效对接、政府与企业如何推动中国BIM标准的应用都将成为今后工作的挑战。我们需要积极推动BIM标准的建立，为行业可持续发展奠定基础。毋庸置疑，BIM是引领工程建设行业未来发展的利器，我们需要积极推广BIM在中国的应用，以帮助设计师、建筑师、开发商以及业主运用三维模型进行设计、建造和管理，不断推动中国工程建设行业的可持续发展。

三、行业赋予 BIM 的使命

一个工程项目的建设、运营涉及业主、用户、规划、政府主管部门、建筑师、工程师、承建商、项目管理、产品供货商、测量师、消防、卫生、环保、金融、保险、法务、租售、运营、维护等几十类、成百上千家参与方和利益相关方。一个工程项目的典型生命周期包括规划和计划、设计、施工、项目交付和试运行、运营维护、拆除等阶段，时间跨度从几十年到一百年，甚至更长。把这些不同项目参与方和项目阶段联系起来的是基于建筑业法律法规和合同体系建立起来的业务流程，支持完成业务流程或业务活动的是各类专业应用软件，而连接不同业务流程之间和一个业务流程内不同任务或活动之间的纽带则是信息。

一个工程项目的信息数量巨大、信息种类繁多，但是基本上可以分为以下两种形式。

1. 结构化形式

机器能够自动理解的即结构化形式，如 EXCEL、BIM 文件。

2. 非结构化形式

机器不能自动理解的即非结构化形式，需要人工进行解释和翻译，如 WORD、CAIX。目前工程建设行业的做法是，各个参与方在项目不同阶段用自己的应用软件去完成相应的任务，输入应用软件需要的信息，把合同规定的工作成果交付给接收方，如果关系好，也可以把该软件的输出信息交给接收方做参考。下游（信息接收方）将重复上面描述的这个做法。

由于当前合同规定的交付成果以纸质成果为主，在这个过程中项目信息被不断地重复输入、处理、输出成合同规定的纸质成果，下一个参与方再接着输入他的软件需要的信息。据美国建筑科学研究院的研究报告统计，每个数据在项目生命周期中平均被输入 7 次。

事实上，在一个建设项目的全生命周期内，我们不仅不缺信息，甚至也不缺数字形式的信息，试问在如今建设项目众多的参与方当中，哪一家不是在用计算机处理他们的信息的？我们真正缺少的是对信息的结构化组织管理（机器可以自动处理）和信息交换（不用重复输入）。由于技术、经济和法律的诸多原因，这些信息在被不同的参与方以数字形式输入处理以后又被降级成纸质文件交付给下一个参与方了，或者即使上游参与方愿意将数字化成果交付给下游参与方，也会因为不同的软件之间信息不能互用而束手无策。

这就是行业赋予 BIM 的使命：解决项目不同阶段、不同参与方、不同应用软件之间的信息结构化组织管理和信息交换共享，使得合适的人在合适的时候得到合适的信息，这个信息要求准确、及时、够用。

美国国家 BIM 标准由此提出 BIM 和 BIM 交互的需求都应该基于：

①一个共享的数字表达。

②包含的信息具有协调性、一致性和可计算性，是可以由计算机自动处理的结构化信息。

③基于开放标准的信息互用。

④能以合同语言定义信息互用的需求。

在实际应用的层面，从不同的角度，对 BIM 会有不同的解读：

a. 应用到一个项目中，BIM 代表着信息的管理，信息被项目所有参与方提供和共享，确保正确的人在正确的时间得到正确的信息。

b. 对于项目参与方，BIM 代表着一种项目交付的协同过程，定义各个团队如何工作，多少团队需要一块工作，如何共同去设计、建造和运营项目。

c. 对于设计方，BIM 代表着集成化设计，鼓励创新，优化技术方案，提供更多的反馈，提高团队水平。

美国 building SMART 联盟主席 Dana K.Smith 先生提出了一种对 BIM 的通俗解释，他将“数据（Data）—信息（Information）—知识（Knowledge）—智慧（Wisdom）”放在一个链条上，认为 BIM 本质上就是这样一个机制：把数据转化成信息，从而获得知识，让我们智慧地行动。理解这个链条是理解 BIM 价值以及有效使用建筑信息的基础。

借助中国古代的哲学思想，我们可以找到 BIM 运动变化的规律。“一阴一阳之谓道”，构成的是一种互相交替循环的动态状况，这才称其为道。在 BIM 的动态发展链条上，业务需求（不管是主动的需求还是被动的需求）引发 BIM 应用，BIM 应用需要 BIM 工具和 BIM 标准，业务人员（专业人员）使用 BIM 工具和标准生产 BIM 模型及信息，BIM 模型和信息支持业务需求的高效优质实现。BIM 的世界就此而得以诞生和发展。

第二节 BIM 技术概述

一、BIM 技术的概念

目前，国内外关于 BIM 的定义或解释有多种版本，现介绍几种常用的 BIM 定义。

第一种，MeGraw.Hill 集团的定义。

MeGraw.Hill（麦克格劳·希尔）集团在 2009 年的一份 BIM 市场报告中将 BIM 定义为：BIM 是利用数字模型对项目进行设计、施工和运营的过程。

第二种，美国国家 BIM 标准的定义。

美国国家 BIM 标准（NBIMS）对 BIM 的含义进行了四个层面的解释："BIM 是一个设施（建设项目）物理和功能特性的数字表达；一个共享的知识资源；一个分享有关这个设施的信息，为该设施从概念到拆除的全生命周期中的所有决策提供可靠依据的过程；在项目不同阶段，不同利益相关方通过在 BIM 中插入、提取、更新和修改信息，以支持和反映其各自职责的协同作业。"

第三种，国际标准化组织设施信息委员会的定义。

国际标准化组织设施信息委员会（Facilities Information Council）将 BIM 定义为："BIM 是利用开放的行业标准，对设施的物理和功能特性及其相关的项目生命周期信息进行数字化形式的表现，从而为项目决策提供支持，有利于更好地实现项目的价值。"在其补充说明中强调，BIM 将所有的相关方面集成在一个连贯有序的数据组织中，相关的应用软件在被许可的情况下可以获取、修改或增加数据。

根据以上三种对 BIM 的定义、相关文献及资料，我们可将 BIM 的含义总结为以下三点：

第一，BIM 是以三维数字技术为基础，集成了建筑工程项目各种相关信息的工程数据模型，是对工程项目设施实体与功能特性的数字化表达。

第二，BIM是一个完善的信息模型，能够连接建筑项目全生命周期不同阶段的数据、过程和资源，是对工程对象的完整描述，提供可自动计算、查询、组合拆分的实时工程数据，可被建设项目各参与方普遍使用。

第三，BIM具有单一工程数据源，可解决分布式、异构工程数据之间的一致性和全局共享问题，支持建设项目全生命周期中动态的工程信息创建、管理和共享，是项目实时的共享数据平台。

二、BIM技术的特点

1. 信息完备性

除了对工程对象进行3D几何信息和拓扑关系的描述外，还包括完整的工程信息描述，如对象名称、结构类型、建筑材料、工程性能等设计信息，施工程序、进度、成本、质量以及人力、机械、材料资源等施工信息，工程安全性能、材料耐久性能等维护信息，对象之间的工程逻辑关系等。

2. 信息关联性

信息模型中的对象是可识别且相互关联的，系统能够对模型的信息进行统计和分析，并生成相应的图形和文档。如果模型中的某个对象发生变化，那么与之关联的所有对象都会随之更新，以保持模型的完整性。

3. 信息一致性

在建筑全生命周期的不同阶段，模型信息是一致的，同一信息无须重复输入，而且信息模型能够自动演化，模型对象在不同阶段可以简单地进行修改和扩展而无须重新创建，避免了信息不一致的错误。

4. 可视化

BIM提供了可视化的思路，让以往在图纸上线条式的构件变成一种三维的立体实物形式展示在人们的面前。BIM的可视化是一种能够将构件之间形成互动性的可视，可以用作展示效果图及生成报表。更具应用价值的是，在项目设计、建造、运营过程中，各过程的BIM通过讨论、决策都能在可视化的状态下进行。

5. 协调性

在设计时，由于各专业设计师之间的沟通不到位，往往会出现施工中各种专业之间的碰撞问题，如结构设计的梁等构件在施工中妨碍暖通等专业中的管道布置。BIM建筑信息模型可在建筑物建造前期将各专业模型汇集在一个整体中，进行碰撞检查，并生成碰撞检测报告及协调数据。

6. 模拟性

BIM不仅可以模拟设计出建筑物模型，还可以模拟难以在真实世界中进行操作的事物，具体表现如下。

①在设计阶段，可以对设计上所需数据进行模拟试验，如节能模拟、日照模拟、热能传导模拟等。

②在招投标及施工阶段，可以进行4D模拟（3D模型中加入项目的发展时间），根据施工的组织设计来模拟实际施工，从而确定合理的施工方案；还可以进行5D模拟（4D模型中加入造价控制），从而实现成本控制。

③后期运营阶段，可以对突发紧急情况的处理方式进行模拟，如模拟地震中人员逃生及火灾现场人员疏散等。

7. 优化性

整个设计、施工、运营的过程，其实就是一个不断优化的过程，没有准确的信息是做不出成果的。BIM模型提供了建筑物存在的实际信息，包括几何信息、物理信息等，还提供了建筑物变化以后的实际存在信息。BIM及与其配套的各种优化工具提供了项目进行优化的可能，把项目设计和投资回报分析结合起来，计算出设计变化对投资回报的影响，使业主能够明确哪种项目设计方案更有利于自身的需求；对设计施工方案进行优化，可以显著地缩短工期和降低造价。

8. 可出图性

BIM可以自动生成常用的建筑设计图纸及构件加工图纸。通过对建筑物进行可视化展示、协调、模拟及优化，可以帮助业主生成消除了碰撞点、优化后的综合管线图，生成综合结构预留洞图、碰撞检查侦错报告及改进方案等。

三、BIM的三个维度

实践表明，从项目阶段、项目参与方和BIM应用层次三个维度去理解BIM是一个全面、完整认识BIM的有效途径，虽然不同的人对项目阶段的划分可能不尽相同，对项目参与方种类的统计未必一致，对BIM应用层次的预测不一定完全一样，但是这并不妨碍从三个维度认识 BIM 的方法是一个实用、有效的方法。

1.BIM 的第一个维度——不同项目阶段

美国标准和技术研究院（National Institute of Standards and Technology，NIST）关于工程项目信息使用的有关资料把项目的生命周期划分为如下六个阶段：规划和计划、设计、施工、交付和试运行、运营和维护、清理。

（1）规划和计划阶段

规划和计划是由物业的最终用户发起的，这个最终用户未必一定是业主。这个阶段需要的信息是最终用户根据自身业务发展的需要对现有设施的条件、容量、效率、运营成本和地理位置等要素进行评估，以决定是否需要购买新的物业或者改造已有物业。这个分析既包括财务方面的，也包括物业实际状态方面的。

如果决定需要启动一个建设或者改造项目，下一步就是细化上述业务发展对物业的需求，这也是开始聘请专业咨询公司（建筑师、工程师等）的时间点，这个过程结束以后，就进入设计阶段。

（2）设计阶段

设计阶段的任务是解决“做什么”的问题。设计阶段把规划和计划阶段的需求转化为对这个建筑物的物理描述，这是一个复杂而关键的阶段，在这个阶段做决策的人以及产生信息的质量会对物业的最终效果产生非常大的影响。

设计阶段创建的大量信息，虽然相对简单，但却是物业生命周期所有后续阶段的基础。相当数量不同专业的专业人士在这个阶段介入设计过程，其中包括建筑师、土木工程师、结构工程师、机电工程师、室内设计师、预算造价师等，而且这些专业人士可能分属于不同的机构，因此他们之间的实时信息共享非常关键，但真正能做到的却是凤毛麟角。

传统情形下，影响设计的主要因素有建筑物计划、建筑材料、建筑产品和建筑法规，其中建筑法规包括土地使用、环境、设计规范、试验等。近年来，施工阶段的可建性和施工顺序问题，制造业的车间加工和现场安装方法，以及精益施工体系中的“零库存”设计方法被越来越多地引入设计阶段。设计阶段的主要成果是施工图和明细表，典型的设计阶段通常在进行施工承包商招标的时候结束，但是对 DB/EPC/IPD 等项目实施模式来说，设计和施工是两个连续进行的阶段。

（3）施工阶段

施工阶段的任务是解决“怎么做”的问题，是让对建筑物的物理描述变成现实的阶段。施工阶段的基本信息实际上就是设计阶段创建的描述将要建造的那个建筑物的信息，传统上通过图纸和明细表进行传递。施工承包商在此基础上增加产品来源、深化设计、加工、安装过程、施工排序和施工计划等信息。

设计图纸和明细表的完整性和准确性是施工能够按时、按造价完成的基本保证，而事实却非常不乐观。由于设计图纸的错误、遗漏、协调差以及其他质量问题导致大量工程项目的施工过程超工期、超预算。大量的研究和实践表明，富含信息的三维数字模型可以改善设计交给施工的工程图纸文档的质量、完整性和协调性。而使用结构化信息形式和标准信息格式可以使得施工阶段的应用软件，如数控加工、施工计划软件等，直接利用设计模型。

（4）交付和试运行阶段

当项目基本完工，最终用户开始入住或使用该建筑物的时候，交付就开始了，这是由施工向运营转换的一个相对短暂的时间，但是通常这也是从设计和施工团队获取设施信息的最后机会。正是由于这个原因，从施工到交付和试运行的这个转换点被认为是项目生命周期最关键的节点。

在项目交付和试运行阶段，业主认可施工工作、交接必要的文档、执行培训、支付保留款、完成工程结算。其主要的交付活动包括：启动建筑和产品系统；发放入住授权，开始使用建筑物；业主给承包商准备竣工查核事项表；完成运营和维护培训；提交竣工计划；保用和保修条款开始生效；完成最终验收检查；完成最后的支付；最终生产成本报告和竣工时间表。虽然每个项目都要进行交付，但并不是每个项目都需要进行试运行的。

试运行是这样一个系统化的过程：这个过程确保和记录所有的系统和部件都能按照明细和最终用户要求，以及业主运营需要完成其相应功能。随着建筑系统越来越复杂，承包商越来越趋于专业化，传统的开启和验收方式已经被证明是不合适的了。根据美国建筑科学研究院的研究，一个经过试运行的建筑其运营成本要比没有经过试运行的减少 8%~20%。比较而言，试运行的一次性投资是建造成本的 0.5%~1.5%。

在传统的项目交付过程中，信息要求集中于项目竣工文档、实际项目成本、实际工期和计划工期的比较、备用部件、维护产品、设备和系统培训操作手册等，这些信息主要由施工团队以纸质文档形式进行递交。

使用项目试运行方法，信息需求来源于项目早期的各个阶段。最早的计划阶段定义了业主和设施用户的功能、环境和经济要求；设计阶段通过产品研究和选择、计算和分析、草稿和绘图、明细表以及其他描述形式将需求转化为物理现实，这个阶段产生了大量信息并被传递到施工阶段。连续试运行概念要求从项目概念设计阶段就考虑试运行的信息要求，同时在项目发展的每个阶段随时收集这些信息。

（5）运营和维护阶段

虽然设计、施工和试运行等活动是在数年之内完成的，但是项目的生命周期可能会延伸几十年甚至几百年，因此运营和维护是最长的阶段，也是花费成本最高的阶段。毋庸置疑，运营和维护阶段是能够从结构化信息递交中获益最多的项目阶段。

计算机维护管理系统和企业资产管理系统是两类分别从物理和财务角度进行设施运营和维护信息管理的软件产品。目前情况下，自动从交付和试运行阶段为上述两类系统获取信息的能力还相当差，信息的获取还得主要依靠高成本、易出错的人工干预。

运营和维护阶段的信息需求包括设施的法律、财务和物理信息等各个方面，信息的使用者包括业主、运营商（包括设施经理和物业经理）、住户、供应商和其他服务提供商等。

物理信息几乎完全来源于交付和试运行阶段设备和系统的操作参数，质量保证书，检查和维护计划，维护和清洁用的产品、工具、备件；法律信息包括出租、区划和建筑编号、安全和环境法规等；财务信息包括出租和运营收入，折旧计划，运维成本。此外，运维阶段也产生自己的信息，这些信息可以用来改善设施性能，以及支持设施扩建或清理的决策。运维阶段产生的信息包括运行水平、入住程度、服务请求、维护计划、检验报告、工作清单、设备故障时间、运营成本、维护成本等。最后，还有一些在运营和维护阶段对建筑物造成影响的项目，如住户增建、扩建、改建、系统或设备更新等，每一个这样的项目都有自己的生命周期、信息需求和信息源，实施这些项目最大的挑战就是根据项目变化来更新整个设施的信息库。

（6）清理所致

建筑物的处置有资产转让和拆除两种方式。如果出售的话，关键的信息包括财务和物理性能数据：设施容量、出租率、土地价值、建筑系统和设备的剩余寿命、环境整治需求等。如果拆除的话，需要的信息就包括需要拆除的材料数量和种类、环境整治需求、设备和材料的废品价值、拆除结构所需要的能量等，这里的有些信息需求可以追溯到设计阶段的计算和分析工作。

2.BIM的第二维度——不同项目参与方

对BIM能够对项目不同参与方和利益相关方带来的利益进行了如下说明：

①业主：所有物业的综合信息，按时、按预算物业交付。

②规划师：集成场地现状信息和公司项目规划要求。

③经纪人：场地或设施信息支持买入或卖出。

④估价师：设施信息支持估价。

⑤按揭银行：关于人口统计、公司、生存能力的信息。

⑥设计师：规划、场地信息和初步设计。

⑦工程师：从电子模型中输入信息到设计和分析软件。

⑧成本和工程量预算师：使用电子模型得到精确工程量。

⑨明细人员：从智能对象中获取明细清单。

⑩合同和律师：更精确的法律描述，无论是应诉还是起诉都更精确。

⑪施工承包商：智能对象支持投标、订货以及存储得到的信息。

⑫分包商：更清晰的沟通以及上述和承包商同样的支持。

⑬预制加工商：使用智能模型进行数控加工。

⑭施工计划：使用模型优化施工计划和分析可建性问题。

⑮规范负责人（行业主管部门）：规范检查软件处理模型信息更快更精确。

⑯试运行：使用模型确保设施按设计要求建造。

⑰设施经理：提供产品、保修和维护信息。

⑱维修保养：确定产品进行部件维修或更换。

⑲翻修重建：最小化预料之外的情况以及由此带来的成本。

⑳废弃和循环利用：更好地判断什么可以循环利用。

㉑范围、试验、模拟：数字化建造设施以消除冲突。

㉒安全和职业健康：知道使用了什么材料以及相应的材料安全数据表。

㉓环境：为环境影响分析提供更好的信息。

㉔工厂运营：工艺流程三维可视化。

㉕能源：BIM 支持更多的设计方案比较，使得能源优化分析更易实现。

㉖安保：智能三维对象更好地帮助发现漏洞。

㉗网络经理：三维实体网络计划对故障排除作用巨大。

㉘ CIO：更好地为商业决策提供基础，现有基础设施信息。

㉙风险管理：对潜在风险和如何避免及最小化有更好的理解。

㉚居住（使用）支持：可视化效果帮助找地方一些专业人士读懂平面图。

（1）社会形态法

社会形态法通过项目成员之间应用 BIM 的关系把 BIM 应用由低到高划分为三个层次：孤立 BIM、社会 BIM、亲密 BIM。

（2）拆字释义法

拆字释义法通过对 BIM 三个字母不同含义的理解对 BIM 的应用层次进行描述。这里也把 BIM 应用分为三个层次，分别为 M——模型应用、I——信息集成、B——业务模式和业务流程优化。

（3）乾坤大挪移法

乾坤大挪移法模拟乾坤大挪移的七个层次武功境界，把 BIM 应用的境界由低到高分为如下七个层次：

第一层：回归 3D。

第二层：协调综合。

第三层：4D/5D。

第四层：团队改造。

第五层：整合现场。

第六层：工业化自动化。

第七层：打通产业链。

四、BIM 与相关技术和方法

BIM 对建筑业的绝大部分同行来说还是一种比较新的技术和方法，在 BIM 产生和普及应用之前及其过程中，建筑行业已经使用了不同种类的数字化及相关技术和方法，包括 CAD、可视化、参数化、CAE、协同、BLM、IPD、VDC、精益建造、流程、互联网、移动通信、RFID 等。那么这些技术和方法与 BIM 之间的关系如何？ BIM 是如何和这些相关技术方法一起来帮助建筑业实现产业提升的呢？

这些内容涉及的面非常广，要完全讲清楚需要相当大的篇幅，这里只做简要介绍。

1.BIM 和 CAD

BIM 和 CAD 是两个经常遇到的概念，目前工程建设行业的现状就是人人都在用 CAD，人人都知道还有一个新东西叫作 BIM，听到、碰到的频率越来越高，而且用 BIM 的项目和人在慢慢增多，这方面的资料也在慢慢增多。

BIM 和 CAD 这两个概念乍一看好像很容易区分，仔细一琢磨却不是那么容易讲清楚。

2.BIM 和可视化

可视化是创造图像、图表或动画来进行信息沟通的各种技巧，自从人类出现以来，无论是沟通抽象的还是具体的想法，利用图画的可视化方法都已经成为一种有效的手段。

从这个意义上来说，实物的建筑模型、手绘效果图、照片、电脑效果图、电脑动画都属于可视化的范畴，符合“用图画沟通思想”的定义，但是二维施工图不是可视化。因为施工图本身只是一系列抽象符号的集合，是一种建筑业专业人士的“专业语言”，而不是一种“图画”，所以施工图属于“表达”范畴，也就是把一件事情的内容讲清楚，但不包括把一件事情讲得容易沟通。

当然，我们这里说的可视化是指电脑可视化，包括电脑动画和效果图等。有趣的是，大家约定俗成地对电脑可视化的定义与维基百科的定义完全一致，也和建筑业本身有史以来的定义不谋而合。

如果我们把 BIM 定义为建设项目所有几何、物理、功能信息的完整数字表达或者称之为建筑物的 DNA 的话，那么 2D CAD 平、立、剖面图纸可被比作该项目的心电图、B 超和 X 光，而可视化就是这个项目特定角度的照片或者录像，即 2D 图纸和可视化都只是表达或表现了项目的部分信息，但不是完整信息。

在目前 CAD 和可视化作为建筑业主要数字化工具的时候，CAD 图纸是项目信息的抽象表达，可视化是对 CAD 图纸表达的项目部分信息的图画式表现。由于可视化需要根据 CAD 图纸重新建立三维可视化模型，因此时间和成本的增加以及错误的发生就成为这个过程的必然结果。更何况 CAD 图纸是在不断调整和变化的，这种情形下，要让可视化的模型和 CAD 图纸始终保持一致，成本会非常高。一般情形下，效果图看完也就算结束了，工作人员不会去更新保持和 CAD 图纸一致。这也就是目前情况下项目建成的结果和可视化效果不一致的主要原因之一。

使用 BIM 以后这种情况就变过来了。首先，BIM 本身就是一种可视化程度比较高的工具，而可视化是在 BIM 基础上的更高程度的可视化表现。其次，由于 BIM 包含了项目的几何、物理和功能等完整信息，可视化可以直接从 BIM 模型中获取需要的几何、材料、光源、视角等信息，不需要重新建立可视化模型，可视化的工作资源可以集中到提高可视化效果上来，而且可视化模型可以随着 BIM 设计模型的改变而动态更新，保证可视化与设计的一致性。最后，BIM 信息的完整性以及与各类分析计算模拟软件的集成，拓展了可视化的表现范围，如 4D 模拟、突发事件的疏散模拟、日照分析模拟等。

3.BIM 和参数化建模

（1）什么不是参数化建模

一般的 CAD 系统，确定图形元素尺寸和定位的是坐标，这不是参数化。为了提高绘图效率，在上述功能基础上可以定义规则来自动生成一些图形，如复制、阵列、垂直、平行等，这也不是参数化。道理很简单，这样生成的两条垂直的线，其关系是不会被系统自动维护的，用户编辑其中的一条线，另外一条不会随之变化。在 CAD 系统基础上，开发对于特殊工程项目（如水池）的参数化自动设计应用程序，用户只要输入几个参数（如直径、高度等），程序就可以自动生成这个项目的所有施工图、材料表等，这还不是参数化。这有两点原因：这个过程是单向的，生成的图形和表格已经完全没有智能（这个时候如果修改某个图形，其他相关的图形和表格不会自动更新）；这种程序对能处理的项目限制极其严格，也就是说，嵌入其中的专业知识极其有限。为了使通用的 CAD 系统更好地服务于某个行业或专业，定义和开发面向对象的图形实体（被称为“智能对象”），然后在这些实体中存放非几何的专业信息（如墙厚、墙高等），这些专业信息可用于后续的统计分析报表等工作，这仍然不是参数化。理由如下：

用户自己不能定义对象（例如一种新的门），这个工作必须通过 API 编程才能实现。

用户不能定义对象之间的关系（例如把两个对象组装起来变成一个新的对象）。

非几何信息附着在图形实体（智能对象）上，几何信息和非几何信息本质上是分离的，因此需要专门的工作或工具来检查几何信息和非几何信息的一致性和同步性。当模型大到一定程度以后，这个工作慢慢变成了实际上的不可能。

（2）什么是参数化建模

图形由坐标确定，这些坐标可以通过若干参数来确定。例如，要确定一扇窗的位置，我们可以简单地输入窗户的定位坐标，也可以通过几个参数来定位，如放在某段墙的中间、窗台高度 900 mm、内开。这样这扇窗在这个项目的生命周期中就跟这段墙发生了永恒的关系，除非被重新定义，否则系统就把这种永恒的关系记录了下来。

参数化建模是用专业知识和规则（而不是几何规则，用几何规则确定的是一种图形生成方法，例如两个形体相交得到一个新的形体等）来确定几何参数和约束的一套建模方法。从宏观层面看，我们可以总结出参数化建模的如下几个特点：

参数化对象是有专业性或行业性的，如门、窗、墙等，而不是纯粹的几何图元。因此，基于几何元素的 CAD 系统可以为所有行业所用，而参数化系统只能为某个专业或行业所用。

这些参数化对象（在这里就是建筑对象）的参数是由行业知识（Domain

Knowledge）来驱动的。例如，门窗必须放在墙里面、钢筋必须放在混凝土里面、梁必须要有支撑等。

行业知识表现为建筑对象的行为，即建筑对象对内部或外部刺激的反应，如层高变化、楼梯的踏步数量自动变化等。

参数化对象对行业知识广度和深度的反应模仿能力决定了参数化对象的智能化程度，也就是参数化建模系统的参数化程度。

微观层面，参数化模型系统应该具备下列特点：

可以通过用户界面（而不是像传统 CAD 系统那样必须通过 API 编程接口）创建形体，以及对几何对象定义和附加参数关系和约束，创建的形体可以通过改变用户定义的参数值和参数关系进行处理。

用户可以在系统中对不同的参数化对象（如一堵墙和一扇窗）之间施加约束。

对象中的参数是显式的，这样某个对象中的一个参数可以用来推导其他空间上相关的对象的参数。

施加的约束能够被系统自动维护（例如两墙相交，一墙移动时，另一墙体需自动缩短或增长以保持与之相交），应该是 3D 实体模型，应该是同时基于对象和特征的。

（3）BIM 和参数化建模

BIM 是一个创建和管理建筑信息的过程，而这个信息是可以互用和重复使用的。BIM 系统应该有以下几个特点：基于对象的；使用三维实体几何造型；具有基于专业知识的规则和程序；使用一个集成和中央的数据仓库。

从理论上说，BIM 和参数化并没有必然联系，不用参数化建模也可以实现 BIM，但从系统实现的复杂性、操作的易用性、处理速度的可行性、软硬件技术的支持性等几个角度综合考虑，就目前的技术水平和能力来看，参数化建模是 BIM 得以真正成为生产力不可或缺的基础。

4.BIM 和 CAE

简单地讲，CAE 就是国内同行常说的工程分析、计算、模拟、优化等软件，这些软件是项目设计团队决策信息的主要提供者。CAE 的历史比 CAD 早，当然更比 BIM 早，电脑的最早期应用事实上是从 CAE 开始的，包括历史上第一台用于计算炮弹弹道的ENIAC计算机，干的工作就是CAE。

CAE涵盖的领域包括以下几个方面：

①使用有限元法，进行应力分析，如结构分析等。

②使用计算流体动力学进行热和流体的流动分析，如风结构相互作用等。

③运动学，如建筑物爆破倾倒历时分析等。

④过程模拟分析，如日照、人员疏散等。

⑤产品或过程优化，如施工计划优化等。

⑥机械事件仿真。

一个CAE系统通常由前处理、求解器和后处理三个部分组成，三者的主要功能如下。前处理：根据设计方案定义用于某种分析、模拟、优化的项目模型和外部环境因素（统称为作用，如荷载、温度等）；求解器：计算项目对于上述作用的反应（如变形、应力等）后处理；后处理：以可视化技术、数据CAE集成等方式把计算结果呈现给项目团队，作为调整、优化设计方案的依据。

目前大多数情况下，CAD作为主要设计工具，CAD图形本身没有或极少包含各类CAE系统所需要的项目模型非几何信息（如材料的物理、力学性能）和外部作用信息。在能够进行计算以前，项目团队必须参照CAD图形使用CAE系统的前处理功能重新建立CAE需要的计算模型和外部作用；在计算完成以后，需要人工根据计算结果用CAD调整设计，然后再进行下一次计算。

由于上述过程工作量大、成本过高且容易出错，因此大部分CAE系统只被用作对已经确定的设计方案的一种事后计算，然后根据计算结果配备相应的建筑、结构和机电系统。至于这个设计方案的各项指标是否达到了最优效果，反而较少有人关心，也就是说，CAE作为决策依据的基本作用并没有得到很好发挥。

CAE是计算机辅助工程，重点是仿真；CAD是计算机辅助设计，重点是设计。很多CAD软件具备CAE仿真功能，CAE与CAD未来可能趋于融合。

由于BIM包含了一个项目完整的几何、物理、性能等信息，CAE可以在项目发展的任何阶段从BIM模型中自动抽取各种分析、模拟、优化所需要的数据进行计算。这样项目团队根据计算结果对项目设计方案调整以后又立即可以对新方案进行计算，直到产生满意的设计方案为止。

因此可以说，正是BIM的应用给CAE带来了第二个春天（电脑的发明是CAE的第一个春天），让CAE回归了真正作为项目设计方案决策依据的角色。

第三节　国内外BIM技术应用现状研究

经过快速发展，BIM技术正在逐步成为城市建设和运营管理的主要支撑技术和方法之一，政府机构在这方面也同样具有很大的机会和潜力。

世界各国政府为提高城市规划、建设和运营管理的水平，一直致力于发展和应用信息化技术和方法。从20世纪90年代初期美国副总统戈尔提出的“数字城市”发展到今天各国政府正在大力提倡的“智慧城市”，不断改进的信息技术在此过程中扮演了极其重要的角色。业界已熟知的CAD（Computer Aided Design，计算机辅助设计）、GIS（Geographical Information System，地理信息系统）、VR（Virtual Reality，虚拟现实）等技术已被广泛地应用到“数字城市”和“智慧城市”的建设中。

随着BIM技术的不断成熟和各国政府的积极推进，以及配套技术（数据共享、数据集成、数据交换标准研究等）的不断完善，BIM已经成为和CAD、GIS同等重要的技术支撑，共同为“智慧城市”带来更多的可能性和生命力。

在当前阶段，通过学习借鉴国内外先进的BIM技术应用经验，结合我国实际应用环境，研究总结出BIM技术在我国政府机构的相关应用方法，对提高我国城市建设和管理水平具有战略意义。政府的BIM技术应用可以分为三个层面：

第一个层面的应用是指政府在城市公共基础设施的建设中，将BIM应用于具体的建设工程。

第二个层面的应用是指各政府职能部门颁布相应政策、法规，支持编制相关技术标准，引导行业应用BIM技术，并利用BIM技术提升行业精细化管理水平。

第三个层面的应用是指各政府职能部门在BIM应用的基础之上，形成城市BIM数据库，构建“智慧城市”，为城市公共设施管理提供决策支持服务。

第一个层面的应用通过多年的发展和积累已比较成熟，在欧美一些国家、日本及中国都形成了一定的应用规模。这种针对单个项目的应用模式与建设机构的BIM应用很类似，其目的是通过BIM技术在建设工程全生命周期中，进行质量、成本、工期、安全运营的提升和优化。

第二、三个层面的应用将从城市建设管理角度出发，探讨城市管理者如何引导行业BIM应用，并最终集成城市工程建设的BIM数据库和标准库，为城市建设和运营管理提供技术支撑。目前这两个层面的应用只是在少数地区的城市政府有一些探索应用，例如，美国政府（联邦政府及少数州政府）、温哥华、柏林、伦敦、巴黎及中国广州的相关政府部门。总体来说还处于探索和发展阶段。

当这两个阶段的应用不断成熟后，BIM将与CAD、CIS等传统技术方法一起为构建“智慧城市”提供技术支撑。当形成了整个城市的“智慧”信息之后，就可以虚拟城市、进行专业分析，最终为城市管理者提供城市应急、城市发展决策依据。

一、国外BIM技术应用现状

1. 美国

美国是较早启动建筑业信息化研究的国家，发展至今，BIM研究与应用都走在世界前列。目前，美国大多建筑项目已经开始应用BIM，BIM的应用种类繁多，而且存在各种BIM协会，也出台了各种BIM标准。

关于美国BIM的发展，涉及以下几大BIM的相关机构。

（1）GSA

美国总务署（General Service Administraion，GSA）负责美国所有的联邦设施的建造和运营。为了提高建筑领域的生产效率、提升建筑业信息化水平，GSA下属的公共建筑服务（Publie Building Service）部门的首席设计师办公室（Office of the Chief Architect，OCA）推出了全国 3D4DBIM 计划。3D4DBIM 计划的目标是为所有对 3D4DBIM 技术感兴趣的项目团队提供“一站式”服务，虽然每个项目的功能、特点各异，但 OCA 会帮助每个项目团队提供独特的战略建议与技术支持，目前 OCA 已经协助和支持了超过 100 个项目。

从 2007 年起，GSA 要求，所有大型项目（招标级别）都需要应用 BIM，最低要求是空间规划验证和最终概念展示都需要提交模型。所有 CSA 的项目都被鼓励采用 3D 技术，并且根据采用这些技术的项目承包商的应用程序不同，给予不同程度的资金支持。目前 GSA 正在探讨在项目生命周期中应用 BIM 技术，包括空间规划验证、4D 模拟、激光扫描、能耗和可持续发展模拟、安全验证等，并陆续发布各领域的系列 BIM 指南，并在官网提供下载，对于规范 BIM 在实际项目中的应用起到了重要作用。

GSA 对 BIM 的强大宣传直接影响并提升了美国整个工程建设行业对 BIM 的应用。

（2）USACE

美国陆军工程兵团（The U.S. Army Corps of Engineers，USACE）是公共工程、设计和建筑管理机构。2006 年 10 月，USACE 发布了为期 15 年的 BIM 发展路线规划（Building Information Modeling：A Road Map for Implementation to Support MILCON Transformation and Civil W orks Projects within the U.S. Army Corps of Engineers），为 USACE 采用和实施 BIM 技术制定战略规划，以提升规划、设计、施工质量和效率。

其实在发布发展路线规划之前，USACE 就已经采取了一系列的方式为 BIM 做准备了。USACE 的第一个 BIM 项目是由西雅图分区设计和管理的一项无家眷军人宿舍项目，利用 Bentley 的 BIM 软件进行碰撞检查以及算量。

（3）BSA

Building SMART 联盟（Building SMART Aliance，BSA）是美国建筑科学研究院（National Institute of Building Science，NIBS）在信息资源和技术领域的一个专业委员会。BSA 致力于 BIM 的推广与研究，使项目所有参与者在项目生命周期阶段能共享准确的项目信息。BIM 通过收集和共享项目信息与数据，可以有效地节约成本、减少浪费。

BSA 下属的美国国家 BIM 标准项目委员会（The National Building Information Model Standard Project Comitee-United States，NBIMS-US）专门负责美国国家 BIM 标准（National Building Information Model Standard，NBIMS）的研究与制定。

BIM 技术起源于美国 Chuck Eastman 博士于 20 世纪末提出的建筑计算机模拟系统(Building Deseription System),根据Chuck Eastman博士的观点，BIM 是在建筑生命周期对相关数据和信息进行制作和管理的流程。从这个意义上讲，BIM 可称为对象化开发或 CAD 的深层次开发，或者为参数化的 CAD 设计，即对二维 CAD 时代产生的信息孤岛进行再组织基础上的应用。

随着信息的不断扩展，BIM 模型也在不断地发展成熟。在不同阶段，参与者对 BIM 的需求关注度也不一样，而且数据库中的信息字段也可以不断扩展。因此，BIM 模型并非一成不变，从最开始的概念模型、设计模型到施工模型，再到设施运维模型，一直不断成长。

美国是较早启动建筑业信息化研究的国家。发展至今，其在 BIM 技术研究和应用方面都处于世界领先地位。在美国，首先是建筑师引领了早期的 BIM 实践，随后是拥有大量资金以及风险意识的施工企业。当前，美国建筑设计企业与施工企业在 BIM 技术的应用方面旗鼓相当且相对比较成熟，而在其他工程领域的发展却比较缓慢。在美国，Chuck 认可的施工方面 BIM 技术应用包括：使用 BIM 进行成本估算；基于 4D 的计划与最佳实践；碰撞检查中的创新方法；使用手持设备进行设计审查和获取问题；计划和任务分配中的新方法；现场机器人的应用；异地构件预制。

BIM 是从美国发展起来的，后来逐渐扩展到欧洲国家和日本、韩国等发达国家，目前 BIM 在这些国家的发展态势和应用水平都达到了一定的程度，其中，又以美国的应用最为广泛和深入。

在美国，关于 BIM 的研究和应用起步较早。发展到今天，BIM 的应用已初具规模，各大设计事务所、施工公司和业主纷纷主动在项目中应用 BIM，政府和行业协会也出台了各种 BIM 标准。

2. 日本

在日本，BIM 应用已扩展到全国范围，并上升至政府推进的层面。日本的国土交通省负责全国各级政府投资工程，包括建筑物、道路等的建设、运营和工程造价的管理。国土交通省的大臣官房（办公厅）下设官厅营缮部，主要负责组织政府投资工程建设、运营和造价管理等具体工作。

2010 年 3 月，国土交通省的官厅营缮部门宣布，将在其管辖的建筑项目中推进 BIM 技术，根据今后施行对象的设计业务来具体推行 BIM 应用。

在日本，有“2009 年是日本的 BIM 元年”之说。大量的日本设计公司、施工企业开始应用 BIM，日本国土交通省也在 2010 年 3 月表示：已选择一项政府建设项目作为试点，探索 BIM 在设计可视化、信息整合方面的价值及实施流程。

此外，日本建筑学会于 2012 年 7 月发布了日本 BIM 指南，从 BIM 团队建设、BIM 数据处理、BIM 设计流程，应用 BIM 进行预算、模拟等方面为日本的设计院和施工企业应用 BIM 提供了指导。

二、国内 BIM 技术应用现状

近年来 BIM 在我国建筑业形成一股热潮，除了前期软件厂商的呼吁外，政府相关单位、各行业协会与专家、设计单位、施工企业、科研院校等也开始重视并推广 BIM。

在产业界，前期主要是设计院、施工单位、咨询单位等对 BIM 进行一些尝试。近年来，业主对 BIM 的认知度也在不断提升，SOHO 董事长潘石屹已将 BIM 作为 SOHO 未来三大核心竞争力之一；万达、龙湖等大型房产商也在积极探索应用 BIM；上海中心写字楼、上海迪士尼等大型项目要求在全生命周期中使用 BIM，BIM 已经是企业参与项目的门槛；其项目中也逐渐将 BIM 写入招标合同，或者将 BIM 作为技术标的重要亮点。国内大中小型设计院在 BIM 技术应用方面也日臻成熟，国内大型工、民用建筑企业也开始争相发展企业内部的 BIM 技术应用，山东省内建筑施工企业如青建集团股份、山东天齐集团、潍坊昌大集团等已经开始推广 BIM 技术应用。BIM 在国内的成功应用有奥运村空间规划及物资管理信息系统、南水北调工程、香港地铁项目等。目前，大中型设计企业已基本拥有专门的 BIM 团队，有一定的 BIM 实施经验；施工企业起步略晚于设计企业，不过很多大型施工企业也开始了对 BIM 的实施与探索，并有一些成功案例；运维阶段目前的 BIM 还处于探索研究阶段。

我国建筑行业 BIM 技术应用正处于由概念阶段转向实践应用阶段的重要时期，越来越多的建筑施工企业对 BIM 技术有了一定的认识并积极开展实践，特别是 BIM 技术在一些大型复杂的超高层项目中得到了成功应用，涌现出一大批 BIM 技术应用的标杆项目。在这个关键时期，我国住建部及各省市相关部门出台了一系列政策推广 BIM 技术。

广东省 2016 年年底政府投资 2 万 m^2 以上公建以及申报绿建项目的设计、施工应采用 BIM，省优良样板工程、省新技术示范工程、省优秀勘察设计项目在设计、施工、运营管理等环节普遍应用 BIM；2020 年年底 2 万 m^2 以上建筑工程普遍应用 BIM。

工程建设是一个典型的具备高投资与高风险要素的资本集中过程，一个质量不佳的建筑工程不仅会造成投资成本的增加，还将严重影响运营生产，工期的延误也将带来巨大的损失。BIM 技术可以改善因不完备的建造文档、设计变更或不准确的设计图纸造成的每一个项目交付的延误及投资成本的增加。它的协同功能能够支持工作人员在设计的过程中看到每一步的结果，并通过计算检查建筑是否节约了资源，或者说利用信息技术来考虑，对节约资源产生多大的影响。它不仅使工程建设团队在实物建造完成前预先体验工程，更产生一个智能的数据库，提供贯穿于建筑物整个生命周期中的支持。它能够让每一个阶段都更透明、预算更精准，更可以被当作预防腐败的一个重要工具，特别是运用在政府工程中。值得一提的是，中国第一个全 BIM 项目——总高 632 m 的“上海中心”，通过 BIM 提升了规划管理水平和工程质量，据有关数据显示，其材料损耗从原来的 3% 降低到万分之一。但是，如此“万能”的 BIM 正在遭遇发展的瓶颈，并不是所有的企业都认同它所带来的经济效益和社会效益。

现在面临的一大问题是 BIM 标准缺失。目前，BIM 技术的国家标准还未正式颁布施行，寻求一个适用性强的标准化体系迫在眉睫。应该树立正确的思想观念：BIM 技术 10% 是软件，90% 是生产方式的转变。BIM 的实质是改变设计手段和设计思维模式。虽然资金投入大、成本增加，但是只要全面深入分析产生设计 BIM 应用效率成本的原因和把设计 BIM 应用质量效益转换为经济效益的可能途径，再大的投入也值得。技术人员缺乏是当前 BIM 应用面临的另一个问题，现在国内在这方面仍有很大缺口。地域发展不平衡，北京、上海、广州、深圳等工程建设相对发达的地区，BIM 技术有很好的基础，但在东北地区和内蒙古、新疆等地区，设计人员对 BIM 却知之甚少。

随着技术的不断进步，BIM 技术也和云平台、大数据等技术产生交叉和互动。上海市政府就对上海现代建筑设计（集团）有限公司提出要求：建立 BIM 云平台，实现工程设计行业的转型。据了解，该 BIM 云计算平台涵盖二维图纸和三维模型的电子交付，2017 年试点 BIM 模型电子审查和交付。现代集团和上海市审图中心已经完成了“白图替代蓝图”及电子审图的试点工作。同时，云平台已经延伸至 BIM 协同工作领域，结合应用虚拟化技术，为 BIM 协同设计及电子交付提供安全、高效的工作平台，适合市场化推广。

第二章　工程造价管理概论

第一节　工程造价的基本概念与形成

一、工程造价的基本概念及特征

1. 工程造价的含义

工程造价通常是工程的建造价格的简称。它是工程价值的货币表现，是以货币形式反映的工程施工活动中耗费的各种费用的总和。由于角度不同，工程造价有以下两种不同的含义。

第一种含义是从投资者（业主）的角度分析，工程造价是指建设一项工程预期开支或实际开支的全部固定资产投资费用。投资者为了获得投资项目的预期效益，就需要对项目进行策划、决策及实施，直至竣工验收等一系列投资管理活动。在这一系列活动中所花费的全部费用，就构成了工程造价。从这个意义上讲，工程造价就是建设工程项目固定资产的总投资。

第二种含义是从市场交易的角度分析，工程造价是指为建成一项工程，在工程发承包交易活动中形成的建筑安装工程费用或建设工程总费用。该含义是指以建设工程这种特定的商品形式作为交易对象，通过招投标或其他交易方式，在进行多次预估的基础上，最终由市场形成的价格。它是由需求主体（投资者）和供给主体（建筑商）共同认可的价格。

工程造价的两种含义实质上就是以不同角度把握同一事物的本质。对市场经济条件下的投资者来说，工程造价就是项目投资，是“购买”工程项目要付出的价格；同时，工程造价也是投资者作为市场供给主体，“出售”工程项目时确定价格和衡量投资经济效益的尺度。对规划、设计、承包商及包括造价咨询在内的中介服务机构来说，工程造价是它们作为市场主体出售商品和劳务价格的总和，或者特指范围的工程造价，如建筑安装工程造价。

2. 工程造价的特点

（1）大额性

工程建设项目为了实现其建设目标，需要投入大量的资金，项目的工程造价动辄数百万、数千万，有些特大的工程项目造价可达百亿元。工程造价的大额性决定了工程造价的特殊地位，也说明工程造价管理在项目建设过程管理中具有重要的意义。

（2）差异性

由于每一项建设工程有其特定的用途、功能和规模，因此，对其工程的结构、造型、设备配置和装饰装修就有不同的要求。这样，不同的项目其工程内容和实物形态就具有差异性。产品的差异性及工程项目地理位置的不同决定了工程造价的差异。

（3）动态性

建设工程从决策到竣工交付使用，有一个较长的建设期，在建设期内，不同的阶段存在着许多影响工程造价的动态因素。如设计阶段的设计变更、各阶段的材料和设备价格、工资标准及取费费率的调整、贷款利率和汇率的变化，都必然会影响工程造价的变动。工程造价在整个建设期处于不确定状态，直至项目竣工决算后才能最终确定该工程的实际造价。

（4）层次性

从工程造价的计算和工程管理的角度，工程造价的层次性都是非常明显的。

（5）兼容性

工程造价的兼容性，一方面表现在工程造价具有两种含义，另一方面表现在工程造价构成的广泛性和复杂性，工程造价除建筑安装工程费用、设备及工器具购置费用外，还包括工程建设其他费用、预备费、贷款利息等内容。

3. 工程计价的特征

工程建设活动是一项涉及面广、多环节、影响因素多的复杂活动。由工程项目的特点决定。工程计价具有下列特征：

（1）计价的单件性

由于每项工程都有自己特定的规模、功能和用途，它的结构、空间分割、设备配置和内外装饰都有不同的要求，所以工程内容和实物形态都具有个别性、差异性。同时，建设工程还必须在结构、造型等方面适应工程所在地的气候、地质、水文等自然条件，这就使建设项目的实物形态千差万别。再加上不同地区投资费用的构成要素的差异，最终导致建设项目投资的不同。总而言之，建筑产品的个体差异性决定了每项工程都必须单独计算造价。

（2）计价的多次性

由于建设项目规模大、周期长、造价高，因此按照基本建设程序必须分阶段进行建设。在项目建设程序的不同阶段，由于工作深度不同，计价所依据的资料也需逐步细化，相应地也要在不同阶段进行多次估价，以保证工程造价估价与控制的科学性。多次性估价是一个逐步深入、由不准确到准确的过程。

（3）计价的组合性

建设项目投资的计算是分部组合而成的，这与建设项目的组合性有关，一个建设项目是一个工程的综合体。凡是按照一个总体设计进行建设的各个单项工程汇集的总体为一个建设项目。各单项工程又可分解为各个能独立施工的单位工程。然后还可按照不同的施工方法、构造及规格，把分部工程更细致地分解为分项工程。建设项目的组合性决定了确定工程造价的逐步组合过程，同时也反映到合同价和结算价的确定过程中。

（4）计价依据的复杂性

影响工程造价的因素较多，这就决定了计价依据的复杂性。工程计价依据的种类繁多，主要包括设备和工程量的计算依据，人工、材料、机械等实物消耗量的计算依据，计算工程单价的依据，设备单价的计算依据，计算各种费用的依据，政府规定的税、费文件和物价指数、工程造价指数等。

（5）计价方法的多样性

工程造价在各个阶段具有不同的作用，并且各个阶段对工程建设项目的研究深度也有很大的差异，因而工程造价的计价方法是多种多样的。例如，投资估算的编制方法有简单估算法和投资分类估算法，简单估算法有系数估算法、生产能力指数估算法和比例估算法等；建设工程的单位概算编制方法有概算定额法、概算指标法和类似工程预算法；施工图预算的编制方法有工料单价法和综合单价法等。不同的方法有不同的适用条件，计价时应根据具体情况加以选择。

二、建设项目工程造价的形成

建设项目具有周期长、投资规模大等特点，以至于建设项目工程造价的形成过程、构成内容及计算比较繁杂。在探讨工程造价形成前，应先了解建设项目的概念分类、组成及建设程序。

（一）建设项目的概念

建设项目是指具有设计任务书和总体设计，在经济上实行独立核算，在行政上具有独立组织形式，按一个总体设计进行建设施工的一个或几个单项工程的总体。在我国，通常是以一座工厂、联合性企业或一所学校、医院、商场等为一个建设项目。

凡属于一个总体设计中分期分批进行建设的主体工程和附属配套工程、综合利用工程、供水供电工程都作为一个建设项目。不能把不属于一个总体设计，按各种方式结算作为一个建设项目，也不能把同一个总体设计内的工程，按地区或施工单位分为几个建设项目。

（二）建设工程项目分类

建设工程项目的分类有多种形式，为了适应科学管理的需要，可以从不同的角度进行分类。

1. 按建设工程性质分类

工程项目可分为新建项目、扩建项目、改建项目、迁建项目和恢复项目。

①新建项目是指根据国民经济和社会发展的近远期规划，按照规定的程序立项，从无到有新建的投资建设工程项目或对原有项目重新进行总体设计，扩大建设规模后，其新增固定资产价值超过原有固定资产价值三倍的建设项目。

②扩建项目是指现有企事业单位在原有场地内或其他地点，为扩大原有主要产品的生产能力或增加经济效益而增建的生产车间，独立的生产线

或分厂的项目；事业和行政单位在原有业务系统的基础上扩充规模而进行的新增固定资产投资项目。

③改建项目是指原有企业为了提高生产效益、改进产品质量或调整产品结构，对原有设备或工程进行改造的项目，包括挖潜、节能、安全、环境保护等工程项目。有的企业为了平衡生产能力，需增建一些附属辅助车间或非生产性工程，也可列为改建项目。

④迁建项目是指原有企事业单位根据自身生产经营和事业发展的要求，按照国家调整生产力布局的经济发展战略的需要或出于环境保护等其他特殊要求搬迁到异地，不论其是维持原规模还是扩大建设的项目，均属迁建项目。

⑤恢复项目是指原有企事业和行政单位，因在自然灾害或战争中使原有固定资产遭受全部或部分报废，需要进行投资重建来恢复生产能力和业务工作条件、生活福利设施等的工程项目。这类项目，不论是按原有规模恢复建设还是在恢复过程中同时进行扩建，都属于恢复项目。但对尚未建成投产或交付使用的项目，遭到破坏后，若仍按原设计重建的，原建设性质不变；如果按新设计重建，则根据新设计内容来确定其性质。

工程项目按其性质分为上述五类，一个工程项目只能有一种性质，在项目按总体设计全部建成以前，其建设性质始终是不变的。

2. 按建设工程规模分类

为适应对工程项目分级管理的需要，国家规定基本建设项目分为大型、中型、小型三类；更新改造项目分为限额以上和限额以下两类。不同等级标准的工程项目，国家规定的审批机关和报建程序也不尽相同。划分项目等级的原则如下：

（1）基本建设项目划分项目等级的原则

①工业项目按设计生产能力规模或总投资，确定大、中、小型项目。非工业项目可分为大中型和小型两种，均按项目的经济效益和总投资额划分。

②按批准的可行性研究报告（初步设计）所确定的总设计能力或投资总额的大小，依据国家颁布的《基本建设项目大中小型划分标准》进行分类。按投资额划分的基本建设项目，属于生产性工程项目中的能源、交通、

原材料部门的工程项目，投资额达到 5 000 万元以上为大中型项目；其他部门和非工业项目，投资额达到 3 000 万元以上为大中型项目。

③凡生产单一产品的项目，一般以产品的设计生产能力划分；生产多种产品的项目，一般按其主要产品的设计生产能力划分；产品分类较多，不易分清主次，难以按产品的设计能力划分时，可按投资总额划分。

④对国民经济和社会发展具有特殊意义的某些项目，虽然设计能力或全部投资不够大中型项目标准，经国家批准已列入大中型计划或国家重点建设工程的项目，也按大中型项目管理。

（2）更新改造项目

划分标准更新改造项目一般只按投资额分为限额以上和限额以下项目，不再按生产能力或其他标准划分。能源、交通、原材料部门投资额达到 5 000 万元及以上的工程项目和其他部门投资额达 3 000 万元及以上的项目为限额以上项目，否则为限额以下项目。

3. 按建设用途划分

工程项目可分为生产性工程项目和非生产性工程项目两种。

①生产性工程项目是指直接用于物质资料生产或直接为物质资料生产服务的工程项目，如工业工程项目、农业建设项目、基础设施建设项目、商业建设项目等，即用于物质产品生产建设的工程项目。

②非生产性工程项目是指用于满足人民物质和文化、福利需要的建设和非物质资料生产部门的建设项目，主要包括办公用房、居住建筑、公共建筑等建设项目。

4. 按项目的效益和市场需求划分

工程项目可划分为竞争性项目、基础性项目和公益性项目三种。

①竞争性项目主要是指投资效益比较高、竞争性比较强的工程项目。其投资主体一般为企业，由企业自主决策、自担投资风险，如商务办公楼项目、度假村项目、精细化工项目等。

②基础性项目主要是指具有自然垄断性、建设周期长、投资额大而收益低的基础设施和需要政府重点扶持的一部分基础工业项目，以及直接增强国力的符合经济规模的支柱产业项目。政府应集中必要的财力、物力通过经济实体进行投资；同时，还应广泛吸收企业参与投资，有时还可吸收

外商直接投资，如交通运输、邮电通信、机场、港口、桥梁、水利及城市排水、供气等建设项目。

③公益性项目主要包括科技、文教、卫生、体育和环保等设施，公安局、检察院、法院等政权机关及政府机关、社会团体办公设施，国防建设等。公益性项目的投资主要由政府用财政资金安排，如农村敬老院建设项目、希望小学建设项目。

5. 按项目的投资来源划分

工程项目可划分为政府投资项目和非政府投资项目。

①政府投资项目在国外也称为公共工程，是指为了适应和推动国民经济或区域经济的发展，满足社会的文化、生活需要，以及出于政治、国防等因素的考虑，由政府通过财政投资，发行国债或地方财政债券，利用外国政府赠款及国家财政担保的国内外金融组织的贷款等方式独资或合资兴建的工程项目。

②非政府投资项目是指企业、集体单位、外商和私人投资兴建的工程项目。这类项目一般均实行项目法人责任制，使项目的建设与建成后的运营实现一条龙管理。

（三）建设项目的构成

1. 单项工程

单项工程是指在一个工程项目中，具有独立的设计文件，竣工后可以独立发挥效益或生产能力的一组配套齐全的工程项目。一个建设项目可以包括若干个单项工程，如一所新建大学的建设项目，其中每栋教学楼、学生宿舍、食堂办公大楼等工程都是单项工程。有些比较简单的建设项目本身就是一个单项工程，如只有一个车间的小型工厂、一座桥梁等。一个建设项目在全部建成投入使用以前，往往陆续建成若干个单项工程，所以单项工程是考核投产计划完成情况和计算新增生产能力的基础。

2. 单位工程

单位工程是单项工程的组成部分，单位工程是指不能独立发挥生产能力，但具有独立设计的施工图纸和组织施工的工程。按照单项工程的构成，又可将其分解为建筑工程和设备安装工程，如工业厂房工程中的土建工程、装饰工程、机械设备安装工程及工业管道工程等分别是单项工程中所包含的不同性质的单位工程。

3. 分部工程

分部工程是单位工程的组成部分，应按专业性质、建筑部位确定。考虑到组成单位工程的各部分是由不同工人用不同工具和材料完成的，可以进一步把单位工程分解成分部工程。土建工程的分部工程是按建筑工程的主要部位划分的，例如桩基工程、砌筑工程、楼地面工程及天棚工程等；安装工程的分部工程是按工程的种类划分的，例如工业炉设备安装工程、低压管道安装工程、变压器安装工程以及通风管道制作安装工程等。

4. 分项工程

分项工程是分部工程的组成部分，一般按主要工程、材料、施工工艺、设备类别等进行划分。例如，土方开挖工程、土方回填工程、钢筋工程、模板工程、混凝土工程、砖砌体工程、木门窗制作与安装工程、玻璃幕墙工程等。分项工程是工程项目施工生产活动的基础，也是计量工程用工、用料和机械台班消耗的基本单元；同时，分项工程又是工程质量形成的直接过程。分项工程既有其作业活动的独立性，又有相互联系、相互制约的整体性。

（四）工程项目建设程序

工程项目建设程序是指工程项目从策划、评估、决策、设计、施工到竣工验收、投入生产或交付使用的整个建设过程中，各项工作必须遵循的先后工作次序。它是工程建设过程客观规律的反映，是工程项目科学决策和顺利进行的重要保证。按我国现行规定，工程项目建设程序一般分为项目建议书阶段、可行性研究阶段、设计阶段、开工准备、组织施工、竣工验收阶段，生产性项目还有后评估阶段。

1. 提出项目建议书

项目建议书是投资决策前拟建项目单位向国家提出的要求建设某一项目的建议文件，是对工程项目建设的轮廓设想。项目建议书的主要作用是推荐一个拟建项目，论述其建设的必要性、建设条件的可行性和获利的可能性，供国家选择并确定是否进行下一步工作。项目建议书的内容视项目的不同而有繁有简，但一般应包括以下几方面内容：

①项目提出的必要性和依据；

②产品方案、拟建规模和建设地点的初步设想；

③资源情况、建设条件、协作关系和设备技术引进国别、厂商的初步分析；

④投资估算、资金筹措及还贷方案设想；

⑤项目进度安排；

⑥经济效益和社会效益的初步估计；

⑦环境影响的初步评价。

对于政府投资项目，项目建议书按要求编制完成后，应根据建设规模和限额划分分别报送有关部门审批。项目建议书经批准后，即纳入了长期基本建设计划，即人们通常所说的“立项”。项目建议书阶段的“立项”，并不表明项目非上不可，还需要开展详细的可行性研究。

2. 进行可行性研究

项目建议书被批准后，即可开展可行性研究工作。可行性研究是在投资决策前，对项目有关的社会、技术和经济条件等进行深入调查研究。论证项目建设的必要性、技术可行性、经济合理性是决策建设项目能否成立的依据和基础。可行性研究报告应包括以下基本内容：

①项目提出的背景、项目概况及投资的必要性；

②产品需求、价格预测及市场风险分析；

③资源条件评价（对资源开发项目而言）；

④建设规模及产品方案的技术经济分析；

⑤建厂条件与厂址方案；

⑥技术方案、设备方案和工程方案；

⑦主要原材料、燃料供应；

⑧总图、运输与公共辅助工程；

⑨节能、节水措施；

⑩环境影响评价；

⑪劳动安全卫生与消防；

⑫组织机构与人力资源配置；

⑬项目实施进度；

⑭投资估算及融资方案；

⑮财务评价和国民经济评价；

⑯社会评价和风险分析；

⑰研究结论与建议。

可行性研究报告一经批准，不得随意修改和变更。如果在建设规模、产品方案、主要协作关系等方面有变动，以及突破投资控制数额时，应经原批准机关复审同意。可行性研究报告批准后，应正式成立项目法人，并按项目法人责任制实行项目管理。凡经可行性研究未通过的项目，不得进行下一步工作。经过批准的可行性研究报告是项目最终立项的标志，是初步设计的依据。

3. 设计阶段

可行性研究报告被批准后，工程建设进入设计阶段。我国大中型建设项目一般采用两阶段设计，即初步设计和施工图设计。对于重大项目和特殊项目，应根据各行业的特点，实行初步设计、技术设计、施工图设计三阶段设计。民用项目设计一般分为方案设计、施工图设计两个阶段。

①初步设计是根据可行性研究报告的要求所做的具体实施方案，目的是阐明在指定的地点、时间和投资控制数额内，拟建项目在技术上的可行性和经济上的合理性，并通过对工程项目所做出的基本技术经济规定，编制项目总概算。初步设计不得随意改变被批准的可行性研究报告所确定的建设规模、产品方案、工程标准、建设地址和总投资等控制目标。当初步设计提出的总概算超过可行性研究报告总投资的10%以上或其他主要指标需要变更时，应说明变更原因和计算依据，并重新向原审批单位报批可行性研究报告。

②技术设计应根据初步设计和更详细的调查研究资料编制，以进一步解决初步设计中的重大技术问题，如工艺流程、建筑结构、设备选型及数量确定等，使工程项目的设计更具体、更完善，技术指标更好。

③施工图设计应根据初步设计或技术设计的要求，结合现场实际情况，完整地表现建筑物外形、内部空间分制、结构体系、构造状况以及建筑群的组成和周围环境的配合。它还包括各种运输、通信、管道系统、建筑设备的设计。在工艺方面，应具体确定各种设备的型号、规格及各种非标准设备的制造加工图。

4. 开工准备

项目在开工建设之前要切实做好各项准备工作，其主要内容包括：

①征地、拆迁和场地平整；

②完成施工用水、用电、通信、道路等接通工作；

③组织招标选择工程监理单位、承包单位及设备、材料供应商；

④准备必要的施工图纸；

⑤办理工程质量监督和施工许可手续。

建设单位在办理施工许可证之前应当到规定的工程质量监督机构办理工程质量监督注册手续。从事各类房屋建筑及其附属设施的建造、装修装饰和与其配套的线路管道、设备的安装，以及城镇市政基础设施工程的施工，业主在开工前应当向工程所在地的县级以上人民政府建设行政主管部门申请领取施工许可证。必须申请领取施工许可证的建筑工程未取得施工许可证的，一律不得开工。工程投资额在 30 万元以下或者建筑面积在 300 m² 以下的建筑工程，可以不申请办理施工许可证。

5. 组织施工

项目新开工时间是指工程项目设计文件中规定的任何一项永久性工程第一次正式破土开槽开始施工的日期。不需开槽的工程，以开始进行土方、石方工程的日期作为正式开工日期。铁路、公路、水库等需要进行大量土方、石方工程的，以开始进行土方、石方工程的日期作为正式开工日期。工程地质勘察、平整场地、旧建筑物的拆除、临时建筑、施工用临时道路和水电等工程开始施工的日期不能算作正式开工日期。

分期建设的项目分别按各期工程开工的日期计算，如二期工程应根据工程设计文件规定的永久性工程开工的日期计算。承包工程建设项目的施工企业必须持有资质证书，并在资质许可的业务范围内承揽工程。

建设项目开工前，建设单位应当指定施工现场总代表人，施工企业应当指定项目经理，并分别将总代表人和项目经理的姓名及授权事项书面通知对方，同时报工程所在地县级以上地方人民政府建设行政主管部门备案。施工企业项目经理必须持有资质证书，并在资质许可证的业务范围内履行项目经理职责。项目经理全面负责施工过程中的现场管理，并根据工程规模、技术复杂程度和施工现场的具体情况，建立施工现场管理责任制，并组织实施。

施工企业应严格按照有关法律法规和工程建设技术标准的规定，编制施工组织设计，制定质量、安全、技术、文明施工等各项保证措施，确保工程质量、施工安全和现场文明施工。施工企业必须严格按照批准的设计文件、施工合同和国家现行的施工及验收规范进行工程建设项目施工。施工中若需变更设计，应按有关规定和程序进行，不得擅自变更。建设、监理、勘测设计单位、施工企业和建筑材料、构配件及设备生产供应单位，应按照《中华人民共和国建筑法》的规定承担工程质量责任和其他责任。

6. 竣工验收阶段

竣工验收是全面考核建设工作，检查是否符合设计要求和工程质量的重要环节，对促进建设项目及时投产，发挥投资效益，总结建设经验有重要作用。当工程项目按设计文件的规定内容和施工图纸的要求全部建成后，便可组织验收。

经过各单位工程的验收，符合设计要求，并具备竣工图、竣工决算、工程总结等必要文件资料，由项目主管部门或建设单位向负责验收的单位提出竣工验收申请报告。竣工验收要根据投资主体、工程规模及复杂程度由国家有关部门或建设单位组成验收委员会或验收组。验收委员会或验收组负责审查工程建设的各个环节，听取各有关单位的工作汇报。审阅工程档案、实地查验建筑安装工程实体，对工程设计、施工和设备质量等做出全面评价。不合格的工程不予验收，对遗留问题要提出具体解决意见，限期整改落实。

7. 项目后评价

项目后评价是工程项目实施阶段管理的延伸。项目后评价的基本方法是对比法，就是将工程项目建成投产后所取得的实际效果、经济效益和社会效益、环境保护等情况与前期决策阶段的预测情况相对比，与项目建设前的情况相对比，从中发现问题，总结经验和教训。

在实际工作中，往往从以下两个方面对工程项目进行后评价。

（1）效益后评价

项目效益后评价是项目后评价的重要组成部分。它以项目投产后实际取得的效益（经济、社会、环境等）及其隐含在其中的技术影响为基础，重新测算项目的各项经济数据，得到相关的投资效果指标，然后将它们与项目前期评估时预测的有关经济效果值，如净现值、内部收益率、投资回收期、社会环境影响值等进行对比，评价和分析其偏差情况以及原因，吸取经验教训，从而为提高项目的投资管理水平和投资决策服务。其具体包括经济效益后评价、环境效益和社会效益后评价、项目可持续性后评价及项目综合效益后评价。

（2）过程后评价

过程后评价是指对工程项目的立项决策、设计施工、竣工投产、生产运营等全过程进行系统分析，找出项目后评价与原预期效益之间的差异及其产生的原因，使后评价结论有根有据，同时针对问题提出解决办法。效益后评价和过程后评价之间有着密切的联系，必须全面理解和运用，才能对后评价项目做出客观、公正、科学的结论。

（五）工程造价的形成

建设工程的生产过程是一个周期长、消耗量大的生产消费过程，如果包括可行性研究、设计过程在内，时间更长，而且分阶段进行，逐步深入。工程造价除具有一般商品价格运动的共同特点之外，还具有计价的“多次性”特点。该特点决定了工程造价不是固定、唯一的，而是随着工程的进行，逐步深化、逐步细化并逐步接近实际的造价。建设及计价程序是对基本建设工作的科学总结，是项目建设过程中客观规律的集中体现。

在工程项目建设程序的不同阶段需分别确定投资估算、设计概算、施工图预算、施工预算、工程结算和竣工决算，整个计价过程是一个由粗到细、由浅到深、最后确定工程实际造价的过程。各阶段造价文件的主要内容和作用如下。

1. 投资估算

投资估算一般是指在项目建议书或可行性研究阶段，建设单位向国家或主管部门申请建设项目投资时，为了确定建设项目的投资总额而编制的经济文件。它是国家或主管部门审批或确定建设项目投资计划的重要文件。投资估算主要采取简单估算方法（包括生产能力指数法、系数估算法、比例估算法及指标估算法）和投资分类估算方法进行建设投资的编制。

2. 设计概算

设计概算是指在初步设计或扩大初步设计阶段，由设计单位根据初步设计图纸，概算定额或概算指标，材料、设备预算价格，各项费用定额或取费标准，建设地区的自然、技术经济条件等资料，预先计算建设项目由筹建至竣工验收、交付使用全部建设费用的经济文件。设计概算是国家确定和控制建设项目总投资的依据，是编制建设项目计划的依据，是考核设计方案的经济合理性和选择最优设计方案的重要依据，是进行设计概算、施工图预算和竣工决算对比的基础，是实行投资包干和招标承包制的依据，也是银行办理工程贷款和结算，以及实行财政监督的重要依据。

3. 修正概算

修正概算是指当采用三阶段设计时，在技术设计阶段，随着设计内容的具体化，建设规模、结构性质、设备类型和数量等与初步设计可能有出入，为此，设计单位应对投资进行具体核算，对初步设计的概算进行修正而形成的经济文件。一般情况下，修正概算不应超过原批准的设计概算。

4. 施工图预算

施工图预算是指在施工图设计阶段，设计工作全部完成并经过会审，单位工程开工之前，由设计咨询或施工单位根据施工图纸，施工组织设计，消耗量定额或规范，人工、材料、机械单价和各项费用取费标准，建设地区的自然、技术、经济条件等资料，预先计算和确定单项工程或单位工程全部建设费用的经济文件。施工图预算是确定建筑安装工程预算造价的具体文件，是建设单位编制招标控制价（或标底）和施工单位编制投标报价的依据，是签订建筑安装工程施工合同、实行工程预算包干、进行工程竣工结算的依据，是银行借贷工程价款的依据，是施工企业加强经营管理、搞好经济核算、实行对施工预算和施工图预算“两算对比”的基础，也是施工企业编制经营计划、进行施工准备的依据。

5. 招标控制价或投标价

国有资金投资的工程进行招标，应根据《中华人民共和国招标投标法》的要求实施。为有利于客观、合理地评审投标报价和避免哄抬标价造成国有资产流失，招标人应编制招标控制价；同时投标人投标时报出的工程造价称为投标价，它是投标人根据业主招标文件的工程量清单、企业定额以及有关规定，计算的拟建工程建设项目的工程造价，是投标文件的重要组成部分。

（1）招标控制价

招标控制价是指招标人根据国家或省级行业建设主管部门颁发的有关计价依据和办法，按设计图纸计算的，是对招标工程限定的最高工程造价。招标控制价是在工程招标发包过程中，由招标人或受其委托具有相应资质的工程造价咨询人，根据有关计价规定计算的工程造价，是招标人用于对招标工程发包的最高限价。投标人的投标报价高于招标控制价的，对其投标应予以拒绝。招标控制价的作用决定了招标控制价不同于标底，无须保密。

（2）投标价

投标价是在工程招标发包过程中，由投标人按照招标文件的要求，根据工程特点，并结合自身的施工技术、装备和管理水平，依据有关计价规定自主确定的工程造价，是投标人希望达成工程承包交易的期望价格。它不能高于招标人设定的招标控制价。

6. 合同价

合同价是指发、承包方在施工合同中约定的工程造价，又称为合同价格。合同价是由发包方和承包方根据建设工程施工合同（示范文本）等有关规定，经协商一致确定的作为双方结算基础的工程造价。采用招标发包的工程，其合同价应为投标人的中标价。合同价属于市场价格的性质，它是由承包方和发包方根据市场行情共同议定和认可的成交价格，但并不等同于最终结算的实际工程造价。

7. 施工预算

施工预算是指施工阶段，在施工图预算的控制下，施工单位根据施工图计算的分项工程量、企业定额、单位工程施工组织设计等资料，通过工料分析，计算和确定拟建工程所需的人工、材料、机械台班消耗量及其相应费用的技术经济文件。施工预算是施工企业对单位工程实行计划管理、编制施工作业计划的依据，是向作业队签发施工任务单、实行经济核算和考核单位用工的依据，是限额领料的依据，是施工企业推行全优综合奖励制度和实行按劳分配的依据，是施工企业开展经济活动分析和进行“两算”对比的依据，也是施工企业向建设单位索赔或办理经济签证的依据。

8. 工程结算

工程结算是指一个单项工程、单位工程、分部工程或分项工程完工，并经建设单位及有关部门验收或验收点交后，施工企业根据合同规定，按照施工现场实际情况的记录、设计变更通知书、现场签证、消耗量定额、工程量清单、人工材料机械单价和各项费用取费标准等资料，向建设单位办理结算工程价款，取得收入，用以补偿施工过程中的资金耗费，确定施工盈亏的经济文件。工程结算是进行成本控制和分析的依据，是施工企业取得货币收入，用以补偿资金耗费的依据。

9. 竣工决算

竣工决算是指在竣工验收阶段，当一个建设项目完工并经验收后，建设单位编制的从筹建到竣工验收、交付使用全过程实际支付的建设费用的经济文件。竣工决算由文字说明和决策报表两部分组成，是国家或主管部门进行建设项目验收时的依据，也是全面反映建设项目经济效果、核定新增固定资产和流动资产价值、办理交付使用的依据。

综上所述，工程项目计价程序中各项技术经济文件均以价值形态贯穿于整个工程建设项目过程中。估算、概算、预算、结算、决算等经济活动从一定意义上说，是工程建设项目经济活动的血液，是一个有机的整体，缺一不可。申请工程项目要编写估算，设计要编写概算，施工要编写预算，并在其基础上投标报价、签订合同价，竣工时要编写结算和决算。同时国家要求，决算不能超过预算，预算不能超过概算，概算不能超过估算。

第二节 工程造价管理的组织与内容

一、工程造价管理的基本内涵

（一）工程造价管理的概念

工程造价管理有两会含义，一是建设工程投资费用管理，二是工程价格管理。建设工程投资费用管理属于工程建设投资管理范畴。它是指为了实现投资的预期目标，在拟定的规划、设计方案的条件下预测、计算，确定和监控工程造价及其变动的系统活动。工程价格管理属于价格管理范畴，是生产企业在掌握市场价格信息的基础上，为实现管理目标而进行的成本控制、计价、定价和竞价的系统活动。

（二）建设工程全面造价管理的定义

按照国际造价管理联合会给出的定义，全面造价管理是指有效地利用专业知识与技术，对资源、成本、盈利和风险进行筹划和控制。建设工程全面造价管理包括全寿命期造价管理、全过程造价管理、全要素造价管理和全方位造价管理四个方面。

1. 全寿命期造价管理

建设工程全寿命期造价是指建设工程初始建造成本和建成后的日常使用成本之和，包括策划决策、建设实施、运行维护及拆除回收等各阶段费用。由于在建设工程全寿命期的不同阶段工程造价存在诸多不确定性，因此，全寿命期造价管理主要是作为一种实现建设工程全寿命期造价最小化的指导思想，指导建设工程投资决策及实施方案的选择。

2. 全过程造价管理

全过程造价管理是指覆盖建设工程策划决策及建设实施各阶段的造价管理。

3. 全要素造价管理

影响建设工程造价的因素有很多。为此，控制建设工程造价不仅仅是控制建设工程本身的建造成本，还应同时考虑工期成本、质量成本、安全与环境成本的控制，从而实现工程成本、工期、质量、安全、环保的集成管理。全要素造价管理的核心是按照优先性原则，协调和平衡工期、质量、安全、环保与成本之间的对立统一关系。

4. 全方位造价管理

建设工程造价管理不仅仅是建设单位或承包单位的任务，也是建设单位、设计单位、施工单位、有关咨询机构及行业协会的共同任务。尽管各方的角度、地位、利益等有所不同，但只有建立完善的协同工作机制，才能实现对建设工程造价的有效控制。

二、工程造价管理的组织系统

工程造价管理的组织系统是指履行工程造价管理职能的有机群体。为实现工程造价管理目标而开展有效的组织活动，我国设置了多部门、多层次的工程造价管理机构，并规定了它们各自的管理权限和职责范围。

（一）政府行政管理系统

政府在工程造价管理中既是宏观管理主体，也是政府投资项目的微观管理主体。从宏观管理的角度，政府对工程造价管理有一个严密的组织系统，设置了多层管理机构，规定了管理权限和职责范围。

1. 政府建设主管部门造价管理机构的主要职责

（1）组织制定工程造价管理有关法规、制度，并组织贯彻实施；

（2）组织制定全国统一经济定额，修订本部门经济定额；

（3）监督指导全国统一经济定额和本部门经济定额的实施；

（4）制定和负责全国工程造价咨询企业的资质标准及其资质管理工作；

（5）制定全国工程造价管理专业人员执业资格准入标准，并监督执行。

2. 政府其他部门的工程造价管理机构

这些管理结构包括水利水电、电力、石油、石化、机械、冶金、铁路、煤炭、建材、林业、有色、核工业、公路等行业和军队的造价管理机构，主要任务是修订、编制和解释相应的工程建设标准定额，有的还担负本行业大型或重点建设项目的概算审批、概算调整等职责。

3. 省、自治区、直辖市工程造价管理部门

这些管理部门的主要职责是修编、解释当地定额收费标准和计价制度等。此外，还有开展工程造价审查（核）、提供造价信息处理合同纠纷等职责。

（二）企事业单位管理系统

企事业单位的工程造价管理属微观管理范畴。设计单位、工程造价咨询单位等按照建设单位或委托方意图，在可行性研究和规划设计阶段合理确定和有效控制建设工程造价，通过限额设计等手段实现设定的造价管理目标；在招标投标阶段编制招标文件、标底或招标控制价，参加评标、合

同谈判等工作；在施工阶段通过工程计量与支付、工程变更与索赔管理等控制工程造价。设计单位、工程造价咨询单位通过工程造价管理业绩，赢得声誉，提高市场竞争力。工程承包单位的造价管理是企业自身管理的重要内容。工程承包单位设有专门的职能机构参与企业投标决策，并通过市场调查研究，利用过去积累的经验，研究报价策略，提出报价；在施工过程中，进行工程造价的动态管理，注意各种调价因素的发生，及时进行工程价款结算，避免收益的流失，以促进企业盈利目标的实现。

（三）行业协会管理系统

中国建设工程造价管理协会是 1990 年经建设部和民政部批准成立，代表我国建设工程造价管理的全国性行业协会，是亚太区测量师协会（PAQS）和国际造价工程联合会（ICEC）等相关国际组织的正式成员。为了加强对各地工程造价咨询工作和造价工程师的行业管理，近年来，先后成立了各省、自治区、直辖市所属的地方工程造价管理协会。全国性造价管理协会与地方造价管理协会是平等、协商、相互支持的关系；地方协会接受全国性协会的业务指导，共同促进全国工程造价行业管理水平的整体提升。

三、工程造价管理的内容及原则

（一）工程造价管理的内容

1. 工程造价管理的基本内容

工程造价管理的基本内容包括工程造价的合理确定和有效控制两个方面。

（1）工程造价的合理确定

工程造价的合理确定，就是在工程建设的各个阶段，采用科学的计算方法和切合实际的计价依据，合理确定投资估算、设计概算、施工图预算、承包合同价、结算价、竣工决算。

（2）工程造价的有效控制

工程造价的有效控制是指在投资决策阶段、设计阶段、建设项目发包阶段和建设实施阶段，把建设工程造价的发生控制在批准的造价限额之内，随时纠正发生的偏差，以保证项目管理目标的实现，从而在各个建设项目中能合理使用人力、物力、财力，以取得较好的投资效益和社会效益。

2. 工程造价管理的主要内容

在工程建设全过程各个不同阶段，工程造价管理有着不同的工作内容，其目的是在优化建设方案、设计方案、施工方案的基础上，有效控制建设工程项目的实际费用支出。

①工程项目策划阶段：按照有关规定编制和审核投资估算，经有关部门批准，即可作为拟建工程项目的控制造价；基于不同的投资方案进行经济评价，作为工程项目决策的重要依据。

②工程设计阶段：在限额设计、优化设计方案的基础上编制和审核工程概算及施工图预算。对政府投资工程而言，经有关部门批准的工程概算将作为拟建工程项目造价的最高限额。

③工程发承包阶段：进行招标策划，编制和市核工程量清单、招标控制价或标底，确定投标报价及其策略，直至确定承包合同价。

④工程施工阶段：进行工程计量及工程款支付管理，实施工程费用动态监控，处理工程变更和索赔。

⑤工程竣工阶段：编制和审核工程结算、编制竣工决算、处理工程保修费用等。

（二）工程造价管理的原则

实施有效的工程造价管理，应遵循以下三项原则：

1. 以设计阶段为重点的全过程造价管理

在将工程造价管理贯穿于工程建设全过程的同时，应注重工程设计阶段的造价管理。建设工程全寿命期费用包括工程造价和工程交付使用后的日常开支（含经营费用、日常维护修理，费用使用期内大修理和局部更新费用），以及该工程使用期满后的报废拆除费用等。长期以来，我国将控制工程造价的主要精力放在施工阶段—审核施工图预算、结算建筑安装工程价款，对工程项目策划决策和设计阶段的造价控制重视不够。为有效地控制工程造价，应将工程造价管理的重点转到工程项目策划决策和设计阶段。

2. 主动控制与被动控制相结合

很长一段时间以来，人们一直把控制理解为目标值与实际值的比较，以及当实际值偏离目标值时，分析其产生偏差的原因，并确定下一步对策。

但这种立足于调查—分析—决策基础之上的偏离—纠偏再偏离—再纠偏的控制是一种被动控制，这样做只能发现偏离，而不能预防可能发生的偏离。为尽量减少甚至避免目标值与实际值的偏离，还必须立足于事先主动采取控制措施，实施主动控制。也就是说，工程造价控制不仅要反映投资决策，反映设计发包和施工，被动地控制工程造价，更要能动地影响投资决策，影响工程设计、发包和施工，主动地控制工程造价。

3. 技术与经济相结合

要有效地控制工程造价，应从组织、技术、经济等多方面采取措施。从组织上采取措施，包括明确项目组织结构，明确造价控制人员及其任务，明确管理职能分工；从技术上采取措施，包括重视设计多方案选择，严格审查初步设计、技术设计、施工图设计、施工组织设计，深入研究节约投资的可能性；从经济上采取措施，包括动态比较造价的计划值与实际值，严格审核各项费用支出，采取对节约投资的有力奖励措施等。我们应该看到，技术与经济相结合是控制工程造价最有效的手段。我们应通过技术比较、经济分析和效果评价，正确处理技术先进与经济合理之间的对立统一关系，力求在技术先进条件下的经济合理、在经济合理基础上的技术先进，将控制工程造价观念渗透到各项设计和施工技术措施之中。

第三节　国内外工程造价管理体系

一、我国工程造价管理体系

工程造价管理的内容包括工程造价的合理确定和有效控制两个方面，因此，下面从工程造价的计价、控制、建设工程造价执业资格管理及工程造价管理的历史沿革等方面介绍我国工程造价管理体系。

（一）我国工程造价的计价方法

目前，我国建设工程造价的计价包括定额计价与工程量清单计价两种模式。全部使用国有资金投资或国有资金投资为主的工程建设项目施工承发包，不分工程建设规模，均必须采用工程量清单计价；非国有资金投资的工程建设项目，宜采用工程量清单计价。

1. 定额计价

我国的定额计价采用的是国家、部门或者地区统一规定的定额和取费标准进行工程造价计价的模式，有时也称为传统计价模式。在定额计价模式下，建设单位和施工单位均先根据预算定额中规定的工程量计算规则、定额单价计算工程直接费用，再按照规定的费率和取费程序计取间接费、利润和税金，汇总得到工程造价。其中，预算定额既包括消耗量标准，又含有单位估价。

定额计价模式对我国建设工程的投资计划管理和招投标起到过很大的作用，但也存在着一些缺陷。该模式的工、料、机消耗量是根据“社会平均水平”综合测定，取费标准是根据不同地区价格水平平均测算。企业自主报价的空间很小，不能结合项目具体情况、自身技术管理水平和市场价格自主报价，也不能满足招标人对建筑产品质优价廉的要求。同时，由于工程量计算由招投标的各方单独完成计价基础不统一，不利于招标工作的规范性。在工程完工后，工程结算烦琐，易引起争议。

2. 工程量清单计价

工程量清单计价是一种区别于定额计价法的新的计价模式，有广义与狭义之分。狭义的工程量清单计价是指在建设工程招投标中，由招标人或其委托具有资质的中介机构编制提供工程量清单，由投标人对招标人提供的工程量清单进行自主报价，通过市场竞争定价的一种工程造价计价模式。

广义的工程量清单计价是指依照建设工程工程量清单计价规范等，通过市场手段，由建设产品的买方和卖方在建设市场上根据供求关系、信息状况进行自由竞价，最终确定建设工程施工全过程相关费用的活动。该活动主要包括工程量清单的编制、招标控制价的编制、投标报价的编制、工程合同价款的约定、竣工结算的办理以及施工过程中工程计量与工程价款的支付、索赔与现场签证、工程价款的调整和工程计价争议处理。工程量清单计价的基本过程分为两个阶段：工程量清单的编制和利用工程量清单来编制投标报价（或招标控制价）。工程量清单计价首要的是工程量清单项目费用的确定，采用工程量清单计价，建设工程造价由分部分项工程费、措施项目费、其他项目费、规费和税金组成。

（二）我国工程造价的全过程控制

具体来说，我国工程造价的全过程控制就是用投资估算价控制设计方案的选择和初步设计概算造价，用概算造价控制技术设计和修正概算造价，用概算造价或修正概算造价控制施工图设计和预算造价。在施工过程中，施工企业要在合同价内完成工程施工，并严格控制成本。

二、国外工程造价管理体系

（一）国际工程造价的产生

国外工程造价的起源可以追溯到中世纪，由于当时大部分建筑较小，设计也简单，业主一般请当地的工匠来负责房屋的设计和建造；而重要的建筑则由业主直接购买材料，雇佣一名工匠代表其利益负责监督项目的建造，工程完成后按双方事先协商好的支付方式进行价格结算。现代意义上的工程估价最先产生于英国。16~18 世纪，技术发展促使大批工业厂房兴建，许多农民在失去土地后向城市集中，需要许多住房，建筑业因此得到发展，工程项目管理专业分工得到细化，设计、施工和造价逐步分离为独立的专业，工料测量师这一专门从事工程项目造价确定和控制的职业在英国诞生。这时的工料测量师是在工程设计和工程完工以后才去测量工程量和估算工程造价的，工程造价由此产生。

（二）国外典型的工程造价管理模式

当今，国际工程造价管理主要有以下几种管理模式。

1. 英国工程造价管理

在世界近代工程造价管理的发展史上作为早期世界强国的英国，由于其工程造价管理发展得较早，且其联邦成员国和地区分布较广，时至今日，其工程造价管理模式在世界范围内仍具有较强的影响力。英国从 19 世纪 30 年代起，在工程招投标中就采用了工程量清单计价方式。业主的招标文件中附带一份由业主工料测量师编制的工程量清单，承包商的工料测量师参照政府和各类咨询机构发布的造价指数，根据当时当地建筑市场供求情况，对工程量清单中的所有项目进行自由报价，最后将所有项目的成本进行汇总，并加入相应的管理费和利润等项，通过竞争，合同定价。

在英国，政府投资工程和私人投资工程分别采用不同的工程造价管理方法，但这些工程项目通常都需要聘请专业造价咨询公司进行业务合作。英国建设主管部门的工作重点则是制定有关政策和法律，以全面规范工程造价咨询行为。政府投资工程是由政府有关部门负责管理，包括计划、采购、建设咨询实施和维护，对从工程项目立项到竣工各个环节的工程造价控制都较为严格。遵循政府统一发布的价格指数，按政府规定的面积标准、造价指标，在核定的投资范围内进行方案设计、施工设计，实施目标控制，不得突破。如遇非正常因素，宁可在保证使用功能的前提下降低标准，也要将造价控制在额度范围内。对于私人投资工程，政府通过相关的法律法规对此类工程项目的经营活动进行一定的规范和引导，只要在国家法律允许的范围内，政府一般不予干预。工程造价咨询公司在英国被称为工料测量师行，成立的条件必须符合政府或相关行业协会的有关规定。

目前，英国的行业协会负责管理工程造价专业人士、编制工程造价计量标准、发布相关造价信息及造价指标。英国工科测量师行经营的内容较为广泛，涉及建设工程全寿命期各个阶段，主要包括：项目策划咨询、可行性研究、成本计划和控制、市场行情的走势预测；招投标活动及施工合同管理；建筑采购、招标文件编制；投标书分析与评价，标后谈判，合同文件准备；工程施工阶段成本控制，财务报表，洽商变更；竣工工程估价、决算，合同索赔保护；成本重新估计；对承包商破产或被并购后的应对措施；应急合同财务管理、后期物业管理等。

2. 美国工程造价管理

美国的工程造价管理是建立在高度发达的自由竞争市场经济基础之上的，在没有全国统一的工程量计算规则和计价依据的情况下，一方面，由各级政府部门制定各自管辖的政府投资工程相应的计价标准；另一方面，承包商需根据自身积累的经验进行报价。同时，工程造价咨询公司依据自身积累的造价数据和市场信息，协助业主和承包商对工程项目提供全过程、全方位的管理与服务。在美国，信息技术的广泛应用不但大大提高了工程项目参与各方之间的沟通、文件传递等的工作效率，也可及时、准确地提供市场信息，同时也使工程造价咨询公司收集整理和分析各种复杂、繁多的工程项目数据成为可能。美国的建设工程也主要分为政府投资和私人投资两大类，其中私人投资工程可占到整个建筑业投资总额的 60%~70%。

美国对政府投资工程采用两种管理方式：一是由政府设专门机构对工程进行直接管理。美国各地方政府都设有相应的管理机构，如纽约市政府的综合开发部（CDGS）、华盛顿政府的综合开发局（GSA）等都是代表各级政府专门负责管理建设工程的机构。二是通过公开招标委托承包商进行管理。美国法律规定所有的政府投资工程都要进行公开招标，特定情况下（涉及国防、军事机密等）可邀请招标和议标。但对项目的审批权限、技术标准（规范）、价格、指数都需明确规定，确保项目资金不突破审批的金额。对私人投资工程只进行政策引导和信息指导，而不干预其具体实施过程，体现了政府对造价的宏观管理和间接调控。如美国政府有一套完整的项目或产品目录，明确规定私人投资者的投资领域，并采取经济杠杆，通过价格、税收、利率、信息指导、城市规划等来引导和约束私人投资方向和区域分布。政府通过定期发布信息资料，使私人投资者了解市场状况，尽可能使投资项目符合经济发展的需要。

美国由于没有主管建筑业的政府部门，因而也就没有主管工程造价咨询业的专门政府部门，工程造价咨询业完全由行业协会管理。

工程造价咨询业涉及多个行业协会，如美国土木工程师协会、总承包商协会、建筑标准协会、工程咨询业协会、国际造价管理联合会等。美国的工程造价咨询业主要依靠政府和行业协会的共同管理与监督，实行“小政府，大社会”的行业管理模式。美国的相关政府管理机构对整个行业的发展进行宏观调控，更多的具体管理工作主要依靠行业协会。由行业协会更多地承担对专业人员和法人团体的监督和管理的职能。美国的工程造价咨询企业自身具有较为完备的合同管理体系和完善的企业信誉管理平台，各个企业视自身的业绩和荣誉为企业长期发展的重要条件。

3. 日本工程造价管理

在日本，工程积算制度是工程造价管理所采用的主要模式，数量积算基准的内容包括总则、土方工程与基础处理工程、主体工程及装修工程。该模式是在建筑工业经营研究会对英国的《建筑工程量标准计算方法》进行翻译研究的基础上，于 1970 年由建筑积算协会接受建设大臣办公厅政府建筑设施部部长关于工程量计算统一化的要求，花费了约 10 年的时间汇总而成的。日本建筑积算协会作为全国工程咨询的主要行业协会，其主要的服务范围是：推进工程造价管理的研究；工程量计算标准的编制；建筑成本等相关信息的收集、整理与发布；专业人员的业务培训及个人执业资格准入制度的制定与具体执行等。工程造价咨询行业由日本政府建设主管部门和日本建筑积算协会统一进行业务管理和行业指导。

其中，政府建设主管部门负责制定发布工程造价政策、相关法律法规。管理办法对工程造价咨询业的发展进行宏观调控。工程造价咨询公司在日本被称为工程积算所，主要由建筑积算师组成。日本的工程积算所一般对委托方提供以工程造价管理为核心的全方位、全过程的工程咨询服务，其主要业务范围包括：工程项目的可行性研究、投资估算、工程量计算、单价调查、工程造价细算、标底价编制与审核、招标代理、合同谈判、变更成本积算、工程造价同期控制与评估等。

第四节　BIM 技术与工程造价管理改革

一、BIM 概述

（一）BIM 与 BIM 技术

2002 年，美国 Autodesk 收购了三维建模软件公司 Revit Technology，首次将“Building Information Modeling”的首字母连起来使用，成了今天众所周知的“BIM”，从此 BIM 技术开始在建筑行业广泛应用。根据我国《建筑信息模型应用统一标准》，建筑信息模型 Building Information Modeling 或 Building Information Model（BIM），是指在建设工程及设施全生命期内，对其物理和功能特性进行数字化表达，并依此设计、施工、运维的过程和结果的总称。

BIM 技术的定义包含了以下四个方面的内容：

① BIM 是一个建筑设施物理和功能特性的数字表达，是工程项目设施实体和功能特性的完整描述。它基于三维几何数据模型，集成了建筑设施

其他相关物理信息、功能要求和性能要求等参数化信息，并通过开放式标准实现信息的互用。

② BIM 是一个共享的知识资源，实现建筑全生命周期信息共享。基于这个共享的数字模型，工程的规划、设计、施工、运维各个阶段的相关人员都能从中获取他们所需的数据。这些数据是连续、及时、可靠、全面（或完整）一致的，为该建筑从概念到拆除的全生命周期中所有工作和决策提供可靠依据。

③ BIM 是一种应用于设计、建造、运维的数字化管理方法和协同工作过程。这种方法支持建筑工程的集成管理环境，可以使建筑工程在其整个进程中显著提高效率和大量减少风险。

④ BIM 也是一种信息化技术，它的应用需要信息化软件支撑。在项目的不同阶段，不同利益相关方通过 BIM 软件在 BIM 模型中提取、应用、更新相关信息，并将修改后的信息赋予 BIM 模型，支持和反映各自职责的协同作业，以提高设计、建造和运维的效率和水平。

（二）建筑工程 BIM 技术的应用

1.BIM 模型与信息

建筑工程 BIM 技术应用的首要工作是创建以模型为载体的信息模型，并在其上加载和传递具有建筑技术特征的设计、造价、施工等相关信息。根据项目建设进度建立和维护 BIM 模型，实质是使用 BIM 平台汇总各项目团队所有的建筑工程信息，消除项目中的信息孤岛，并且将得到的信息结合三维模型进行整理和储存，以备在项目全寿命周期的各个阶段项目各相关利益方随时共享。

工程项目 BIM 技术应用主要是信息的应用，包括图形信息、数据信息和文字信息。图形信息是提供可视化的条件，可以提供建筑的体量范围、形状以及拟建项目周边环境等场景，信息可用于对拟建建筑建成后的实用性、方便性，以及对人产生的心理作用等方面做参考，同时也可作为绿色建筑的参考依据。

数据信息是不可见的，它提供建设项目的体量、构件等的具体尺度，为 BIM 技术的应用提供具体的数据。在项目的实施过程中，需要对目标任务进行精确的管理，如结构的分析计算，成本控制的工程量计算，施工现场的人、材、机消耗分析、准备和管理等，都需要具体的数据。文字信息提供有关特性的辨识。工程建设项目的实施过程，并非全过程都是采用数据计算，有很大一部分的信息内容是由文字提供的，如建筑师对房屋的装饰要求，结构工程师对材料的选用说明等，也就是常见的施工说明和结构说明等文字内容。另外，还有施工现场的管理，如项目总工程师下达的施工技术交底文件中的操作工艺方法、质量要求、检测手段等。

2. 建筑策划

建筑策划是在总体规划目标确定后，根据定量分析得出设计依据的过程。相对于根据经验确定设计内容及依据（设计任务书）的传统方法，建筑策划利用对建设目标所处社会环境及相关因素的逻辑数据分析，研究项目任务书对设计的合理导向，制定和论证建筑设计依据，科学地确定设计的内容，并寻找达到这一目标的科学方法。在这一过程中，除了运用建筑学的原理，借鉴过去的经验和遵守规范外，更重要的是要以实际调查为基础，用计算机等现代化手段对目标进行研究。

BIM 能够帮助项目团队在建筑规划阶段，通过对空间进行分析来理解复杂空间的标准和法规，从而节省时间，提供对团队更多增值活动的可能。特别是在客户讨论需求、选择及分析最佳方案时，能借助 BIM 及相关分析数据做出关键性的决定。BIM 在建筑策划阶段的应用成果还能帮助建筑师在建筑设计阶段随时查看初步设计是否符合业主的要求，是否满足建筑策划阶段得到的设计依据；通过 BIM 连贯的信息传递或追溯，大大减少在详图设计阶段发现不合格需要修改设计而造成的巨大浪费。

3. 方案论证

在方案论证阶段，项目投资方可以使用 BIM 来评估设计方案的布局、视野、照明、安全、人体工程学、声学、纹理、色彩及规范的遵守情况。BIM 甚至可以做到建筑局部的细节推敲，迅速分析设计和施工中可能需要应对的问题。方案论证阶段可以借助 BIM 提供方便的、低成本的不同解决方案供项目投资方选择，通过数据对比和模拟分析，找出不同解决方案的优缺点，帮助项目投资方迅速评估建筑投资方案的成本和时间。对设计师来说，通过 BIM 来评估所设计的空间，可以获得较高的互动效应，以便从使用者和业主处获得积极的反馈。设计的实时修改往往基于最终用户的反馈，在 BIM 平台下，项目各方关注的焦点问题比较容易得到直观的展现并迅速达成共识，相应的决策需要的时间也会比以往减少。

4. 协同管理

建设项目在设计、交易、施工、运营实施过程中有多方参与，基于 BIM 技术可以搭建一个协同管理平台，各参与方可以在平台中根据自己的权限，对拟建建筑的模型和数据进行查看、维护和修改，在各参与方之间做到信息传递顺畅。此外，协同管理平台还具有远程会议、款项支付、资料管理等功能。

5. 工程量计算

工程量计算是建设工程确定投资成本的主要工作之一，从开始直至项目拆除，工程量计算的操作会贯穿整个建设工程全生命周期。而 BIM 是一个富含工程信息的数据库，可以真实地提供造价管理需要的工程量信息，用于前期设计过程中的成本估算、在业主预算范围内不同设计方案的探索或不同设计方案建造成本的比较，以及施工开始前的工程量预算和施工完成后的工程量结（决）算。

在 BIM 技术应用中，计算建筑项目的工程量全部都是利用计算机中创建的虚拟模型。计算工程量的模型成为计算模型，它不仅带有构件的几何信息，还会根据项目的进展不断改变计算造价成本的信息，为后期计算造价、分析项目工料机消耗提供信息条件。例如，项目在投资评估阶段，工程量信息只需要相应的几何信息就够了，而在工程交易阶段，就必须增加使用建筑材料信息、工程施工的措施工艺信息等。一栋房屋从立项开始，一旦模型创建成功，其信息类型和含量也会随着项目应用专项而不断地发生变化。

6. 碰撞检查与管线综合

一栋建筑会有多个专业的人员参与设计，而这些专业人员在设计的过程中可能只会考虑本专业，设计结果虽然有总工程师把关，但难免会出现问题。碰撞检查工作是将各专业的模型汇总到一个模型中，利用 BIM 技术可视化特点，对模型中的管线与管线、管线与设备、设备与设备、管线设备与房屋构建进行碰撞检查，找出模型中不合理的布置点，并将问题形成文件，提交给相关专业的工程师进行修改。碰撞检查完成后，要对问题点进行调整优化，即管线综合。管线综合的原则一般是小管绕大管，无压力管绕有压力管等，并且尽量不要调整房屋结构构件。若一定要调整房屋结构构件，应有保证结构稳定和强度的措施。管线经过综合优化后会对原有成本产生影响，要做成本调整。调整的方案应做到施工方便，管线排布合理美观，满足使用要求且性价比高。

7. 进度管理

建筑施工是一个高度动态的过程，随着建筑工程规模不断扩大，复杂程度不断提高，施工项目管理变得极为复杂。利用 BIM 技术，将项目进度规划时间和工程量计算信息分别赋予到模型中的每个构件上，再利用计算机按时间节点显示图形的功能，指定具体时间段即可显示带有该段时间的构件信息。通过将显示模型与施工现场的实际情况进行对比，就可以知道项目的实际进展与计划之间的差距，从而调整下一步的进度计划。

8. 数字化建造

BIM 技术结合数字化制造能够提高建筑行业的生产效率。建筑中的许多构件可以异地加工，然后运到建筑施工现场，装配在建筑中。

BIM 模型直接用于制造环节，实现制造商与设计人员之间及时的反馈，减少现场问题的发生，降低建造和安装成本。通过数字化建造，实现工厂精密机械技术制造，自动完成建筑物构件的预制，不仅降低了建造误差，而且大幅度提高了构件制造的生产效率，使得整个建筑建造的工期缩短并容易掌控。

9. 竣工模型交付与维护管理

BIM 技术能将建筑物空间信息和设备参数信息有机地整合起来，从而为业主获取完整的建筑物全局信息提供途径。利用 BIM 模型，将设备对应到房间，同时将设备的相关信息置于设备模型上，包括用途、操作方法、维护时间、维护人等，便于管理人员在要求时段内对设备进行维护。通过 BIM 与施工过程记录信息的关联，可以实现包括隐藏工程资料在内的竣工信息集成，为后续的物业管理带来便利，也为运营阶段进行的翻新、改造、扩建等工作提供有效的历史信息。

二、工程造价管理变革

我国工程造价管理的历史变革，与社会经济体制的变化密切相关。在计划经济体制时期，我国实行统一的定额计价，由政府确定价格；在计划经济体制向市场经济体制转轨时期，实行量价分离，在一定范围内引入市场价格；在尚不完善的市场经济时期，实行工程量清单计价与定额计价并存，市场确定价格。随着市场经济的深入，将稳步走向市场决定价格、企业自主竞争、工程造价全面管理的阶段，工程造价管理正在向规模化、信息化、国际化、全过程工程造价咨询的发展趋势上迅猛发展。

BIM 技术作为创新发展的新技术，正在改变和颠覆着整个建筑行业。BIM 技术的应用和推广，必将对建筑业的可持续发展起到至关重要的作用，同时还将极大地提升项目的精益化管理程度，减少浪费，节约成本，促进工程效益的整体提升。如何将造价工作更好地融入 BIM，成为广大从业人员最关心的事情。其中，在造价咨询界呼声最高的是为业主进行“全过程工程咨询”。所谓全过程工程咨询，是在建设项目全生命周期各阶段产生问题后，为业主提供相应解决方案的成本评估。

以往的造价咨询只负责整个工程项目成本投入的计算，往往是在工程完工后才进行结算。这对中间过程产生的问题并没有处理成本评估，待到项目完工结算造价时，才发现投资预算产重超标。而全过程工程咨询则是在项目碰到问题还没进行施工前就进行解决方案的决策，同时对解决方案进行可行性以及成本投入评估，为业主提供优选条件和处理时间，避免由于盲目处理问题导致成本投入的评估不足，杜绝最后结算时成本投入大量超标的现象。总之，以往的造价咨询是事后算账，不能将成本投入控制在建设项目的过程中，产生问题因盲目处理造成成本投入不可控；而全过程工程咨询是将成本投入评估融入建设项目的每一个环节，从而有效地对项目成本投入起到控制作用。

在建设工程全生命周期过程中，经常会遇到各种变化和不确定因素，解决这些问题和选择解决方案需要快速确定投资成本，甚至要在多个方案中进行成本对比。要让造价人员在极短时间内提供多个方案的成本对比数据，传统的造价管理模式已经远不能适应如此快的节奏。于是行业专家将造价融入 BIM 技术，运用 BIM 技术解决实际问题，成为工程造价管理发展的新方向。

第三章　工程计价方法及依据

随着城市化进程、工业化进程的不断加快，建设工程的数量越来越多，建筑行业的市场前景也非常广阔。与此同时，建设工程的市场竞争力也越来越大，要想在市场竞争中保持有利的地位，就需要做好建设工程的造价管理工作。工程造价和工程计价依据有着一定的联系，工程计价是建设工程项目造价管理的基础工作，明确好工程计价依据，能够保证造价管理工作顺利进行。本章将对工程计价方法以及依据展开论述。

第一节　工程计价方法

一、工程计价的基本方法

工程计价的方法有多种，各有差异，但工程计价的基本过程和原理是相同的。影响工程造价的主要因素有两个，即单位价格和实物工程数量：工程子项的单位价格越高，工程造价就越高；工程子项的实物工程数量越大，工程造价也就越大。

对工程子项的单位价格分析，可以有两种形式：

1. 人工、材料、施工机械台班单价

如果工程项目单位价格仅仅考虑人工、材料、施工机具资源要素的消耗量和价格形成，即单位价格 =∑（工程子项的资源要素消耗量 × 资源要素的价格）。至于人工、材料、机械资源要素消耗量定额，它是工程计价的重要依据，与劳动生产率、社会生产力水平、技术和管理水平密切相关。发包人工程估价的定额反映的是社会平均生产力水平，而承包人进行估价的定额反映的是该企业技术与管理水平。资源要素的价格是影响工程造价的关键因素。在市场经济体制下，工程计价时采用的资源要素的价格应该是市场价格。

2. 综合单价

综合单价主要适用于工程量清单计价。我国的工程量清单计价的综合单价为非完全综合单价。根据我国的规定，综合单价由完成工程量清单中一个规定计量单位项目所需的人工费、材料费、施工机具使用费、管理费和利润，以及一定范围的风险费用组成。

二、工程定额计价法

1. 第一阶段：收集资料

①设计图纸。设计图纸要求成套不缺，附带说明书以及必需的通用设计图。在计价前要完成设计交底和图纸会审程序。

②现行计价依据、材料单价、人工工资标准、施工机械台班使用定额以及有关费用调整的文件等。

③工程协议或合同。

④施工组织设计（施工方案）或技术组织措施等。

⑤工程计价手册。如各种材料手册、常用计算公式和数据、概算指标等资料。

2. 第二阶段：熟悉图纸和现场

（1）熟悉图纸

看图计量是计价的基本工作，只有看懂图纸和熟悉图纸后，才能对工程内容、结构特征、技术要求有清晰的概念，才能在计价时做到项目全、计量准、速度快。因此，在计价之前，应该留有一定时间，专门用来阅读图纸，特别是对于一些大型复杂民用建筑，如果设计者在没有弄清图纸之前就急于下手计算，常常会徒劳无益，欲速而不达。

阅读图纸应重点了解：

①对照图纸目录，检查图纸是否齐全；

②所采用的标准图集是否已经具备；

③对设计说明或附注要仔细阅读，因为有些分章图纸中不再表示的项目或设计要求，往往在说明和附注中可以找到，若稍不注意，容易漏项；

④设计上有无特殊的施工质量要求，事先列出需要补充定额的项目；

⑤平面坐标和竖向布置标高的控制点；

⑥本工程与总图的关系。

（2）注意施工组织设计有关内容

施工组织设计是由施工单位根据施工特点、现场情况、施工工期等有关条件编制的，用来确定施工方案，布置现场。安排进度计价时应注意施工组织设计中影响工程费用的因素。例如，土方工程中的余土外运或缺土的来源、大宗材料的堆放地点、预制构件的运输、地下工程或高层工程的垂直运输方法、设备构件的吊装方法、特殊构筑物的机具制作、安全防火措施等，单凭图纸和定额是无法提供的，只有按照施工组织设计的要求来具体补充项目和计算。

（3）结合现场实际情况

在图纸和施工组织设计仍不能完全表示时，必须深入现场，进行实际考察，以补充上述的不足。例如，土方工程的土壤类别、现场有无障碍物需要拆除和清理等。在新建和扩建工程中，当有些项目或工程量依据图纸无法计算时，必须到现场实际测量。

总之，对各种资料和情况掌握得越全面、越具体，工程计价就越准确、越可靠，并且尽可能地将可能考虑到的因素列入计价范围内，以减少开工以后频繁的现场验证。

3. 第三阶段：计算工程量

计算工程量是一项工作量很大而又十分细致的工作。工程量是计价的基本数据，计算的精确程度不仅影响到工程造价，而且影响到与之关联的一系列数据，如计划、统计、劳动力、材料等。因此，绝不能把工程量看成单纯的技术计算，它对整个企业的经营管理都具有重要的意义。

（1）计算工程量一般可按下列具体步骤进行

①根据施工图示的工程内容和定额项目，列出需计算工程量的分部分项；

②根据一定的计算顺序和计算规则，列出计算式；

③根据施工图示尺寸及有关数据，代入计算式进行数学计算；

④按照定额中的分部分项的计量单位对相应的计算结果的计量单位进

行调整，使之一致。

（2）工程量的计算要根据图纸所标明的尺寸、数量以及附有的设备明细表、构件明细表来计算，一般应注意下列几点：

①要严格按照计价依据的规定和工程量计算规则，结合图纸尺寸进行计算，不能随意地加大或缩小各部位的尺寸。

②为了便于核对，计算工程量一定要标明层次、部位、轴线编号及断面符号。计算式要力求简单明了，按一定程序排列，填入工程量计算表，以便查对。

③尽量采用图中已经通过计算注明的数量和附表。如门窗表、预制构件表、钢筋表、设备表、安装主材表等，必要时查阅图纸进行核对。因为设计人员往往是从设计角度来计算材料和构件的数量，除了口径不尽一致外，常常有遗漏和误差现象，要加以改正。

④计算时要防止重复计算和漏算。在比较复杂的工程或工作经验不足时，最容易发生的是漏项漏算或重项重算。因此，在计价之前先看懂图纸，弄清各页图纸的关系及细部说明。一般可按照施工次序，由上而下，由外而内，由左而右，事先草列分部分项名称，依次进行计算。在计算中发现有新的项目，随时补充进去，防止遗忘。也可以采用分页图纸逐张清算的办法，以便先减少一部分图纸数量，集中精力计算比较复杂的部分，计算工程量，有条件的尽量分层、分段、分部位来计算，最后将同类项加以合并，编制工程量汇总表。

4. 第四阶段：套定额单价

在计价过程中，如果工程量已经核对无误，项目不漏不重，则余下的问题就是如何正确套价。计算人材机费套价应注意以下事项：

①分项工程名称、规格和计算单位必须与定额中所列内容完全一致。即以定额中找出与之相适应的项目编号，查出该项工程的单价。套单价要求准确、适用；否则得出的结果就会偏高或偏低。熟练的专业人员，往往在计算工程量划分项目时，就考虑到如何与定额项目相符合。如混凝土要注明强度等级等，以免在套价时仍需查找图纸和重新计算。

②定额换算。任何定额本身的制定都是按照一般情况综合考虑的，存在许多缺项和不完全符合图纸要求的地方，因此必须根据定额进行换算，

即以某分项定额为基础进行局部调整。如材料品种改变、混凝土和砂浆强度等级与定额规定不同、使用的施工机具种类型号不同、原定额工日需增加的系数等。有的项目允许换算，有的项目不允许换算，均按定额规定执行。

5. 第五阶段：编制工料分析表

根据各分部分项工程的实物工程量和相应定额中的项目所列的用工日及材料数量，计算出各分部分项工程所需的人工及材料数量，相加汇总便得出该单位工程所需要的各类人工和材料的数量。

6. 第六阶段：费用计算

在项目、工程量、单价经复查无误后，将所列项工程实物量全部计算出来后，就可以按所套用的相应定额单价计算人、材、机费，进而计算企业管理费、利润、规费及税金等各种费用，并汇总得出工程造价。

7. 第七阶段：复核

工程计价完成后，需对工程计价结果进行复核，以便及时发现差错，提高成果质量。复核时，应对工程量计算公式和结果、套价、各项费用的取费及计算基础和计算结果、材料和人工价格及其价格调整等方面是否正确进行全面复核。

8. 第八阶段：编制说明

编制说明是说明工程计价的有关情况，包括编制依据、工程性质、内容范围、设计图纸号、所用计价依据、有关部门的调价文件号、套用单价或补充定额子目的情况及其他需要说明的问题。封面填写应写明工程名称、工程编号、工程量（建筑面积）、工程总造价、编制单位名称、法定代表人、编制人及其资格证号和编制日期等。

三、工程量清单计价法

工程量清单计价法的程序和方法与工程量定额计价法基本一致，只是第四、五、六阶段有所不同，具体如下。

1. 第四阶段：工程量清单项目组价

组价的方法和注意事项与工程定额计价法相同，每个工程量清单项目包括一个或几个子目，每个子目相当于一个定额子目。所不同的是，工程量清单项目套价的结果是计算该清单项目的综合单价。

2. 第五阶段：分析综合单价

工程量清单的工程数量，按照相应专业的计量规范。一个工程量清单项目由一个或几个定额子目组成，将各定额子目的综合单价汇总累加，再除以该清单项目的工程数量，即可求得该清单项目的综合单价。

3. 第六阶段：费用计算

在工程量计算、综合单价分析经复查无误后，即可进行分部分项工程费、措施项目费、其他项目费、规费和税金的计算，从而汇总得出工程造价。其中，分部分项工程项目综合单价由人工费、材料费、机械费、管理费和利润组成，并考虑风险因素。

措施项目费分为两种，即按国家计量规范规定应予计量措施项目（单价措施项目）和不宜计量的措施项目（总价措施项目）。其中，单价措施项目综合单价的构成与分部分项工程项目综合单价构成类似。

第二节　工程计价依据的分类

一、工程计价依据的分类

工程计价依据是据以计算造价的各类基础资料的总称。由于影响工程造价的因素很多，每一项工程的造价都要根据工程的用途、类别、结构特征、建设标准、所在地区和坐落地点、市场价格信息，以及政府的产业政策、税收政策和金融政策等做具体计算，因此就需要把确定上述因素相关的各种量化定额或指标等作为计价的基础。计价依据除法律法规规定的以外，一般以合同的形式加以确定。

工程计价依据必须满足以下要求：

①准确可靠，符合实际；

②可信度高，具有权威性；

③数据化表达，便于计算；

④定性描述清晰，便于正确运用。

（一）按用途分类

工程造价的计价依据按用途分类，概括起来可以分为七大类19小类。

1. 第一类，规范工程计价的依据

①国家标准《建设工程工程量清单计价规范》、《房屋建筑与装饰工程工程量计算规范》、《通用安装工程工程量计算规范》（各专业工程工程量计算规范，以下简称为“计量规范”）、《建筑工程建筑面积计算规范》等。

②行业协会推荐性规程，如中国建设工程造价管理协会发布的《建设项目投资估算编审规程》《建设项目设计概算编审规程》《建设项目工程结算编审规程》《建设项目全过程造价咨询规程》等。

2. 第二类，计算设备数量和工程量的依据

③可行性研究资料。

④初步设计、扩大初步设计、施工图设计、图纸和资料。

⑤工程变更及施工现场签证。

3. 第三类，计算分部分项工程人工、材料、机械台班消耗量及费用的依据

⑥概算指标、概算定额、预算定额。

⑦人工单价。

⑧材料预算单价。

⑨机械台班单价。

⑩工程造价信息。

4. 第四类，计算建筑安装工程费用的依据

⑪费用定额。

⑫价格指数。

5. 第五类，计算设备费的依据

⑬设备价格、运杂费率等。

6. 第六类，计算工程建设其他费用的依据

⑭用地指标。

⑮各项工程建设其他费用定额等。

7. 第七类，相关的法规和政策

⑯包含在工程造价内的税种、税率。

⑰与产业政策、能源政策、环境政策、技术政策和土地等资源利用政策有关的取费标准。

⑱利率和汇率。

⑲其他计价依据。

（二）按使用对象分类

第一类，规范建设单位（业主）计价行为的依据，包括可行性研究资料、用地指标、工程建设其他费用定额等。

第二类，规范建设单位（业主）和承包商双方计价行为的依据，包括国家标准《建设工程工程量清单计价规范》和《建筑工程建筑面积计算规范》，中国建设工程造价管理协会发布的建设项目投资估算、设计概算、工程结算、全过程造价咨询等规程；初步设计、扩大初步设计、施工图设计；工程变更及施工现场签证；概算指标、概算定额、预算定额；人工单价；材料预算单价；机械台班单价；工程造价信息；费用定额；设备价格、运杂费率等；包含在工程造价内的税种、税率；利率和汇率；其他计价依据。

二、工程计价定额的分类

定额就是一种规定的额度，也称为数量标准。

工程计价定额是指工程定额中直接用于工程计价的定额或指标，包括预算定额、概算定额、概算指标和投资估算指标等。不同的计价定额用于建设项目的不同阶段作为确定和计算工程造价的依据。

在建筑安装施工生产中，应根据需要采用不同的定额。如用于企业内部管理的企业定额。又如为了计算工程造价，要使用估算指标、概算指标、概算定额、预算定额（包括基础定额）、费用定额等。工程建设定额可以从不同的角度进行分类。

（一）按定额反映的生产要素消耗内容分类

1. 劳动定额

劳动定额是指在正常的施工技术和组织条件下，完成规定计量单位的合格建筑安装产品所需消耗的人工工日数量标准。

2. 材料消耗定额

材料消耗定额是在节约和合理使用材料的条件下，生产单位合格产品所必须消耗的一定品种规格的原材料、半成品、成品或结构构件的数量。

3. 机械台班消耗定额

机械台班消耗定额是在正常施工条件下，利用某种机械，生产单位合格产品所必须消耗的机械工作时间，或是在单位时间内机械完成合格产品的数量。

（二）按定额的不同用途分类

1. 施工定额

施工定额是指完成一定计量单位的某一施工过程或基本工序所需消耗的人工、材料和施工机械台班数量标准。

2. 预算定额

预算定额是在正常的施工条件下，完成一定计量单位合格分项工程和结构构件所需消耗的人工、材料、施工机械台班数量及其费用标准。预算定额是一种计价定额，基本反映完成分项工程或结构构件的人、材、机消耗量及其相应费用，它以施工定额为基础综合扩大编制而成；主要用于施工图预算的编制，也可用于工程量清单计价中综合单价的计算，是施工发承包阶段工程计价的基础。

3. 概算定额

概算定额是完成单位合格扩大分项工程，或扩大结构构件所需消耗的人工、材料、施工机械台班的数量及其费用标准。概算定额是一种计价定额，基本反映完成扩大分项工程的人、材、机消耗量及其相应费用，它一般以预算定额为基础综合扩大编制而成，主要用于设计概算的编制。

4. 概算指标

概算指标是以扩大分项工程为对象，反映完成规定计量单位的建筑安装工程资源消耗的经济指标。概算指标是一种计价定额，主要用于编制初步设计概算，一般以建筑面积、体积或成套设备装置的“台”或“组”等为计量单位，基本反映完成扩大分项工程的相应费用，也可以表现其人、材、机的消耗量。

5. 投资估算指标

投资估算指标是以建设项目、单项工程、单位工程为对象，反映其建设总投资及其各项费用构成的经济指标。投资估算指标也是一种计价定额，主要用于编制投资估算，基本反映建设项目、单项工程、单位工程的相应费用指标；也可以反映其人、材、机消耗量，包括建设项目综合估算指标、单项工程估算指标和单位工程估算指标。

（三）按定额的编制单位和执行范围分类

1. 全国统一定额

全国统一定额是由国家建设行政主管部门根据全国各专业工程的生产技术与组织管理情况而编制的，在全国范围内执行的定额。

2. 行业定额

行业定额是按照国家定额分工管理的规定，由各行业部门根据本行业情况编制的，只在本行业和相同专业性质使用的定额。

3. 地区统一定额

地区统一定额是按照国家定额分工管理的规定，由各省、自治区、直辖市建设行政主管部门根据本地区情况编制的，在其管辖的行政区域内执行的定额。

4. 企业定额

企业定额是施工单位根据本企业的施工技术、机械装备和管理水平编制的人工、施工机械台班和材料等的消耗标准。

5. 补充定额

补充定额是指随着设计、施工技术的发展在现行定额不能满足生产需要时，根据现场实际情况为了补充缺项而编制的定额，需要报当地造价管理部门批准或备案。

（四）按照投资的费用性质分类

1. 建筑工程定额

建筑工程一般指房屋和构筑物工程，包括土建工程、电气工程（动力、照明、弱电）、暖通工程（给排水、采暖、通风工程）、工业管道工程、特殊构筑物工程等。广义上可以理解为包含其他各类工程，如道路、铁路、桥梁、隧道、运河、堤坝、港口、电站、机场等工程。建筑工程定额在整个工程建设定额中是一种非常重要的定额,在定额管理中占有突出的地位。

2. 设备安装工程定额

设备安装工程是对需要安装的设备进行定位、组合、校正、调试等工作的工程。在工业项目中,机械设备安装和电气设备安装工程占有重要地位。在非生产性的建设项目中，由于社会生活和城市设施的日益现代化，设备安装工程量也在不断增加。

设备安装工程定额和建筑工程定额是两种不同类型的定额，需要分别编制，各自独立。但是设备安装工程和建筑工程是单项工程的两个有机组成部分，在施工中有时间连续性，也有作业的搭接和交叉，互相协调，在这个意义上通常把建筑和安装工程作为一个施工过程来看待，即建筑安装工程。所以有时合二而一，称为建筑安装工程定额。

3. 建筑安装工程费用定额

建筑安装工程费用定额是指与建筑安装施工生产的个别产品无关，而为企业生产全部产品所必需，为维持企业的经营管理活动所必需发生的各项费用开支的费用消耗标准。

4. 工程建设其他费用定额

工程建设其他费用定额是独立于建筑安装工程、设备和工器具购置之外的其他费用开支的标准。工程建设其他费用的发生和整个项目的建设密切相关。

第三节　预算定额、概算定额、概算指标、投资估算指标和造价指标

一、预算定额

（一）预算定额的作用

1. 预算定额是编制施工图预算、确定建筑安装工程造价的基础

施工图设计一经确定，工程预算造价就取决于预算定额水平和人工、材料及机械台班的价格。预算定额起着控制劳动消耗、材料消耗和机械台

班使用的作用，进而起着控制建筑产品价格的作用。

2. 预算定额是编制施工组织设计的依据

施工组织设计的重要任务之一是确定施工中所需人力、物力的供求量，并做出最科学的安排。施工单位在缺乏本企业的施工定额的情况下，根据预算定额，亦能够比较精确地计算出施工中各项资源的需要量，为有计划地组织材料采购和预制件加工、劳动力和施工机具的调配提供了可靠的计算依据。

3. 预算定额是工程结算的依据

工程结算是建设单位和施工单位按照工程进度对已完成的分部分项工程实现货币支付的行为。按进度支付工程款，需要根据预算定额将已完分项工程的造价计算出来。单位工程验收后，再按竣工工程量、预算定额和施工合同规定进行结算，以保证建设单位建设资金的合理使用和施工单位的经济收入。

4. 预算定额是施工单位进行经济活动分析的依据

预算定额规定的物化劳动和劳动消耗指标是施工单位在生产经营中允许消耗的最高标准。施工单位必须以预算定额作为评价企业工作的重要标准，作为努力实现的目标。施工单位可根据预算定额对施工中的劳动、材料、机械的消耗情况进行具体的分析，以便找出并克服低功效、高消耗的薄弱环节，提高竞争能力。只有在施工中尽量降低劳动消耗、采用新技术、提高劳动者素质、提高劳动生产率，才能取得较好的经济效益。

5. 预算定额是编制概算定额的基础

概算定额是在预算定额基础上综合扩大编制的。利用预算定额作为编制依据，不但可以节省编制工作的大量人力、物力和时间，收到事半功倍的效果，还可以使概算定额在水平上与预算定额保持一致，以免造成执行中的不一致。

6. 预算定额是合理编制招标控制价、投标报价的基础

在深化改革中，预算定额的指令性作用将日益削弱，而对施工单位按照工程个别成本报价的指导性作用仍然存在，因此预算定额作为编制招标控制价的依据和施工企业报价的基础性作用仍将存在。这也是由预算定额本身的科学性和指导性决定的。

（二）预算定额的编制原则

1. 社会平均水平原则

预算定额是确定和控制建筑安装工程造价的主要依据。因此它必须遵循价值规律的客观要求，即按生产过程中所消耗的社会必要劳动时间确定定额水平。预算定额的平均水平是指在正常的施工条件、合理的施工组织和工艺条件、平均劳动熟练程度和劳动强度下，完成单位分项工程基本构造要素所需要的劳动时间。

2. 简明适用原则

简明适用一是指在编制预算定额时，对于那些主要的、常用的、价值量大的项目，分项工程划分宜细；对于次要的、不常用的、价值量相对较小的项目则可以粗一些。二是指预算定额要项目齐全。要注意补充那些因采用新技术、新结构、新材料而出现的新的定额项目。如果项目不全，缺项多，就会使计价工作缺少充足的、可靠的依据。三是要求合理确定预算定额的计量单位，简化工程量的计算，尽可能地避免同一种材料用不同的计量单位和一量多用，尽量减少定额附注和换算系数。

（三）预算定额的编制依据

①现行施工定额。预算定额是在现行施工定额的基础上编制的。预算定额中人工、材料、机械台班消耗水平，需要根据劳动定额或施工定额取定；预算定额计量单位的选择也要以施工定额为参考，从而保证两者的协调和可比性，减轻预算定额的编制工作量，缩短编制时间。

②现行设计规范、施工及验收规范，质量评定标准和安全操作规程。

③具有代表性的典型工程施工图及有关标准图。对这些图纸进行仔细分析研究，并计算出工程数量，作为编制定额时选择施工方法、确定定额含量的依据。

④新技术、新结构、新材料和先进的施工方法等。这类资料是调整定额水平和增加新的定额项目所必需的依据。

⑤有关科学实验、技术测定和统计、经验资料。这类工程是确定定额水平的重要依据。

⑥现行的预算定额、材料单价及有关文件规定等，包括过去定额编制

过程中积累的基础资料，也是编制预算定额的依据和参考。

（四）预算定额的编制步骤

预算定额的编制大致分为准备工作、收集资料、编制定额、报批和修改定稿五个阶段。各阶段工作相互有交叉，有些工作还有多次反复。其中预算定额编制阶段的主要工作如下：

①确定编制细则。其主要包括：统一编制表格及编制方法；统一计算口径、计量单位和小数点位数的要求；有关统一性规定，名称统一，用字统一，专业用语统一，符号代码统一，简化字要规范，文字要简练明确。

预算定额与施工定额计量单位往往不同。施工定额的计量单位一般按照工序或施工过程确定，而预算定额的计量单位主要是根据分部分项工程和结构构件的形体特征及其变化确定。由于工作内容综合，预算定额的计量单位亦具有综合的性质。工程量计算规则的规定应确切反映定额项目所包含的工作内容。预算定额的计量单位关系到预算工作的繁简和准确性。因此，要正确地确定各分部分项工程的计量单位。一般依据建筑结构构件形状的特点确定。

②确定定额的项目划分和工程量计算规则。计算工程数量是为了通过计算出典型设计图纸所包括的施工过程的工程量，以便在编制预算定额时，有可能利用施工定额的人工、材料和机械消耗指标确定预算定额所包含工序的消耗量。

③定额人工、材料、机械台班耗用量的计算、复核和测算。

（五）编制定额项目表

在分项工程的人工、材料和机械台班消耗量指标确定后，就可以着手编制定额项目表。

在项目表中，工程内容可以按编制时所包括的综合分项内容填写，人工消耗量指标可按工种分别填写工日数，材料消耗量指标应列出主要材料名称、单位和实物消耗量，施工机具使用量指标应列出主要施工机具的名称和台班数。

（六）预算定额的编排

定额项目表编制完成后，对分项工程的人工、材料和机械台班消耗量列出单价（基期价格），从而形成量价合一的预算定额。各分部分项工程人工、材料、机械单价所汇总的价称基价，在具体应用中，按工程所在地的市场价格进行价差调整，体现量、价分离的原则，即定额量、市场价原则。预算定额主要包括文字说明、分项定额消耗指标和附录三部分。

1. 预算定额文字说明

文字说明包括总说明、分部说明和分节说明。

（1）总说明

①编制预算定额各项依据；

②预算定额的使用范围；

③预算定额的使用规定及说明。

（2）分部说明

①分部工程包括的子目内容；

②有关系数的使用说明；

③工程量计算规则；

④特殊问题处理方法的说明。

（3）分节说明

分节说明主要包括定额的工程内容说明。

2. 分项定额消耗指标

各分项定额的消耗指标是预算定额最基本的内容。

3. 附录

附录主要用于对预算定额的分析、换算和补充。

①建筑安装施工机械台班单价表；

②砂浆、混凝土配合比表；

③材料、半成品、成品损耗率表；

④建筑工程材料基价。

二、概算定额、概算指标

（一）概算定额的主要作用

①概算定额是扩大初步设计阶段编制设计概算和技术设计阶段编制修

正概算的依据；

②概算定额是对设计项目进行技术经济分析和比较的基础资料之一；

③概算定额是编制建设项目主要材料计划的参考依据；

④概算定额是编制概算指标的依据；

⑤概算定额是编制招标控制价和投标报价的依据。

（二）概算定额的编制依据

①现行的预算定额；

②选择的典型工程施工图和其他有关资料；

③人工工资标准、材料预算价格和机械台班预算价格。

（三）概算定额的编制步骤

1. 准备工作阶段

准备工作阶段的主要工作是确定编制机构和人员组成，进行调查研究，了解现行概算定额的执行情况和存在的问题，明确编制定额的项目。在此基础上，制定出编制方案，确定概算定额项目。

2. 编制初稿阶段

编制初稿阶段根据制定的编制方案和确定的定额项目，收集和整理各种数据，对各种资料进行深入细致的测算和分析，确定各项目的消耗指标，最后编制出定额初稿。

该阶段要测算概算定额水平。其内容包括两方面：新编概算定额与原概算定额的水平测算，概算定额与预算定额的水平测算。

3. 审查定稿阶段

审查定稿阶段要组织有关部门讨论定额初稿，在听取合理意见的基础上进行修改，最后将修改稿报请上级主管部门审批。

（四）概算指标

概算指标是以整个建筑物或构筑物为对象，以“m^2”“m^3”“座”等为计量单位，规定人工、材料、机械台班的消耗指标的一种标准。

1. 概算指标的主要作用

①是基本建设管理部门编制投资估算和编制基本建设计划，也是估算主要材料用量计划的依据；

②是设计单位编制初步设计概算、选择设计方案的依据；

③是考核基本建设投资效果的依据。

2. 概算指标的主要内容和形式

概算指标的内容和形式没有统一的格式，一般包括以下内容：

①工程概况，包括建筑面积，建筑层数，建筑地点、时间，工程各部位的结构及做法等。

②工程造价及费用组成。

③每平方米建筑面积的工程量指标。

④每平方米建筑面积的工料消耗指标。

（五）概算指标的编制依据

①标准设计图纸和各类工程典型设计。

②国家颁发的建筑标准、设计规范、施工规范等。

③各类工程造价资料。

④现行的概算定额和预算定额及补充定额。

⑤人工工资标准、材料预算价格、机械台班预算价格及其他价格资料。

（六）概算指标的编制步骤

以房屋建筑工程为例，概算指标可按以下步骤进行编制：

①成立编制小组，拟订工作方案，明确编制原则和方法，确定指标的内容及表现形式，确定基价所依据的人工工资单价、材料单价、机械台班单价。

②收集整理编制指标所必需的标准设计、典型设计及有代表性的工程设计图纸、设计预算等资料，充分利用有使用价值的已经积累的工程造价资料。

③选定图纸，并根据图纸资料计算工程量和编制单位工程预算书，以及按编制方案确定的指标项目对人工及主要材料消耗指标，填写概算指标的表格。

④最核对审核、平衡分析、水平测算、审查定稿。

三、投资估算指标

（一）投资估算指标的作用

工程建设投资估算指标是编制项目建议书、可行性研究报告等前期工作阶段投资估算的依据，也可以作为编制固定资产长远规划投资额的参考。投资估算指标为完成项目建设的投资估算提供依据和手段，它在固定资产的形成过程中起着投资预测、投资控制、投资效益分析的作用，是合理确定项目投资的基础。估算指标中的主要材料消耗量也是一种扩大材料消耗量的指标，可以作为计算建设项目主要材料消耗量的基础。估算指标的正确制定对提高投资估算的准确度，对建设项目的合理评估、正确决策具有重要意义。

（二）投资估算指标的内容

投资估算指标是确定和控制建设项目全过程各项投资支出的技术经济指标，其范围涉及建设前期、建设实施期和竣工验收交付使用期等各个阶段的费用支出，内容因行业不同而异，一般可分为建设项目综合指标、单项工程指标和单位工程指标三个层次。

1. 建设项目综合指标

建设项目综合指标是指按规定应列入建设项目总投资的从立项筹建开始至竣工验收交付使用的全部投资额，包括单项工程投资及工程建设其他费用和预备费等。

建设项目综合指标一般用项目的综合生产能力单位投资表示，如“元/t”“元/kW”；或以使用功能表示，如医院床位用“元/床”表示。

2. 单项工程指标

单项工程指标是指按规定应列入能独立发挥生产能力或使用效益的单项工程内的全部投资额，包括建筑工程费、安装工程费、设备、工器具购置费、生产家具购置费和其他费用。

单项工程指标一般以单项工程生产能力单位投资，如用“元/t”表示，或其他单位表示；如变电站：“/（kV·A）”；锅炉房：“元蒸汽吨”；供水站；“元/m³”；办公室、仓库、宿舍、住宅等房屋建筑工程则区别不同结构形式以“元 /m^2”表示。

3. 单位工程指标

按规定应列入能独立设计、施工的工程项目的费用，即建筑安装工程费用。

单位工程指标一般采用如下方式表示：房屋区别不同结构形式以“元 /m^2”表示；道路区别不同结构层、面层以“元 /m^2”表示；水塔区别不同结构层、容积以“元 / 座”表示；管道区别不同材质、管径以“元 /m”表示。

（三）投资估算指标的编制步骤

投资估算指标的编制工作，涉及建设项目的产品规模、产品方案、工艺流程设备选型、工程设计和技术经济等各个方面。既要考虑到现阶段技术状况，又要展望未来技术发展趋势和设计动向，从而可以指导以后建设项目的实践。编制一般分为以下三个阶段进行：

1. 收集整理资料阶段

收集整理已建成或正在建设的、符合现行技术政策和技术发展方向、有可能重复采用的、有代表性的工程设计施工图、标准设计及相应的竣工决算或施工图预算资料等。将整理后的数据资料按项目划分栏目加以归类，按照编制年度的现行定额、费用标准和价格，调整成编制年度的造价水平及相互比例。

2. 平衡调整阶段

由于调查收集的资料来源不同，虽然经过一定的分析整理，但难免会由于设计方案、建设条件和建设时间上的差异带来的某些影响，使数据失准或漏项等，必须对有关资料进行综合平衡调整。

3. 测算审查阶段

测算是将新编的指标和选定工程的概预算放在同一价格条件下进行比较，检验其“量差”的偏离程度是否在允许偏差的范围以内，如偏差过大，则要查找原因，进行修正，以保证指标的确切、实用。

四、造价指标

造价指标通常指的是本公司的造价控制水平指标和市场其他公司以及

造价信息网站公布的造价指标。对于造价从业人员，如何区分和参考这些指标要仔细分辨，因为各种类型的项目设计标准和项目类型有很大的不同。

第四节　人工、材料、机具台班消耗量定额

人工、材料、机械台班消耗量以劳动定额、材料消耗量定额、机械台班消耗量定额的形式来表现，它是工程计价最基础的定额，是地方和行业部门编制预算定额的基础，也是个别企业依据其自身的消耗水平编制企业定额的基础。

一、劳动定额

（一）劳动定额的分类及其关系

1. 劳动定额的分类

劳动定额分为时间定额和产量定额。

（1）时间定额

时间定额是指某工种某一等级的工人或工人小组在合理的劳动组织等施工条件下，完成单位合格产品所必须消耗的工作时间。

（2）产量定额

产量定额是指某工种某一等级的工人或工人小组在合理的劳动组织等施工条件下，在单位时间内完成合格产品的数量。

2. 时间定额与产量定额的关系

时间定额与产量定额是互为倒数的关系。

（二）工作时间

完成任何施工过程，都必须消耗一定的工作时间。要研究施工过程中的工时消耗量，就必须对工作时间进行分析。

工作时间是指工作班的延续时间。建筑安装企业工作班的延续时间为8小时（每个工日）。

工作时间的研究，是将劳动者整个生产过程中所消耗的工作时间，根

据其性质、范围和具体情况进行科学划分、归类，明确规定哪些属于定额时间，哪些属于非定额时间，找出非定额时间损失的原因，以便拟定技术组织措施，消除产生非定额时间的因素，以充分利用工作时间，提高劳动生产率。

对工作时间消耗的研究，可以分为两个系统进行，即工人工作时间的消耗和工人所使用的机器工作时间消耗。

1. 工人工作时间

工人工作时间又可以分为必须消耗的时间和损失时间两大类。

（1）必须消耗的时间

必须消耗的时间是指工人在正常施工条件下，为完成一定数量的产品或任务所必须消耗的工作时间

①有效工作时间：有效工作时间是从生产效果来看与产品生产直接有关的时间消耗，包括基本工作时间、辅助工作时间、准备与结束工作时间的消耗。

a. 基本工作时间：工人完成与产品生产直接有关的工作时间，如砌砖施工过程的挂线、铺灰浆、砌砖等工作时间。基本工作时间一般与工作量的大小成正比。

b. 辅助工作时间：辅助工作时间是指为了保证基本工作顺利完成而同技术操作无直接关系的辅助性工作时间，如修磨校验工具、移动工作梯、工人转移工作地点等所需时间。

c. 准备与结束工作时间：工人在执行任务前的准备工作（包括工作地点、劳动工具、劳动对象的准备）和完成任务后的整理工作时间。

②休息时间：工人为恢复体力所必需的休息时间。

③不可避免的中断时间：由于施工工艺特点所引起的工作中断时间，如汽车司机等候装货的时间、安装工人等候构件起吊的时间等。

（2）损失时间

损失时间是与产品生产无关，而与施工组织和技术上的缺点有关，与工人在施工过程中的个人过失或某些偶然因素有关的时间消耗。

①多余和偶然工作时间：多余和偶然工作时间指在正常施工条件下不应发生的时间消耗。如拆除超过图示高度的多余墙体的时间。

②停工时间：停工时间分为施工本身造成的停工时间和非施工本身造成的停工时间，如材料供应不及时，由于气候变化和水、电源中断而引起的停工时间。

③违反劳动纪律的损失时间：这是指在工作班内由工人迟到、早退、闲谈、办私事等原因造成的工时损失。

2. 机械工作时间

机械工作时间的分类与工人工作时间的分类相比有一些不同点，如在必须消耗的时间中所包含的有效工作时间的内容不同。通过分析可以看到，两种时间的不同点是由机械本身的特点所决定的。

（1）必须消耗的时间

①有效工作时间：有效工作时间包括正常负荷下的工作时间、有根据的降低负荷下的工作时间。

②不可避免的无负荷工作时间：由施工过程的特点所造成的无负荷工作时间、如推土机到达工作段终端后倒车时间、起重机吊完构件后返回构件堆放地点的时间等。

③不可避免的中断时间：不可避免的中断时间是与工艺过程的特点、机械使用中的保养、工人休息等有关的中断时间，如汽车装卸货物的停车时间、给机械加油的时间、工人休息时的停机时间。

（2）损失时间

①机械多余的工作时间：机械多余的工作时间指机械完成任务时无须包括的工作占用时间。如灰浆搅拌机搅拌时多运转的时间、工人没有及时供料而使机械空运转的延续时间等。

②机械停工时间：机械停工时间是指由于施工组织不好及由于气候条件影响所引起的停工时间，如未及时给机械加水、加油而引起的停工时间。

③违反劳动纪律的停工时间是指由于工人迟到、早退等原因引起的机械停工时间。

④低负荷下工作时间：低负荷下工作时间是由于工人或技术人员的过错所造成的施工机械在降低负荷的情况下工作的时间。

（三）劳动定额的编制方法

1. 经验估计法

经验估计法是根据定额员、技术员、生产管理人员和老工人的实际工作经验，对生产某一产品或完成某项工作所需的人工、施工机具、材料数量进行分析、讨论和估算，并最终确定定额耗用量的一种方法。

经验估工法的主要特点是方法简单、工作量小，便于及时制定和修订定额。但制定的定额准确性较差，难以保证质量。经验估工法一般适用于多品种生产或单件、小批量生产的企业，以及新产品试制和临时性生产。

2. 统计分析法

统计分析法就是根据过去生产同类型产品、零件的实作工时或统计资料，经过整理和分析，考虑今后企业生产技术组织条件的可能变化来制定定额的方法。

统计分析法具体又可细分为简单平均法和加权平均法等多种。统计分析法的主要特点是简便易行，工作量也比较小，由于有一定的资料做依据，制定定额的质量较之估工定额要准确些。但如果原始记录和统计资料不准确，将会直接影响定额的质量。统计分析法适用于大量生产或成批生产的企业。一般生产条件比较正常、产品较固定、原始记录和统计工作比较健全的企业均可采用统计分析法。

二、材料消耗定额

（一）材料消耗定额的概念

材料消耗定额是指正常的施工条件和合理使用材料的情况下，生产质量合格的单位产品所必须消耗的建筑安装材料的数量标准。

（二）净用量定额和损耗量定额

材料消耗定额包括：

①直接用于建筑安装工程上的材料；

②不可避免地产生的施工废料；

③不可避免的施工操作损耗。

其中，直接构成建筑安装工程实体的材料称为材料消耗净用量定额，不可避免的施工废料和施工操作损耗量称为材料损耗量定额。

材料消耗净用量定额与损耗量定额之间具有下列关系：

材料消耗定额（材料总消耗量）= 材料消耗净用量 + 材料损耗量

（三）编制材料消耗定额的基本方法

1. 现场技术测定法

用该方法主要是为了取得编制材料损耗定额的资料。材料消耗中的净用量比较容易确定，但材料消耗中的损耗量不能随意确定，需通过现场技术测定来区分哪些属于难以避免的损耗、哪些属于可以避免的损耗，从而确定出较准确的材料损耗量。

2. 试验法

试验法是在实验室内采用专用的仪器设备，通过试验的方法来确定材料消耗定额的一种方法。采用这种方法提供的数据，虽然精确度高，但容易脱离现场实际情况。

3. 统计法

统计法是通过对现场用料的大量统计资料进行分析计算的一种方法。采用该方法可获得材料消耗的各项数据，用以编制材料消耗定额。

三、施工机械台班定额

施工机械台班定额是施工机械生产率的反映，编制高质量的施工机械台班定额是合理组织机械化施工，有效地利用施工机械，进一步提高机械生产率的必备条件。编制施工机械台班定额，主要包括以下内容：

（一）拟定正常的施工条件

机械操作与人工操作相比，劳动生产率在更大的程度上受施工条件的影响，所以更要重视拟定正常的施工条件。

（二）确定施工机械纯工作 1 小时的正常生产率

确定施工机械正常生产率必须先确定施工机械纯工作 1 小时的劳动生产率。因为只有先取得施工机械纯工作 1 小时正常生产率，才能根据施工机械利用系数计算出施工机械台班定额。

施工机械纯工作时间就是指施工机械必须消耗的净工作时间，它包括正常工作负荷下，有根据降低负荷下、不可避免的无负荷时间和不可避免的中断时间，施工机械纯工作1小时的正常生产率，就是在正常施工条件下，由具备一定技能的技术工人操作施工机械净工作1小时的劳动生产率。

确定机械纯工作1小时正常劳动生产率可以分为三步：

第一步，计算施工机械一次循环的正常延续时间；

第二步，计算施工机械纯工作1小时的循环次数；

第三步，计算施工机械纯工作1小时的正常生产率。

（三）确定施工机械的正常利用系数

机械的正常利用系数是指机械在工作班内工作时间的利用率。机械正常利用系数与工作班内的工作状况有着密切的关系。

确定机械正常利用系数。首先，要计算工作班在正常状况下，准备与结束工作、机械开动、机械维护等工作所必须消耗的时间，以及机械有效工作的开始与结束时间；其次，计算机械工作班的纯工作时间；最后，确定机械正常利用系数。

第五节　人工、材料、机具台班单价及定额基价

预算定额人工、材料、机械台班消耗量确定后，就需要确定人工、材料、机械台班单价。

一、人工单价

人工单价是指施工企业平均技术熟练程度的生产工人在每工作日（国家法定工作时间内）按规定从事施工作业应得的日工资总额。合理确定人工日单价是正确计算人工费和工程造价的前提和基础。

（一）人工日工资单价组成内容

人工单价由计时工资或计件工资、奖金、津贴补贴及特殊情况下支付

的工资组成。

1. 计时工资或计件工资

计时工资或计件工资是指按计时工资标准和工作时间或对已做工作按计件单价支付给个人的劳动报酬。

2. 奖金

奖金是指对超额劳动和增收节支支付给个人的劳动报酬，如节约奖、劳动竞赛奖等。

3. 津贴补贴

津贴补贴是指为了补偿职工特殊或额外的劳动消耗和因其他原因支付给个人的津贴，以及为了保证职工工资水平不受物价影响支付给个人的物价补贴。

4. 特殊情况下支付的工资

特殊情况下支付的工资是指根据国家法律、法规和政策规定，因生病、工伤、产假、计划生育假、婚丧假、事假、探亲假、定期休假、停工学习、执行国家或社会义务等原因按计时工资标准或计时工资标准的一定比例支付的工资。

（二）人工日工资单价确定方法

1. 年平均每月法定工作日

由于人工日工资单价是每一个法定工作日的工资总额，因此需要对年平均每月法定工作日进行计算。

2. 日工资单价的计算

确定了年平均每月法定工作日后，将上述工资总额进行分摊，即形成了人工日工资单价。

3. 日工资单价的管理

虽然施工企业投标报价时可以自主确定人工费，但由于人工日工资单价在我国具有一定的政策性，因此工程造价管理确定日工资单价应通过市场调查，根据工程项目的技术要求，参考实物工程量人工单价综合分析确定，发布的最低日工资单价不得低于工程所在地人力资源和社会保障部门发布的最低工资标准：普工 1.3 倍、一般技工 2 倍、高级技工 3 倍。

二、材料单价

（一）材料单价的概念及其组成

1. 材料单价的概念

材料单价是指建筑材料从其来源地运到施工工地仓库，直至出库形成的综合平均单价。

2. 材料单价的组成

①材料原价（或供应价格）；

②材料运杂费；

③运输损耗费；

④采购及保管费。

（二）材料单价中各项费用的确定

1. 材料原价（或供应价格）

材料原价是指材料、工程设备的出厂价格或商家供应价格。

在确定材料原价时，如同一种材料因来源地、供应单位或生产厂家不同有几种价格时，要根据不同来源地的供应数量比例，采取加权平均的方法计算其材料的原价。

2. 运杂费

运杂费是指材料、工程设备自来源地运至工地仓库或指定堆放地点所发生的全部费用。

3. 运输损耗费

材料运输损耗是指材料在运输和装卸过程中不可避免的损耗。一般通过损耗率来规定损耗标准。

材料运输损耗 =（材料原价 + 材料运杂费）× 运输损耗率

4. 采购及保管费

材料采购及保管费是指为组织采购、供应和保管材料、工程设备的过程中所需要的各项费用，包括采购费、仓储费、工地保管费、仓储损耗。

材料采购及保管费 =（材料原价 + 运杂费 + 运输损耗费）× 采购及保管费率

三、施工机械台班单价

（一）施工机械台班单价的概念

施工机械台班单价亦称施工机械台班使用费，它是指单位工作台班中为使机械正常运转所分摊和支出的各项费用。

（二）施工机械台班单价的组成

施工机械台班单价按有关规定由七项费用组成，这些费用按其性质分为第一类费用和第二类费用。

1. 第一类费用

第一类费用亦称不变费用，是指属于分摊性质的费用，包括折旧费、大修理费、经常修理费和机械安拆费及场外运费。

2. 第二类费用

第二类费用亦称可变费用，是指属于支出性质的费用，包括燃料动力费、人工费、其他费用（车船使用税、保险费及年检费）等。

（三）第一类费用的计算

1. 折旧费

折旧费是指施工机械在规定的使用期限（耐用总台班）内，陆续收回其原值及购置资金的费用。

2. 大修理费

大修理费是指施工机械按规定的大修理间隔台班进行必要的大修理，以恢复其正常功能所需的费用。

3. 安拆费及场外运输费

安拆费是指施工机械在现场进行安装与拆卸所需的人工、材料、机械和试运转费用及机械辅助设施的折旧、搭设、拆除等费用。

场外运输费指施工机械整体或分体自停放地点运至施工现场或由一施工地点运至另一施工地点的运输、装卸、辅助材料及架线费用。

（四）第二类费用的计算

1. 燃料动力费

燃料动力费是指施工机械在运转作业中所消耗的各种燃料及水、电等。

台班燃料动力费 = 台班燃料动力消耗量 × 相应单价。

2. 人工费

人工费指机上司机（司炉）和其他操作人员的人工费

台班人工费 = 人工消耗量 ×[1+(年度工作日 – 年工作台班)/年工作台班]× 人工单价

3. 其他费用

其他费用是指按照国家规定应缴纳的车船使用税、保险费及年检费等。

第六节　建筑安装工程费用定额

一、建筑安装工程费用的组成

1. 按定额计算方式

按照定额费用构成要素构成，建筑安装工程费用由人工费、材料费、施工机械使用费、企业管理费、利润、规费、税金组成。

2. 按清单计算方式

按清单形成划分，建筑安装工程费用由分部分项工程费、措施项目费、其他项目费、规费、税金组成。

3. 措施项目费

措施项目费是指为完成建筑安装工程施工，发生于该工程施工前及施工过程中的安全生产、环境保护、技术、生活、文明施工等方面的费用，包括安全文明施工费、夜间施工增加费、二次搬运费、冬雨季施工增加费、已完工程及设备成品保护费、工程定位复测费、特殊地区施工增加费、大型机械设备进出场及安拆费、脚手架工程费。其中安全文明施工费包括安全施工、文明施工、环境保护、临时设施费。

4. 按定额及清单计价均需要国家、地方和企业定额

建设单位在工程概算、预算编制时，应确定工程安全生产防护和文明施工措施所需费用，并在招标文件和工程施工合同中予以明确。

二、建筑安装工程费用定额的编制原则

（一）合理确定定额水平的原则

建设安装工程费用定额的水平应按照社会必要劳动量确定。建筑安装工程费用定额的编制工作是一项政策性很强的技术经济工作。合理的定额水平应该从实际出发。在确定建筑安装工程费用定额时，一方面要及时准确地反映企业技术和施工管理水平，促进企业管理水平不断完善提高，这些因素会对建筑安装工程费用支出的减少产生积极的影响；另一方面也应考虑由于材料价格上涨，定额人工费的变化会使建筑安装工程费用定额有关费用支出发生变化的因素。各项费用开支标准应符合行政部门及各省、自治区、直辖市人民政府的有关规定。

（二）简明、适用性原则

确定建筑安装工程费用定额，应在尽可能反映实际消耗水平的前提下，做到形式简明、方便适用。要结合工程建设的技术经济特点，在认真分析各项费用属性的基础上，理顺费用定额的项目划分，有关部门可以按照统一的费用项目划分，制定相应的费率。费率的划分应以不同类型的工程和不同企业等级承担工程的范围相适应，按工程类型划分费率，实行同一工程同一费率，运用定额计取各项费用的方法应力求简单易行。

（三）定性与定量分析相结合的原则

建筑安装工程费用定额的编制，要充分考虑可能对工程造价造成影响的各种因素。在确定各种费率如总价措施项目费、企业管理费费率时，既要充分考虑现场的施工条件对某个具体工程的影响，要对各种因素进行定性、定量的分析研究后制定出合理的费用标准，又要贯彻勤俭节约的原则，在满足施工生产和经营管理需要的基础上，尽量压缩非生产人员的数量，以节约企业管理费中的有关费用支出。

三、规费与企业管理费费率的确定

（一）规费费率

根据本地区典型工程发承包价的分析资料综合确定规费计算中所需数据：

①每万元发承包价中人工费含量和机械费含量；

②人工费占人、材、机费的比例；

③每万元发承包价中所含规费缴纳标准的各项基数。

（二）企业管理费费率

企业管理费由承包人投标报价时自主确定，其费率计算公式如下：

①以人、材、机费为计算基础：

$$规费费率（\%）=\frac{\sum 规费缴纳标准\times 每万元发承包价计算基数}{每万元发承包价中的人工费含量\times 人工费占人材机费的比例（\%）}$$

②以人工费和机械费合计为计算基础：

$$规费费率（\%）=\frac{\sum 规费缴纳标准\times 每万元发承包价计算基数}{每万元发承包价中的人工费含量和机械费含量}\times 100\%$$

③以人工费为计算基础：

$$规费费率（\%）=\frac{\sum 规费缴纳标准\times 每万元发承包价计算基数}{每万元发承包价中的人工费含量}\times 100\%$$

四、利润

利润的计算公式如下：

①以人工费与机械费之和为计算基础：

$$企业管理费费率(\%)=\frac{生产工人平均管理费}{年有效施工天数\times（人工单价+每一日机械使用费）}\times 100\%$$

②以人工费为计算基础：

$$企业管理费费率(\%)=\frac{生产工人平均管理费}{年有效施工天数\times 人工单价}\times 100\%$$

第七节　工程造价信息及应用

一、工程造价信息的管理

（一）工程造价信息的含义

在工程发承包市场和工程建设过程中，工程造价总是在不停地发生变化之中，并呈现出种种不同特征。人们对工程发承包市场和工程建设过程中工程造价运动的变化是通过工程造价信息来认识和掌握的。

在工程发承包市场和工程建设中，工程造价是最灵敏的调节器和指示器，无论是工程造价主管部门还是工程发承包双方，都要通过接收、加工、传递和利用工程造价信息来了解工程建设市场动态，预测工程造价发展，制定工程造价政策和确定工程发承包价格。特别是工程量清单计价，且工程造价主要由市场定价决定，工程造价信息起着举足轻重的作用。

（二）工程造价信息的管理

为便于对工程造价信息进行管理，有必要按一定的原则和方法进行区分和归集，并做到及时发布。因此应该对工程造价信息进行分类。

从广义上说，所有对工程造价的确定和控制过程起作用的资料都可以称为工程造价信息，如各种定额资料、标准规范、政策文件等。但最能体现工程造价信息变化特征，并且在工程价格的市场机制中起重要作用的工程造价信息主要包括以下几类：

①人工价格。人工价格包括各类技术工人和普工的月工资、日工资、时工资标准，以及各工程实物量人工单价等。

②材料、设备价格。材料、设备价格包括各种建筑材料、装修材料、安装材料和设备等市场价格。

③机械台班价格。机械台班价格包括各种施工机械台班价格，或其租赁价格。

④综合单价。综合单价包括各种分部分项工程量清单和措施项目清单

评标后中标的综合单价。

⑤其他。其他工程造价信息主要包括各种脚手架、模板等周转性材料的租赁价格等。

工程造价信息是当前工程造价最为重要的计价依据之一。因此，及时、准确地收集、整理、发布工程造价信息，已成为工程造价管理机构最重要的日常工作之一。

二、工程造价资料的积累

工程造价资料是指已建成和在建的有使用价值的、有代表性的工程设计概算、施工图预算、工程竣工结算、工程决算、单位工程施工成本，以及新材料、新工艺、新设备、新技术等建筑安装分部分项工程的单价分析等资料。

（一）工程造价资料的分类

1. 不同工程类型

工程造价资料按照其不同工程类型（如厂房、铁路、住宅、公建、市政工程等）进行划分，并分别列出其包含的单项工程和单位工程。

2. 不同阶段

工程造价资料按照其不同阶段，一般分为项目可行性研究投资估算、初步设计概算、施工图预算、竣工结算、工程决算等。

3. 不同范围

工程造价资料按照共同组成特点，一般分为建设项目、单项工程和单位工程造价资料，同时也包括有关新材料、新工艺、新设备、新技术的分部分项工程造价资料。

（二）工程造价资料积累的内容

工程造价资料积累的内容应包括“量”（如主要工程量、材料及设备数量等）和“价”，还应包括对造价确定有重要影响的技术经济条件，如工程概况、建设条件等。

1. 建设项目和单项工程造价资料

①对造价有主要影响的技术经济条件，如项目建设标准、建设工期、

建设地点等；

②主要的工程量，主要的材料量和主要设备的名称、型号、规格、数量等；

③投资估算、概算、预算、竣工决算及造价指数等。

2. 单位工程造价资料

单位工程造价资料包括工程的内容、建筑结构特征、主要工程量、主要材料用量和单价、人工工日和人工费以及相应的造价。

3. 其他

有关新材料、新工艺、新设备、新技术分部分项工程的人工工日用量，以及主要材料用量、机械台班用量等。

（三）工程造价资料的管理

1. 建立造价资料积累制度

《关于建立工程造价资料积累制度的几点意见》的文件，标志着我国的工程造价资料积累制度正式建立起来，工程造价资料积累工作正式开展。建立工程造价资料积累制度是工程计价依据极其重要的基础性工作。全面系统地积累和利用工程造价资料，建立稳定的造价资料积累制度，对我国加强工程造价管理、合理确定和有效控制工程造价具有十分重要的意义。

工程造价资料积累的工作量大，牵涉面也很广，主要依靠各有关部门和各省、自治区、直辖市建设、发展改革、财政部门组织进行。

2. 资料数据库的建立和网络化管理

积极推广使用计算机建立工程造价资料的资料数据库，开发通用的工程造价资料管理程序，可以提高工程造价资料的适用性和可靠性。要建立造价资料数据库，首要的问题是工程的分类与编码。由于不同的工程在技术参数和工程造价组成方面有较大的差异，必须把同类型工程合并在一个数据库文件中，而把另一类型工程合并到另一个数据库文件中去。为了便于进行数据的统一管理和信息交流，必须设计出一套科学、系统的编码体系。

有了统一的工程分类与相应的编码之后，就可以由各部门，各省、市、自治区工程造价管理部门负责数据的搜集、整理和输入工作，从而得到不同层次的造价资料数据库。数据库必须严格遵守统一的标准和规范。按规定格式积累工程造价资料，建立工程造价资料数据库。

（1）工程造价资料数据库的主要作用

①编制概算指标、投资估算指标的重要基础资料；

②编制类似工程投资估算、设计概算的资料；

③审查施工图预算的基础资料；

④研究分析工程造价变化规律的基础；

⑤编制固定资产投资计划的参考依据；

⑥编制招标控制价和投标报价的参考依据；

⑦编制预算定额、概算定额的基础资料。

（2）工程造价资料数据库网络化管理的优越性

①便于对价格进行宏观上的科学管理，减少各地重复搜集同样造价资料的工作；

②便于对不同地区的造价水平进行比较，从而为投资决策提供必要的信息；

③便于各地工程造价管理部门的相互协作和信息资料的相互交流；

④便于原始价格数据的搜集，从而大大减少工作量；

⑤便于对价格的变化进行预测，以通过网络尽早了解工程造价的变化趋势。

三、工程造价指数的编制和动态管理

（一）工程造价指数及其特性分析

1. 工程造价指数的概念及其编制的意义

工程造价指数是指反映一定时期的工程造价相对于某一固定时期或上一时期工程造价的变化方向、趋势和程度的比值或比率。

工程造价指数反映了价格变动趋势，利用它来研究实际工作中的下列问题很有意义：

①可以利用工程造价指数分析价格变动趋势及其原因；

②可以利用工程造价指数预计宏观经济变化对工程造价的影响；

③工程造价指数是工程承发包双方进行工程估价和结算的重要依据。

2. 工程造价指数的内容及其特征

工程造价指数是调整工程造价价差的依据。按照构成内容不同，可以分为单项价格指数信息和综合价格指数信息。按照使用范围和对象不同，可以分为建设项目或单项工程造价指数信息、设备工器具价格指数信息、建筑安装工程造价指数、人工价格指数信息、材料价格指数信息、施工机械使用费指数信息等。

（1）建设项目或单项工程造价指数

建设项目或单项工程造价指数是由设备、工器具指数、建筑安装工程造价指数、工程建设其他费用指数综合得到的。它也属于总指数，并且与建筑安装工程造价指数类似，一般也用平均数指数的形式来表示。

（2）设备、工器具价格指数

设备、工器具的种类、品种和规格很多。设备、工器具费用的变动通常是由两个因素引起的，即设备、工器具单件采购价格的变化和采购数量的变化，并且工程所采购的设备、工器具是由不同规格、不同品种组成的，因此，设备、工器具价格指数属于总指数。由于采购价格与采购数量的数据无论是基期还是报告期都比较容易获得，因此设备、工器具价格指数可以采用综合指数的形式来表示。

（3）建筑安装工程造价指数

建筑安装工程造价指数也是一种综合指数，包括人工费指数、材料费指数、施工机械使用费指数及企业管理费等各项个体指数的综合影响。由于建筑安装工程造价指数相对比较复杂，涉及的方面较广，利用综合指数来进行计算分析难度较大。因此可以通过对各项个体指数的加权平均，用平均数指数的形式来表示。

（4）各种单项价格指数

各种单项价格指数包括反映各类工程的人工费、材料费、施工机械使用费报告期价格对基期价格的变化程度的指标。可利用它研究主要单项价格变化的情况及其发展变化的趋势。其计算过程可以简单表示为报告期价格与基期价格之比。以此类推，可以把各种费率指数也归于其中，如企业管理费指数，甚至工程建设其他费用指数等。这些费率指数的编制可以直接通过报告期费率与基期费率之比求得。很明显，这些单项价格指数都属于个体指数，其编制过程相对比较简单。

当然，根据造价资料的期限长短来分类，也可以把工程造价指数分为时点造价指数、月指数、季指数和年指数等。

（二）工程造价信息的动态管理

1. 工程造价信息管理的基本原则

工程造价的信息管理是指对信息的收集、加工整理、储存、传递与应用等一系列工作的总称。其目的是通过有组织的信息流通，使决策者能及时、准确地获取相应的信息。为了达到工程造价信息动态管理的目的，在工程造价信息管理中应遵循以下基本原则：

①标准化原则。要求在项目的实施过程中对有关信息的分类进行统一，对信息流程进行规范，力求做到格式化和标准化，从组织上保证信息生产过程的效率。

②有效性原则。工程造价信息应针对不同层次管理者的要求进行适当加工，针对不同管理层提供不同要求和浓缩程度的信息。这一原则是为了保证信息产品对决策支持的有效性。

③定量化原则。工程造价信息不应是项目实施过程中产生数据的简单记录，而是经过信息处理人员的比较与分析。采用定量工具对有关数据进行分析和比较是十分必要的。

④时效性原则。考虑到工程计价过程的时效性，工程造价信息也应具有相应的时效性，以保证信息产品能够及时服务于决策。

⑤高效处理原则。通过采用高性能的信息处理工具（如工程造价信息管理系统），尽量缩短信息在处理过程中的延迟。

2. 我国目前工程造价信息管理的现状及问题

（1）我国工程造价信息管理的现状

在市场经济中，由于市场机制的作用和多方面的影响，工程造价的运动变化更快、更复杂。在这种情况下，工程承发包者单独、分散地进行工程造价信息的收集、加工，不但工作困难，而且成本很高。工程造价信息是一种具有共享性的社会资源。因此，政府工程造价主管部门利用自己信息系统的优势，对工程造价提供信息服务，其社会和经济效益是显而易见的。我国目前的工程造价信息管理主要以国家和地方政府主管部门为主，通过各种渠道进行工程造价信息的搜集、处理和发布，随着我国的建设市场越来越成熟，企业规模不断扩大，一些工程咨询公司和工程造价软件公司也加入了工程造价信息管理的行列。

①全国工程造价信息系统的建立和完善。随着工程造价管理的不断发展，国家对工程造价的管理逐渐由直接管理转变为间接管理。国家制定统一的清单工程量计算规则，编制全国统一工程项目编码和定期公布人工、材料、机械等价格的信息。随着计算机网络技术的广泛应用，国家也已建立工程造价信息网，定期发布价格信息及其产业政策，为各地方主管部门、各咨询机构、其他造价编制和审定等单位提供基础数据。同时，通过工程造价信息网，采集各地、各企业的工程实际数据和价格信息。主管部门及时依据实际情况，制定新的政策法规、颁布新的价格指数等。各企业、地方主管部门可以通过该造价信息网及时获取相关的信息。

②地区和行业工程造价信息系统的建立和完善。由于各个地区的生产力发展水平不一致，经济发展不平衡，各地价格差异较大。因此，各地区和行业造价管理部门通过建立地区性和行业性造价信息系统，定期发布反映市场价格水平的价格信息和调整指数；依据本地区的经济、行业发展情况制定相应的政策措施。通过造价信息系统，地区及行业主管部门可以及时发布价格信息、政策规定等。同时，通过选择本地区或行业多个具有代表性的固定信息采集点或通过吸收各企业作为基本信息网员，收集本地区或行业的价格信息、实际工程信息，作为本地区或行业造价政策制定价格信息的数据和依据，使地区或行业主管部门发布的信息更具有实用性、市场性、指导性。目前，全国各地区和行业已基本建立了工程造价信息网。

③随着工程量清单计价方法的推广和完善，企业对工程造价信息的需求更趋时效性。施工企业迫切需要建立自己的造价资料数据库，但由于大多数施工企业在规模和能力上都达不到这一要求，因此，多将这些工作委托给工程造价咨询公司或工程造价软件公司去完成，这是我国《建设工程工程量清单计价规范》颁布实施后工程造价信息管理出现的新趋势。

（2）我国工程造价信息管理目前存在的问题

①对信息的采集、加工和传播缺乏统一规划、统一编码、系统分类，

信息系统开发与资源拥有处于分散状态，无法达到信息资源共享和优势互补，更多的管理者满足于目前的表面信息，忽略信息深加工。

②信息网建设有待完善。现有工程造价网多为造价站或咨询公司所建，网站内容主要为定额颁布、价格信息、相关文件转发、招投标信息发布、企业或公司介绍等；网站只是将已有的造价信息在网站上显示出来，缺乏对这些信息的整理与分析；信息维护更新速度慢，不能满足信息市场的需要。

③定额计价方法下积累的信息资料与清单计价方法标准不符，不能完全实现和工程量清单计价方法的接轨。由于目前项目前期造价资料以定额计价方法为主，定额项目的划分与清单项目的划分口径不统一，信息的分类、采集、加工处理等的标准不一致，没有统一的范式和标准，数据格式与存取方式不一致，造成了前期造价资料不能直接应用于清单应用阶段，需要根据要求进行不断的调整，不能满足清单计价方法的要求。

3. 工程造价信息的管理

（1）发展造价信息咨询业，建立不同层次的造价信息动态管理体系

目前我国造价信息的提供仍以政府主管部门为主导，造价信息咨询行业的发展相对滞后。国外工程造价行业特别重视工程造价信息的收集和积累，它们设有专门的机构收集、整理各种工程造价信息，分析、测算各种工程造价指数，并通过工程造价信息平台提供给业界参考使用。国外在工程造价信息管理方面有比较成熟的方法及管理体系，我国可借鉴国外工程造价信息管理的理论研究及实践经验，结合我国的实际情况建立适合自身的工程造价信息动态管理体系。

（2）工程造价管理信息化

工程造价管理信息化指的是工程造价信息资源的开发和应用，以及信息技术在工程造价管理中的开发和应用。在工程项目建设中，面对种类繁多的材料名称和品种、瞬息万变的材料价格，显然依靠传统的信息获取、加工、处理方式和纸上信息远远不能满足要求。随着我国计算机和网络技术的发展，信息传播网络为工程造价信息化管理提供了一个非常好的环境和基础，同时也培训锻炼了一批专业人才；互联网技术使远程工程造价咨询活动成为可能，也使全面推行工程造价管理信息化成为可能。针对我国

目前正在大力推广的工程量清单计价制度，工程造价管理应适应建设市场的新形势，围绕为工程建设市场服务、为工程造价管理改革服务这条主线，加快信息化建设，形成对工程造价信息的动态管理。

（3）工程造价信息化建设

①制定工程造价信息化管理发展规划。根据规定，进一步加强工程造价信息化建设，不断提高信息技术应用水平，促进建筑业技术进步和管理水平提升。完善建筑行业与企业信息化标准体系和相关的信息化标准，推动信息资源整合，提高信息综合利用水平。制订出一整套目标明确，可操作性强的信息化发展规划方案，指定专人负责，做好相关资料收集、信息化技术培训等基础工作。

②加快有关工程造价软件和网络的发展。工程造价信息网包括建设工程人工、材料、机械、工程设备价格信息系统，建设工程造价指标信息系统及有关建设工程政策、工程定额、造价工程师和工程造价咨询和机构等信息。

③发展工程造价信息化，推进造价信息的标准化工作。工程造价信息标准化工作，包括组织编制建设工程人工、材料、机械、设备的分类及标准代码，工程项目分类标准代码，各类信息采集及传输标准格式等工作，造价信息的标准化工作为全国工程造价信息化的发展奠定了基础。

④加快培养工程造价管理信息化人才。随着信息系统专业化程度的提高，信息系统的运行维护和使用都需要配备专业的人员。培养可以适应工程造价管理信息化发展的人才，建立一支强大的信息技术开发与应用专业队伍，从而满足工程造价管理信息化建设的需要。

第四章 大数据分析技术在工程造价管理中的研究

工程造价管理是工程管理中非常重要的一种方法，通过工程造价管理，能够很好地了解工程投入成本，保证造价投入的合理；通过对BIM技术的利用，分析工程造价管理中存在的问题，更好地保证工程能够顺利完成。基于此，本章主要探讨大数据分析技术在工程造价管理中的研究。

第一节 基于云计算的工程造价管理研究

一、相关技术与理论

（一）云计算相关技术和理论

1. 云计算特性

“云”计算的概念完全可以追溯到效用计算的起源，这个概念是在1961年由美国科学家斯坦福大学教授John McCarthy（约翰·麦卡锡）公开提出的：如果我倡导的计算机能在未来得到使用，计算机应用将会成为一种全新的重要产业基础。总有一天会成为像电话一样普及。在20年后的1983年由太阳计算机（Sun Micro systems）提出网络是计算机（The Network is the Computer）。然而到了2006年在搜索引擎大会上Google执行官埃里·施密特提出关于“云计算”（Cloud Computing）的概念。云计算的定义一直有很多，到底什么是云计算？在一些计算机行业组织有一种简化的定义：“云计算是分布式计算的一种特殊形式，它引入效用模型来远程供给可扩展和可测量的资源。”2011年9月云计算的定义由美国国家标准与技术研究院（NIST）进行了修订，修订后的云计算被定义为：“云计算是一种模型，可以实现随时随地、便捷地、按需地从可配置计算资源共享池中获取所需资源（如网络、服务器、存储、应用程序及服务），资源可以快速供给和释放，使管理的工作量和服务提供者的介入降低至最少一刻。”在众多的云计算定义中，美国的 NIST 给予了云计算一个准确详细的定义描述。这也是迄今为止对云计算比较准确的阐述。

云计算除了本身的技术之外，对 IT 环境也有特定的要求，只有达到特定的要求，能够提供远程可扩展的和可测量的稳定的 IT 资源，才能被认为是一种可靠和有效的云。云计算大概有六种比较常见的重要特性：按需使用、泛在接入、多租户、弹性、可测量使用和可恢复性。

（1）按需使用

云用户根据供应商或提供者所授权的权限可以进行单独访问基于云的 IT 资源，对于事先已经配置好的 IT 资源，云用户的访问完全可以自动化，云用户完全可以按照自己的需求使用云服务来获取想要的 IT 资源。

（2）泛在接入

泛在接入是一种能够被广泛访问的基于云服务的能力，这种接入可能需要借助于一组设备，比如一组设备、传输协议、接口和安全技术等软硬件设备。只要有网络存在，不分地域和时空关系。

（3）多租户

云提供者或云供应商把 IT 资源放到一个“资源池子”里，池子里面的资源可以同时进行服务于多个租户，即云用户使用者，而且在多个租户之间彼此都是相互完全被隔离的，拥有这种计算能力特性被称为多租户。这种技术通常需要依赖于虚拟化技术的使用。

（4）弹性

云供应商或是云供应者提前确定好的要求，以云服务的运行的初始条件或者云用户，可以自动扩展 IT 资源。弹性特点是使用云计算的一个非常重要的特点，其主要原因是可以降低投资和使用成本。

（5）可测量使用

作为云提供者，可以从云平台获取云用户使用 IT 资源的情况，并可以根据实际使用情况或访问的时间段来对云用户收取费用。

（6）可恢复性

可恢复性是当云用户在访问一个云平台资源时如果突然出现了问题和故障时，系统可以自动转移到另外一个经过备份的设备上进行自动实现并进行处理资源和恢复访问。

2. 交付与部署云计算交付模型

这是云供应商或提供者提供的一种具体的和装备好的 IT 资源组合商业模型。云计算交付模型公认的有三种：基础设施服务、平台服务和软件即服务。

（1）基础设施服务（IaaS）

以基础设施为主要核心的 IT 资源组成了 Iaas 交付模型，当用户访问和管理这些资源时可以通过基于云计算系统接口和主要工具。云计算以基础设施作为服务的包括硬件、网络、操作系统和其他一些 IT 资源。

（2）平台服务（PaaS）

PaaS 交付模型是一种预先设定好的，由事先部署和配置好的 IT 资源构成。作为云用户也就省去了建立和维护基础设施 IT 资源的管理负担。但可能用户控制权限较低。

（3）软件即服务（SaaS）

利用计算软件作为共享的云计算的服务属于 SaaS 交付模型，或是作为通用工具提供相关云计算服务。软件即服务是有完善的市场，可以出于不同目的和通过不同条款进行使用或者是租用该产品。云用户对 SaaS 实现的管理权限一般较低。

三种云交付模型组成了一个自然的资源提供等级，这三种模型有很多不同的组合，比如 IaaStPaaS、laaS tPaas+SaaS 等组合形式。不同组合取决于云用户和云提供者如何选择利用三种基本的云交付模型建立起的自然的层次结构。除了上述三个基础的交付模型外，还有针对交付模型的服务管理层，用以对资源服务的可用性、可靠性及安全性提供保障。

云计算部署模型一般有四种：公有云、私有云、混合和社区云圈。

①公有云。公有云的 IT 资源通常都是事先配置好的云交付模型，是由供应商或云提供者拥有的能够进行公共访问或是一种成本低廉的云服务平台。云供应商或提供者通过基础设施直接向外部云服务用户提供服务，而

且能够以低廉的价格，提供有吸引力的服务给最终用户，创造新的业务价值。

②私有云。私有云是一个组织机构或一个企业单位单独拥有的IT资源。私有云仅仅是为一个云用户客户单独使用而构建的，资源部署在云用户构建的数据中心设置的防火墙中，也可以将它们部署在一个安全的主机托管场所。私有云的核心属性是专有资源，是不提供外部使用的。

③社区云。社区云仅针对社区云用户，对于社区云的访问被限制在特定的云用户社区。能够访问社区云的用户可能是这个社区的有权限人员，也可能是有一定权限的云供应商或提供者。对于社区外的组织，除非得到社区允许，否则社区外的组织不能访问社区云。社区可以允许组织外用户访问部分社会云中的IT资源。

④混合云。混合云融合了公有云和私有云，是由两个或者更多云部署模型组成的云环境。作为云用户，基于安全考虑，云资源拥有者可以选择把一些比较敏感的数据部署在私有云上，而把不敏感的数据部署在公有云上，保证敏感资源的安全性。混合云是近年来云计算的主要模式和发展方向。

3. 云计算技术

（1）数据中心技术

数据中心技术主要采用标准模块化架构进行设计，以标准化的硬件作为根本，并组成多个相同的模块和设备，这种设备的设置拥有可扩展性、扩充性和能够迅速更换设备的优点。模块化和标准化是减少投资和降低运营成本的关键条件，因为可以实现采购、收购、部署、运营和维护。数据中心包括物理和虚拟服务器，像数据库、通信、网络设施及应用程序等。而物理IT资源是指放置在计算机设备或是网络系统和设备，以及硬件系统和操作系统的基础设施。数据中心的高可用性。数据中心对云用户来讲，任何形式的停机都会对任务的连续性造成重大的影响。数据中心为了维持这种高可用性，采用冗余度越来越高的设计，以此来应对系统故障。数据中心通常具有冗余的不间断电源、综合布线、环境控制子系统。为了负载均衡，数据中心有冗余的通信链路和集群硬件。数据中心可以进行自动化、远程操作和管理。数据中心的存储设备。数据中心有专门用来存储庞大数据信息的系统设备，包括物理和虚拟的，以满足巨大的容量存储需求。存储系统包括以阵列形式的大量硬盘和存储虚拟化。网络存储设备有专用的高容量网络硬件和技术用来提高网络的互联性。

（2）基本 Web 与虚拟化技术

Web 技术是由网络客户端和网络服务器及一些其他组件如代理、缓存服务、网关和负载均衡等构成。Web 技术架构由三个基本元素构成：统一资源定位符、超文本传输协议、标记语言。Web 资源如媒体、图形、音频、视频、纯文本和 URL 等全部可以在单个文件中引用。虚拟化技术是将物理 IT 资源转换为虚拟 IT 资源的一个过程。大多数 IT 资源都能够被虚拟化，包括服务器、存储设备、网络和电源。用虚拟化的软件创建新的虚拟服务器。在虚拟服务器上运行客户的操作系统不会感知到虚拟化的过程，也就意味着程序在物理系统上执行和虚拟系统上执行是一样的。用户操作系统和软件在虚拟环境中得以无缝使用，不需要额外对其进行定制和配置或修改。虚拟化对物理服务器进行最佳整合或部分署在私有云上，而把不敏感的数据部署在公有云上，保证敏感资源的安全性。混合云是近年来云计算的主要模式和发展方向。

（3）其他云部署

虚拟私有云也叫专有云（dedicated cloud）或托管云（hostedcloud）。这种模型是一个公有云自我包含的环境，由公有云提供者托管和管理的，仅对一个云用户可有。互联云（inter-cloud）这种部署模型是基于由两个或更多互相连接起来的云组成的架构。

（4）冗余存储架构

云存储遭遇网络连接问题，控制器或者其他硬件问题，以及安全漏洞等。云存储设备有时会遇到一些故障和破坏。冗余存储架构是引入了经过复制的辅助云存储设备作为资源故障保障系统的一部分，辅助云存储设备必须要和主云存储设备保持同步，当主云存储设备功能失效时，存储设备的网关就把资源请求转向辅云存储设备。冗余存储架构的特点主要就是依赖于资源的存储复制，使主、辅云存储设备保持同步运行。云计算是一种复杂的技术，它是计算机技术与网络技术的集成创新，各种不同的云架构都应满足和符合企业应用的需求，作为工程造价管理行业，更需要专业的技术人才把云计算创新技术与工程造价管理进行更好的融合。

（二）工程造价信息化分析

1. 信息化管理趋势

传统的工程造价模式非常落后，从 1955 年我国开始使用建筑工程劳动定额起，编制工程预算需要预算员全部用手工来做。用手工进行算量，一页一页用手工查询纸版定额并用手工记录定额子目，计算并汇总工程量、记录定额基价、计算合价并最终汇总预算总价，需要非常大的耐心和烦琐的劳动。在最初的发展时期，一项工程预算下来需要较长的时间，工作量大而且较为烦琐，工程量以及合价的计算和汇总出现错误也是手工修改，工作量非常大。直到 20 世纪 90 年代初，随着计算的发展，我国开始研发出定额计价软件，从此我们告别了手工套定额计价的艰苦岁月，再到后来发展到土建和精装及安装算量软件，也把大部分工程量的计算从手工劳动脱离出来，大大节约了编制时间和提高了精确度。随着市场经济的发展，在工程计价过程中依赖于市场价格，但市场价格往往不是那么透明，因此对业主而言，投资成本加大，承包商利润较为丰厚。由于计算机与宽带网络的快速发展，信息交流越来越快，材料供应商的竞争也日趋激烈。业主的建安成本得到了较好的控制，但随着城市中心土地的稀缺性，以及国家的政策因素，土地成本的加大也导致开发商的开发成本在不断上升。因此，开发商的成本管理也得到了越来越多的重视。企业对信息化的投入也越来越大，随着计算机和互联网的发展促进和推动了工程造价计价模式的转变。没有管理就没有信息化，信息化是工程造价的高效手段，也是必经之路。

2. 造价信息的组成

（1）市场价格信息

价格信息的分类主要为人工、材料、机械的市场价格。信息价格一般为市场的平均价格，或者是一些品牌企业公布的市场价格。

（2）已完成工程造价资料

已完工程对新建工程而言，有时会有很大的参考价值，尤其是对于造价从业人员，对于本公司的造价成本控制标准整体上趋于稳定，对于同类项目业态，通常有很好的参考意义。造价人员可以参照历史数据加以借鉴。

（3）政策和法规

政策和法规的变化决定项目工程造价的变化。例如，建筑规范的变化、取费标准导致费率变化、营改增导致税收的变化等都会影响工程造价的最终金额。中国的经济增速依然较为依赖房地产的发展。但是建筑业的信息化发展与发达国家相比依然缓慢，由于地区差异以及计价标准和规范的不统一，也造成了各个地区的建安成本差异较大。业主在进行投资开发时，也会考虑地区的差异性来进行差异化建设投资。随着计算机和宽带网络的迅速发展，一些企业也试图采用信息化建设，大型企业也在花大力气在信息化建设投入大量资金。近年来BIM、大数据和云计算迅速发展，不断引领和带动建筑企业走向国际化的道路。

3. 云计算应用需求

企业信息化的需求可以是从上而下的，企业的管理者对信息化的认识程度决定企业的信息化的发展高度。企业发展信息化，对于信息化使用的业务人员，即使之前从未使用和学习过信息化办公流程，也完全可以经过企业的相关培训快速适应信息化的工作变化。现在很多建筑和房地产开发企业已经运用信息化办公很多年了，大、中型企业已经适应了信息化管理的经营方式。这也是企业发展的必然趋势。但这远远不够，还需要不断紧跟时代的发展脚步。随着云计算的发展，企业是否需要云计算？作为企业应不应该跟随大数据和云计算的脚步呢？答案是如今企业非常需要云计算的应用，当然这取决于企业的发展战略和企业决策层的管理需要。

云计算需不需要投入大量的资金呢？答案是不需要的。云计算技术的应用就是为了使企业降低成本，提高企业的信息化管理水平。这也有利于中小企业的健康发展，也更加有利于小企业逐步提升竞争企业竞争力。因此，云计算在工程造价管理上应用潜力巨大。国家在“大众创业，万众创新”的倡议下，云计算对中小企业而言也将迎来创新机遇。中小企业在面临资金短缺和人力资源有限的情况下，可以充分利用云计算快速为企业解决业务上面临的困境。建筑企业可以把一些工作移入云计算的环境之中，企业可以减少购买云计算所需的配套的软、硬件的基础设施。这样可以大大减少企业的成本投入，从而可以省出更多的资金来进行业务发展。

4. 信息化发展障碍

建筑业信息化发展已经走过近40年，而工程造价管理信息化才走过20多年的路程，工程造价管理信息化的征程一直是障碍重重。虽然工程造价管理信息化的发展已经取得了一定的成果，但整体上工程造价管理信息化的水平还相当低。其主要原因有如下几方面：

（1）工程信息化建设没有统一标准

随着我国经济的快速发展，经济全球化日益显著，工程的专业化分工愈加精细。建筑企业的管理形式多样化，因此，信息化很难形成统一的标准。建筑行业标准太多，企业信息化建设困难较大。在我们国家建筑行业的管理标准和规范过于庞杂，有国家标准，有地方标准，还有行业标准。标准和规范的不统一造就了信息化发展严重受阻。我国地域广阔，各地区差异很大，在工程造价管理上存在很大难度，虽然全国已经实行工程量清单计价的统一标准，但由于并没有形成真正的企业定额，依然是以定额消耗量为基础的市场价计价方式。因此，各地区的清单计价依然有很多差异，计价标准也有很大的不同。标准不统一，信息化研究不统一，工程造价信息化的发展就非常困难。

（2）企业信息化意识缺乏

企业信息化的意识还有待提高，中国建筑业的发展非常迅速，在这种背景下，建筑企业参差不齐，人员素质差距较大，很难结合企业特点来制定信息化的目标。加上行业潜规则难以剔除，很多工程往往是一锤子买卖。因此，在很长一段时间里，建筑业信息化发展依然任重道远。

（3）信息化产品及服务有待提高

从企业办公软件再到工程造价管理软件的发展，行业软件也逐步适应建筑业的发展，但总体上发展还显示不足，表现在信息化和企业的契合程度较低，信息化没有完全和建筑行业得到完全的融合。主要原因是信息服务供应商对项目管理业务的深入程度，专业的精尖的行业人才很难去软件行业求职和发展，这会严重影响自身的职业发展规划。所以软件开发企业难以组成更加强大的专业研发团队。因此，要发展更加适合建筑业的信息化，软件开发企业有很大的困难，也需要更加深入的研究和投入大量的资金。

（4）企业信息服务外包增加

如今企业降低经营成本、管理风险和解决资金压力的意愿日益强烈。越来越多的房地产企业已经开始逐步剥离企业非核心业务，希望通过外包方式或其他社会资源获得解决。一些企业已经把招标、造价、咨询等服务委托给中介公司管理。

（5）企业挂靠现象依然存在

无论是建筑施工企业还是房地产开发企业，目前都面临着转型升级的需求，这也是企业走出困境的必然过程。企业对于企业信息化的升级意愿更需要政策的引导和企业管理层的高瞻远瞩。目前建筑行业潜规则依然存在，很多工程项目的承包主依然有挂靠存在，因此施工管理水平落后，安全风险增加，施工成本难以控制。很多“承包商”只为眼前利益赚上一笔，不会考虑如何把项目做好。因此需要对建筑行业进行产业升级有效的引导和政策扶持。

而对于建筑企业挂靠现象，国家也应该出台更加严厉的措施来杜绝“挂靠”现象。只有提高企业的信息化的需求和有效通道，让企业信息化变得更加简单和成本低廉，企业才有意愿对信息化建设进行投资。

（6）缺少系统性设计

建筑工程是一项复杂的工程，因此，工程造价信息化管理也就变得困难。工程造价一直缺少系统性设计，随着工程项目的越建越多，工程造价数据越来越庞大，工程造价专业的信息化已经明显满足不了管理的需求。企业对于工程造价资料的存储也会显得力不从心。造价资料信息和历史数据的存储以现有条件已经无法满足存储需求，这就需要更多的空间或者存储设备。由于建筑业的整体水平参差不齐，一些企业的信息化发展非常落后，让这些企业产生提高企业信息化水平的强烈意愿比较困难。从建设单位、设计单位到施工单位和咨询及监理等需要建立一个系统性的工程造价管理系统，只有对整个建筑相关企业进行系统性信息化设计，工程造价管理才能更好地为工程建设服务。

（7）云计算推动力不足

目前，很多建筑企业可能对什么是云计算还比较陌生，对云计算如何进行应用，对企业的经营效益如何体现是个疑问。这对一些优秀企业的成本精细化管理来说是一个巨大的挑战。建筑企业的竞争，也是创新科技的竞争。企业有魄力进行信息化的升级换代关系着企业未来的生存和发展。云计算技术比较复杂，无论从技术角度上，还是从商业模式上想要讲清楚并不容易。作为非专业人士更不容易理解，因此在云计算推动上就会显得比较头疼和费力。只有在市场上应用成熟的案例，并给企业带来好的经济效益，云计算的应用可能才会得到更好的发展。

二、基于云计算的工程造价分析

前面对工程造价的基本原理已经做了介绍：工程造价 =EI[单位（或分项）工程基本构造要素工程量 × 消耗量系数 × 单价]。在工程造价原理公式中，单价是包括由人工、材料（设备）、机械费用、管理费、规费、利润和税金组成的全部费用要素。

（一）计量规则分析

1. 工程量清单与定额

在工程造价行业目前还在使用的工程量计算规则主要是定额规则和工程量清单规则。两种计量规则有些区别和差异。清单计量规则与定额计量规则的区别和差异主要有三方面：

（1）计量单位的变化

工程量清单的计量单位与《全国统一建筑工程基础定额》的计算单位基本一致，只是针对其中少数项目进行了调整。而对于其他地方定额工程量计算规则，工程量计量单位有所不同。

（2）计算口径及计算方法的差异

工程量清单计算是以实体或可以计量的非实体为计量对象，而且工程量的计算结果是唯一的数值。其工程数量均以工程实体或非实体的净用量或净尺寸为准，不需要考虑其施工工艺和施工方法所消耗的工程量。采用定额计价的工程计量要求按净用量加上规定的余量和损耗量构成。余量与损耗量在招投标过程中投标人需要在报价中考虑，而不是在工程量中考虑。

（3）计算主体的不同

在工程量清单模式下，工程量清单由招标人或受委托的招标代理机构提供工程数量，工程量的准确性由招标人或受委托的招标代理机构负责并进行核对和修改；而在定额模式下工程量则是由承包方自行计算并对数量的准确性承担相应风险。无论是定额计量规则还是清单计量规则都是为了满足不同的计价模而而确定的。我国目前工程建设项目招标，无论是国有投资还是自筹资金均是按工程量清单模式招标，但在清单计价过程中却是非常烦琐，因为当前我国工程量清单计价实际上还是以定额为计价依据的清单计价，没有完全脱离工程定额计价和体现工程量清单计价的独立特性。

2. 工程计量程序应用

工程计量方法和工具从工程建设发展至今已经发生了巨大的进步和飞跃。从最初的手工算量，到表格计算，到如今的工程算量应用程序出现，让大量工程计量的烦琐工作变得简单。目前市场上工程造价管理软件有图形算量软件、安装算量软件、钢筋算量软件以及基于 BIM 技术的算量软件等。

尤其是如今快速发展的 BIM 技术，把建筑业信息化管理推向了新的高度。例如，以 BIM 技术构建的三维或四维模型为计算工程量和施工管理提供了可视化的高效信息管理手段。图形算量主要是根据不同的计算规则进行工程设置，以绘制图形、表格输入或者进行图形导入的形式进行计算工程量。图形绘制和表格输入需要进行定义构件，编辑公式和选择参数进行计算，最后汇总工程量。BIM 形式就是用三维构建模型，用模型把建筑进行建造一遍，这样建筑模型更加直观，计算出的工程量也更加准确。

市场上的图形算量软件主要以 CAD 平台或者以自主研发平台的 BIM 技术算量软件。在图形算量程序中植入通用的工程量计算规范和不同地区的现行定额及规则。算量程序可以自行绘制图形，也可以导入标准的图形或是以 BIM 技术的模型进行算量。在二维图形导入时还可以进行三维查看，同时也可以通过观察程序中的三维视图检查模型并进行修正。根据选择的计量规则计算工程量，在进行结构工程量计算时，软件会自动识别结构构件之间的工程量关系，比如梁板柱的工程量扣减顺序与关系。这样可以解决造价从业者的大量烦琐工作。随着云计算技术的出现，工程造价管理软件将会有更大的飞跃。

3. 基于云的工程计量

（1）清单与定额规则下的工程计量

工程量清单是工程量计价的基础，是进行编制、招标控制价、投标人报价、工程量计算、支付进度款、办理竣工结算及工程索赔等的依据。工程量清单对于所有潜在投标人是一个公平合理的竞价标准平台。因此，清单工程量的准确性显得更加重要，对工程计量提出了更高的要求和标准。这也为我们采用信息化计量工具创造了更多的机遇。

（2）清单与定额计量规则并用

清单计量并不是独立存在的，目前建设工程承发包价格还是以定额为基础的清单计价。在清单模式下，依然是采用定额进行组价，在组价过程中，套用的定额子目的工程量是以定额计量规则的计算结果。在套用定额子目进行组价后，进行市场价格的调整，最终按工程量清单的计价模式组成最终的总造价。目前市场上，无论是建设单位的招标控制价格的编制，还是施工单位的投标报价都是以定额为基础的计价模式。因此，清单和定额的管理显得尤为重要。清单和定额库显示了当前最新的报价标准。当市场上出现了新材料、新工艺时，造价管理部门会对清单编码或者定额补充子目进行补充和完善。在基于云环境的工程计价平台，采用大数据和云计算技术，对投标报价进行检查，判断合理的定额子项，实现智能化应用，让工程量清单和定额组价变得容易，同时根据已完工项目的历史数据，对清单计价进行检查核对，并提出修改建议。

（3）基于云环境的工程计量应用

传统的计量应用程序是基于应用程序和用户本地的硬件运算速度，对物理服务器提出一定的要求，通常在进行大体量的工程量计算或者工程计价时，本地服务器的运算能力显然已经力不从心，系统运算变得缓慢。基于云环境的工程计量运算能力使原有计算能力可以获得巨大的提升，当然这是指在网络基础设施条件较好的情况下。云计算超强的运算能力完全可以让工程量的计算变得更加准确和快速。工程计量人员在应用计量程序时可以进行多用户的协同合作，并针对工程项目计量过程中出现的问题进行必要的沟通和协调。清单和定额库的管理可以在云平台上得到最新资源和更新，从而为编制更为准确的工程造价提供有效保障。

（二）消耗量系数分析

1. 损耗量与消耗量

工程损耗是指建筑工程在正常施工条件下所发生的各种损耗，包括人工、材料和机械设备的损耗。产生损耗生产工艺、技术水平、生产和管理能力等客观因素造成的。有些损耗量是施工过程中难以避免的，这种损耗需要考虑其所损失的施工成本。工程消耗量就是在建筑工程中，人工、材料、机械、设备等在正常施工条件下生产合格产品所消耗的全部人工、材料、机械和设备的总消耗量。消耗量包括消耗净用量和损耗量。消耗净用量即施工图纸或是已完工实体的净尺寸计算的工程量。损耗量是在工程造价编制过程中需要考虑的由于各种施工因素导致的合理损耗，为弥补这种损耗，需要在工程报价中考虑人工、材料及机械设备的合理损耗。例如，材料消耗量包括运输损耗、贮存损耗和施工损耗，而这些损耗是合理的损耗，应该考虑在投标报价或预算当中。

消耗量分析、施工消耗量的高低决定了施工管理水平的高低。在施工管理过程中，对各种施工材料的消耗量做定量分析是必要的，如材料的运输损耗、存放损耗和施工损耗。针对施工材料、半成品、配件以及辅料等的使用情况进行消耗量分析，发现消耗量的可控制因素，根据各种因素进行分析和采取有效措施，这对降低施工成本意义重大。因此，控制和管理施工消耗量的标准，在施工管理中是一项非常重要的工作内容。

2. 消耗量标准定额

消耗量系数在工程造价管理中非常重要。因为损耗量是为弥补在运输和存放或施工过程中存在的损耗。消耗量是净用量和损耗量的总和，损耗率是损耗量占净用量的比例，而消耗量系数是消耗量与净用量产生的比值。定额是在单位工程构造上人工、材料和机械的数量消耗标准，也是计算建筑安装价格的基础。

消耗量定额则是由建设行政主管部门根据工程项目的合格标准和合理的施工组织设计方案，并且按照工程项目正常施工环境下进行测定和编制的，对生产一个合格产品以标准计量单位计量的人工、材料（设备）和机械台班消耗的社会平均标准数量。消耗量定额。人工消耗量是在一定的生产技术组织条件下，生产合格的建筑产品所需的劳动消耗量。材料消耗定额又称材料定额，是在合理节约材料的情况下，生产单位合格产品需要消耗的各种规格的主要材料、半成品、辅料和配件及水、电等数量的标准。同时也包括各种合理和必然的消耗。机械台班消耗量在正常施工条件下，所生产的单位合格产品，分部分项工程或结构构件所必须消耗的施工机械的台班数量。消耗量定额对于研究和分析企业消耗量有很大的参考作用。

企业可以根据自身的施工能力和管理水平调整消耗量定额中的分部分项的消耗量系数，以此来提高企业在投标报价及施工组织设计中的竞争优势，不断形成自己的“企业消耗量标准”，达到企业定额的标准，并增强企业的综合实力。

第二节 大数据环境下建设工程造价控制方法研究

随着造价信息的不断积累，工程造价信息大数据“5V”特性逐步展现，5V 是指 Volume（数据量）、Velocity（数据速度）、Variety（数据多样性）、Veracity（数据真实）和 Value（数据价值）。但现阶段的造价控制模式远不能满足造价信息大数据的应用环境和要求，这就迫切地需要在传统造价控制的基础上系统地构建大数据环境下建设工程造价控制框架，为大数据环境下工程造价的有效控制提供理论机制支持和管理引导范式。

一、大数据环境下工程造价控制理论基础

（一）大数据环境下工程造价控制内涵解析

工程造价是指工程项目在建设期内预计或实际支出的建设费用，从不同建设参与者或不同建设时间阶段划分，工程造价有不同的定义。考虑到投资者（业主）在工程建设及工程造价控制的全局地位，着重从投资者视角开展大数据环境下工程造价控制方法研究。从控制论的原理出发，控制一般解释为对被控对象施加某些影响和作用，使目标对象的行为或者变化过程符合预期目标，实现行为或者过程的目的性。

广义地说，控制的过程就是使系统保持其原始状态或者是引导系统达到某种预期状态的过程。从我国工程建设投资失控无法达到预期投资目标的原因上分析，工程造价控制的内涵主要包括工程造价的合理确定及在建设过程中的有效控制两大核心内容，前者是后者的基础和载体，后者贯穿于前者的全过程。从信息确信度的角度分析，造价控制失控往往是由于工程建设过程中存在大量随机不确定及认知不确定性因素，使得造价合理值难以确定,项目潜在风险特征及控制策略未能及时识别和精准实施所导致。

大数据具有显著的“5V”特征，数据的收集、分析、应用是大数据环境下所要解决的核心内容。工程造价信息不仅包含市场信息、政策法规、价格信息、计价依据、指数信息、造价分析等基础数据，还包含建设各阶段的造价书面或电子数据，目录繁杂，体量巨大，且形式不一，价值密度较低，可谓造价大数据环境。大量的研究实践表明，基于造价大数据的人工智能技术是降低信息不确定性的有效手段，也是有效控制工程造价的科学方法，大数据环境下工程造价控制内涵也由此得到丰富与扩展。

大数据环境下工程造价控制并不改变传统工程造价控制的控制原理、要素及内容，而是改变控制的方法及思路，主要强调基于造价案例数据，采用数据挖掘、人工智能等技术消除或降低工程建设过程中信息的不确定性，建立工程造价预测、反馈、控制体系，并以此提供及时准确的控制策略辅助工程建设与决策。

（二）大数据环境下工程造价控制需求分析

建设工程造价“大数据”中包含着丰富的建设工程典型案例及管理知识经验，因此在大数据环境下工程造价控制需求相比传统造价控制更为丰富，主要表现为控制要求更高、控制面更广、控制更智能等方面。具体可以表述如下：

1. 控制应同计划与组织适应，智能科学地设置工程造价控制目标

工程造价合理值的确定是工程造价控制的首要前提，大数据环境下工程造价合理值的确定更强调智能科学。通常基于造价案例历史数据，并充分考虑市场、建设条件及管理水平等因素，采用人工智能算法得到相匹配的造价合理值，并与传统控制方法得到的值交互联动，最终制定科学的造价控制目标。

2. 控制应实现精准的随动控制，持续地动态控制

造价定值控制即严格要求受控造价变量保持在预设目标上，控制柔性不足。在实际控制中只要求随动控制，即偏差维持在许可区间范围内，但这个合理区间采用传统控制方法不易得出。因此，在造价信息大数据环境下，充分利用造价案例知识，得出精准的造价合理区间，实现造价的随动控制至关重要。此外，随着建设项目进程的推进，还需将合理区间进行动态控制，对计划值与实际值的偏差进行持续比对，以便及时采取正确适当的纠偏措施。

3. 控制应贯穿项目建设全过程，也需突出重点

大数据环境下工程造价控制一方面要求全寿命周期、全要素的控制，对造价控制不留死角；另外一方面也强调突出重点，有所侧重。从造价控制的角度来看，节约资金的可能性会随项目进行阶段的发展不断下降，从项目投资决策阶段的 100% 衰减到施工阶段的 10% 左右。因此，项目决策与设计阶段仍然是大数据环境下工程造价控制的重点环节。

4. 控制应主被动相结合，精准匹配经济技术措施

主动控制在于前馈式预先控制，强调事先识别项目潜在风险特征，并提前施以控制策略；被动控制是反馈式控制方式，遵循“检查—反馈”的补救原则。实践表明，在工程建设过程中施以主被动相结合、技术经济相结合的控制策略是最有效的一种工程造价控制方法。

（三）大数据环境下工程造价控制支持理论

大数据环境下工程造价控制作为新兴的工程造价控制系统体系，总体而言具备较强的综合性与学科融合性。本书将大数据环境下工程造价控制支持理论划分为基础性理论与指导性理论两大类。

1. 基础性理论

（1）系统论

系统论由奥地利人贝塔朗菲创立，其核心理念是把目标对象视为一个整体，并从全局角度考察该系统中各因素的相互关系，并从本质上揭示该体系的结构功能及行为状态。同理，大数据环境下工程造价控制系统是由数据处理、案例表示、造价区间预测、造价控制策略匹配等模块组成的有机整体，各个模块协同才能实现造价精准控制的目的。因此，基于系统论对工程造价控制系统进行构建，有助于明确协调各要素之间的协同关系，保证系统运行稳定。

（2）控制论

控制论由美国数学家维纳创立，其核心思想是采用抽象的方式揭示控制系统中信息传输与处理的规律，意在获取让动态系统保持平衡或者稳定状态的潜能和途径。大数据环境下工程造价控制则是以工程造价的合理状态为控制对象，采用人工智能技术获取造价合理值，并在智能获取项目建设潜在风险的基础上及时采取控制策略以确保工程造价处于合理区间的一

系列反馈活动。

（3）信息论

信息论由美国数学家香农提出，它与控制论不同，是利用特定概率理论和数理统计学方法研究信息、数据传输和数据压缩的一门实用学科。大数据环境下工程造价控制从本质上讲属于信息反馈机制，需要依靠数据集成、处理、传递及分析等信息技术才能实现。

2. 指导性理论

大数据挖掘理论数据挖掘（Datamining，DM）能有效地提取复杂数据集中蕴含的知识，是实现大数据应用的核心技术，也是目前国内外人工智能与数据库领域研究的热门课题。数据挖掘的本质是综合应用数据管理、统计分析、人工智能、机器学习、并行计算等各种信息技术，运用关联、回归、聚类、预测、诊断等方法对目标数据进行全方位挖掘，发现潜在知识应用于实践的过程。这个过程一般包括定义挖掘目标、数据准备、数据探索、模型建立评估等环节。大量实践证明，数据挖掘在知识发现应用方面具有准确灵活、鲁棒性较强的特点，在各领域的应用较为广泛。

严格来说，大数据挖掘也属于数据挖掘的一种类型，与一般的数据挖掘在过程和算法上相差无几。但是，由于大数据具有在广度和量度上的特点，其在操作中更侧重运用大数据思维，重视数据采集与数据整合质量，利用数据降维、分布式和并行处理等技术来提升数据挖掘的效率。因此，大数据挖掘理论是造价信息大数据处理分析、模型构建应用的实质指导性理论，也是实现工程造价有效控制的一件关键利器。

二、大数据环境下工程造价控制系统设计

（一）设计原则及理念

由于建设产品的特殊性，工程造价通常具有大额性、动态性、层次性、个别差异性及兼容性等复杂特性。结合大数据环境下工程造价控制理论基础，本书进一步提炼出造价控制系统设计四大原则及理念。具体表述如下：

1. 数据为本，目标明确

大数据环境下工程造价控制着重从造价案例数据出发，强调数据驱动，

本着“让数据说话”的原则，发掘造价控制领域知识。数据挖掘算法需考虑造价信息数据离散性、随机性、不确定性较大的特征，着重解决传统造价控制中造价合理值不易确定，过程控制较差两个痛点问题。

2. 系统科学，实施可行

大数据环境下工程造价控制系统构建应以控制论、系统论等基础性基础为基石，大数据挖掘理论为指导，保证系统构建的科学性、模型构建的可行性，确保理论落地、模型可运行。

3. 运算准确，运行高效

大数据环境下工程造价控制基于大数据挖掘理论，从造价数据处理出发，采用智能组合算法建立造价控制模型。只有实现模型的运算准确、运行高效，基于造价大数据的控制方法才能落地应用。

4. 特征导向，精准施策

在建设过程中造价控制风险因素的复杂性、随机性及不确定性，使得在最容易节约成本的工程建设前期无法确定风险类型，致使造价管理失控。因此，在大数据环境下，以工程造价特征为导向，及时预警建设过程中的管控风险，实现特征到合理造价确定、特征到控制策略的一体化响应对有效控制造价尤为重要。

（二）功能框架构建

大数据环境下工程造价的有效控制需解决造价合理值的确定及过程有效控制两大难题。结合控制内涵需求并综合采用大数据挖掘等基础理论，提出构建“数据合成→智能控制→动态反馈”作为大数据环境下工程造价控制系统中功能框架的基础组件。在此基础上，进一步确定出实现功能组件的技术架构，具体包含Web技术、信息系统、无线传输、B/S框架、数据存储等，由此形成大数据环境下工程造价控制系统功能框架。

1. 数据合成

工程造价控制贯穿于工程建设全生命周期，包含决策、设计、施工、竣工验收及运营维护五个阶段。造价信息数据合成主要是通过汇总每个阶段的造价信息数据和资料、市场数据及标准法规资料形成造价信息原始数据库，并在后续阶段通过数据预处理技术建立起高度可扩展性、高度可分析性及高度兼容性的工程造价案例信息数据库。

2. 智能控制

智能控制是在数据合成的基础上，应用数据挖掘智能融合算法处理分析数据，实现工程造价的智能控制。根据现阶段造价控制实际，可明确智能控制的核心功能为工程造价案例表示、造价区间预测控制、造价控制决策三大板块，三者相辅共同完成造价控制目标。

3. 动态反馈

动态反馈是在智能控制的基础上，将造价控制效果及时反馈于工程建设。随着工程建设的进行，通过目标设置、特征识别、主动控制、效果跟踪等措施，不断对工程造价进行纠偏，实现造价始终稳定在合理范围内。

（三）控制机制设计

基于大数据环境下造价控制的理论基础及功能框架，设计大数据环境下工程造价控制机制。实施过程中，通过汇总每个阶段的造价信息数据形成造价信息原始数据库。采用数据预处理技术组建工程造价案例信息数据库，利用数据挖掘融合算法实现各阶段造价智能控制，并在工程进行过程中动态跟踪、实时纠偏，实现造价全过程的主动控制、动态调整与控制结果反馈。

智能控制在整个大数据环境下工程造价控制机制中起到中心枢纽的作用。一方面，造价信息数据合成需根据智能控制的信息需求开展；另一方面，动态反馈也需建立在智能控制结果之上。因此，有效实现智能控制功能是大数据环境下工程造价控制实现的关键所在，具体描述如下：

1. 工程造价案例表示

通过实际分析可知，每一个造价案例都包含着大量的知识特征，这些知识特征共同对案例形成表示。工程造价案例表示的主要任务就是采取恰当的案例表示方法对造价信息原始数据库中的造价知识特征进行整理，在保证知识完整性的同时提升造价智能控制模型效率，以保障造价控制效果。

2. 工程造价区间预测控制

工程造价区间预测控制是在造价案例表示的基础上，根据造价案例数据特征，选取科学适用的预测模型并通过模型训练对模型进行精度校验。当目标造价案例特征输入后，便可智能输入造价预测区间的上下限，由此确定造价合理值。

3. 工程造价控制决策

工程造价控制决策是在造价案例表示的基础上，选取恰当的模型智能识别案例数据特征并自动匹配相适应的控制策略，智能模型参数同样通过模型训练优化。当目标案例特征输入后，便可实现案例特征到控制策略的一体化响应，由此实现造价过程控制。

三、大数据环境下工程造价控制方案

控制机制建立后，就需进一步建立相应的智能控制方案，以保证控制机制特别是智能控制板块的落地实现。在造价大数据背景下，大数据挖掘作为实现大数据应用的一项关键重要技术，融合了包括统计分析、人工智能、机器（深度）学习、知识推理（专家系统）、分布式并行计算等多种智能算法，大多具备自学习、自适应、自组织的智能化特点，是大数据环境下工程造价控制方法确立的首选。以控制机制为基础，提出以"工程造价案例表示→工程造价区间智能预测→工程造价控制策略智能匹配"为核心方法的造价控制方案。

1. 工程造价案例表示

工程造价案例表示是造价智能控制的前提和基础，属于知识表示的一种，其目的是将待解决问题或情景结构化、形象化、数值化、符号化，以方便计算机模型识别运算。现实的造价大数据质量多不能令人满意，由于获取的原始造价数据来源不一，初始数据的准确性、完整性与一致性均较差。案例中知识特征繁杂，多源异构、随机动态特征表现显著。从如此繁杂的知识特征中寻求数量适当、知识表示丰富、量化操作性强的特征属性是一个不小的挑战。从大数据挖掘的角度出发，原始造价数据被称为"脏数据"，是无法进行有效的数据分析的。采用合适的方法对工程案例进行合理的表示在大数据挖掘理论中被称为数据预处理技术（Data Preprocessing，DP）。简单来说，数据预处理旨在提高数据质量，满足数据分析要求。主要通过数据清洗与集成、数据规约、数据变换、数据降维等步骤实现不合理样本剔除、特征属性约简与整合，是在大数据环境下实现工程造价案例合理表示的恰当方法。

2. 工程造价区间智能组合预测

工程造价合理值的确定即工程造价预测，是工程造价控制效果实现的基础。工程造价受建设环境、技术方案选型等多种复杂因素影响，区间预测更符合实际造价随动控制的需要。基于神经网络的造价预测智能组合算法虽然在处理造价信息离散性、随机性、不确定性问题上具有一定优势，但也有可能出现训练速度慢、模型泛化能力不足、因案例匹配导致模型计算效率低等问题。数据挖掘理论中的统计学习理论（Statistical Leaming Theory，SLT）是目前人工智能领域研究较为广泛的一个分支，属于机器学习的范畴。与神经网络等传统的机器学习相比，统计学习引入了结构风险最小化原理和核函数两个概念，成功解决了经验风险与实际风险间不一致（分类拟合）的问题，具有良好的非线性小样本学习能力，泛化能力也较强，是有限样本估计和预测学习的最佳理论，对于高维小样本特征明显的造价数据样本尤为适用。另外，数据挖掘理论的中的案例推理（Casc-Based Reasoning，CBR）也是目前人工智能领域一项重要技术。

CBR 起源于动态记忆理论，其本质是通过计算历史案例与目标案例的映射相似度检索出与目标案例最接近的案例集，由此获取其特定经验或结果来解决目标案例的潜在问题。利用 CBR 技术可实现只有与目标案例工程相似的造价案例信息数据才参与预测运算，由此解决造价案例信息数据仓库中案例检索与特征不匹配、模型预测效率低及预测精度差的问题。

3. 工程造价控制策略智能匹配

工程建设过程中的造价过程控制是现阶段造价控制的薄弱环节，大多依据造价管理人员经验或事后控制，控制效果较差。造价控制失控往往是由于未能及时发现项目实施风险及造价控制难点，并在过程中未针对性地制定有效的控制策略所导致。知识推理（Knowledge Reasoning）是数据挖掘中一项重要的人工智能技术，其本质是利用已知的特征知识通过知识表示及知识推理方法推理得出结论去解决新问题的过程。专家系统（Expert System）是一种将知识表达与知识推理相结合的计算机程序，用以模拟只有人类专家才能处理的复杂问题，是知识推理从推理策略探讨转向专门知识的重大突破，包含知识库与推理机制两大要素。

综上所述，本书提出了一套大数据环境下工程造价智能控制方案，即基于数据预处理的建设工程造价案例表示模型；融合案例推理与统计学习的建设工程造价组合区间预测模型；基于知识推理的工程造价控制策略智能匹配模型。

四、基于数据预处理的建设工程造价案例表示模型

首先对工程造价案例表示需求进行分析，然后选取数据预处理技术作为工程造价案例表示方法，并对其构建方案及实施过程进行详细阐述。

（一）工程造价案例表示需求及模型构建方案

1. 工程造价案例表示需求分析

原始造价信息数据来源广泛，主要包括造价市场数据、标准法规数据及建设各阶段产生的数据资料，准确性、完整性与一致性一般都较差。造价数据中知识特征繁杂，呈现多源异构、多样离散、动态随机的显著特征。因此，结合造价数据的特点，可进一步确定工程造价案例表示需求，具体阐述如下：

（1）结构层次清晰

造价案例数据特征属性繁杂，一般多达几十项甚至上百项，清晰的层次结构是造价案例信息得以有效组织的前提。案例表示需对这些特征属性进行详细分类，厘清指标之间的关系，避免知识交叉造成信息杂乱冗余。

（2）表示统一准确

工程造价案例表示要求必须统一准确。对于信息要素的表示要采用统一的名称、专业术语、表达方式；对于数值或符号要表达准确，信息属性要表述清楚，单位要使用规范；对于工程造价信息应准确描述。

（3）知识粒度适中

严格来说，特征属性统计越全面，对于案例工程造价的形成描述就越清晰。但大量的特征属性会降低模型运算效率，并且导致类似案例特征匹配效果较差。因此，应尽量选择较独立的、综合的工程特征来描述案例，以减少不必要的特征属性。

（4）易于理解、使用便捷

案例表示应符合人的理解模式并易于学习，避免使用较为复杂或使用

不广泛的特征属性，确保使用者能快速进行知识提取与分析。同时，案例表示应符合计算机计算模式，便于运算，能够提升模型运行效率。

2. 基于数据预处理的工程造价案例表示型构建方案

数据预处理技术充分体现了大数据挖掘理论中强调数据质量与数据降维的思维，是在大数据环境下实现工程造价案例合理表示的恰当方法。结合造价大数据特点，设计出基于数据预处理的案例表示模型构建方案。

针对造价案例表示需求，方案以数据预处理中数据清洗与集成、数据规约、数据变换、数据降维技术为核心，旨在提升造价原始数据质量与约简特征属性。通过造价数据清洗与集成、造价数据时间粒度、口径的统一、数据降维形成数据整合，最终完成造价数据案例表示，形成造价案例信息数据库。

（二）工程造价原始数据处理方法

1. 工程造价历史数据的清洗与集成

工程造价历史数据的清洗主要包含缺失值插补与奇异值的检验与剔除（去除数据噪声）两项主要工作，以解决造价数据不一致的问题。在造价信息数据中缺失值的出现主要包含数据填报漏填或工程本身无此数据。

缺失值插补通常可分为两类：第一类是删除法，该方法最为直接，也最为有效，适用于样本数量很多，但缺失值的百分比不高（通常低于 5%）的情况；第二类是插补法，即以最可能的值来填充缺失值，常用方法有均值插补、回归插补、极大似然估计法等。在造价信息数据中奇异值的出现一般有两种情况，一种是特征属性数值达不到分析要求，如建设规模过小、类型样本数量较少等；另一种是数值与合理值存在显著差异。第一种情况采用删除法处理，第二种情况多采用离群点去噪方法，主要有基于统计的拉依达准则（3σ 原则）、格拉布斯准则（Grubbs）、基于邻近值等方法。3σ 原则因计算简单、可靠性强而被广泛使用。3σ 原则认为样本数值分布在（$\mu-3\sigma$，$\mu+3\sigma$）中的概率为 0.994 4，超出这个范围的可能性仅占不到 0.3%，超出的样本数据则应删除。

数据集成主要是把数据清洗过后的多源异构数据逻辑地或物理地归类整合在系统的数据集中，形成造价分析案例数据库，方便数据访问与分析。工程造价数据因涉及工程类型较多，各特征集位于不同统计数据中，造价数据集成主要是将数据合并到某个统一的数据库中，以提高信息访问效率。综上，针对造价信息数据特点，可采用以下原则对造价原始数据进行清洗与集成：

①删除缺失值超 80% 或者特征值重复的特征属性，少部分缺失值利用同一属性样本均值填充缺失样本；

②删除达不到各行业工程造价分析内容深度规定标准的样本数据；

③采用 3σ 原则进行离群点检测去噪；

④造价数据集成。

2. 工程造价数据时间粒度的统一

造价数据中建设条件等地理环境因素不会因时间的变化而产生波动，但由于资金的时间价值作用，同一地区不同年份的造价数值价值会随时间不同而变化。因此各案例的原始造价数值特征需按照已知现值求终值的等值换算公式统一换算为同一时间水平线上，通过统一时间粒度保证后续分析结果的准确性。

3. 工程造价数据口径的统一

工程造价数据口径的统一主要任务是解决造价数据离散，数据表现形式不统一、不准确，案例特征表示不完整的问题，主要采用数据规约及数据变换技术将造价数据以完整的知识表达、统一的输出格式呈现。

工程造价数据规约主要分为两类，一类为定性转定量问题，在电网造价数据中电缆型号通常由截面面积代替，是否使用新材料用数字 0 和 1 定量表达等；另一类为属性规约问题，造价信息系统中的原始数据属性特征较为离散，并不能很准确地反映造价特征，需要采用加权平均或者比例计算等方式将原始数据中集中描述同一问题的多个属性参数转换为综合属性参数，这一类综合参数在数据规约中被称为衍生变量。衍生变量一方面精简了属性参数，另一方面丰富了造价案例的知识表达，能更直观、完整地反映目标对象的知识特征。以电网工程中架空工程造价评价体系为例，比较典型的衍生特征变量有地形系数、海拔系数、单位价值指标、费用构成比例。

数据变换主要是在统一造价数据口径过程中，消除相关属性之间的量纲差异，将数据集属性方向进行统一，以满足后续模型运算的需要，提高模型收敛能力与运算精度。数据变换方法需要根据造价数据集中特征属性的类型特点来确定。常见的特征属性类型有正向型、逆向型、中间型、区间型等，其中前两者便于理解不再赘述。中间型指标一般指特征值取某个特定的值最好，比如建设规模变化率趋近于 1 最好，表示工程在建设过程中几乎没有变更；区间型指标类似，指特征值取在某一个区间最好，比如投资结余率需稳定在一个区间内，过低或者过高都表明建设投资不合理。对于不同的类型特征对应不同的数据变换方式，为了规范转换，应按统一原则进行转换。

（三）工程造价案例信息整合

工程造价案例信息整合主要是指在工程造价预处理的基础上，采用数据降维剔除冗余的特征知识，形成对工程造价案例的表示，并最终按照案例表示特征进行数据整合形成工程造价案例信息数据库的过程。

1. 工程造价数据降维

按照经验和结合造价大数据属性特征，经过数据预处理后工程造价数据特征属性仍然含有较多属性，其中很多信息要么与研究对象无关，要么特征属性之间关联度较大，存在信息冗余，这都会显著增加分析问题的复杂性。尽管数据规约已经人为清除了部分冗余变量，但此项工作太过于耗时且过于依赖领域专家，并且并不符合造价智能控制的原则。数据降维是大数据环境下一种重要的变量简化技术，其主要目的如下：一是得到能够与原始数据集近似等效甚至更好但数据特征量更少的数据集，即达到用少数变量来解释复杂问题的目的；二是通过智能算法智能获取造价数据特征分类维度，确保造价案例表示结构清晰完整，同时避免专家知识参与过多影响分析结果。

在数据降维领域，主成分分析法（Principal Component Analysis，PCA）与探索性因子分析法（Exploratory Factor Analysis，EFA）因其在信息浓缩领域各自的优势都较为突出，生成的新变量均能代表原始变量的大部分知识且相互独立，应用均十分广泛。PCA 的本质是坐标的旋转变换。该方法的关键是在损失极少信息的前提下将多个初始变量的线性合并，并将其转换为若干无关的综合变量，也就是主成分。综合变量反映的信息用方差表示，值越大表示能反映的知识信息越多，综合变量之间的相关性要求为0。而PCA的主要缺陷在于原始分量（载荷）之间的大小分布没有清晰的分界线，即主成分无法清晰解释其代表的具体含义，无法满足造价案例表示需求中结构清晰、表示准确的要求。

EFA是在PCA基础上进行扩展，在提取公因子时（一般采用主成分法）将变量之间的相关关系与相关的强弱都考虑在内，通过因子旋转突破PCA的现实含义解释障碍，更倾向于描述原始变量之间的相关关系。就应用范围和功能而言，EFA完全能够取代PCA，并且解决了PCA不利于含义解释的问题，因此其功能更为强大，也更符合造价大数据降维及案例表示需求。

2. 工程造价案例信息数据库构建

数据预处理后，工程造价案例表示就已初步形成。案例表示形成后，通过对案例表示知识特征进行数据填充与整合便可形成工程造价案例信息数据库。工程造价案例信息数据库数据架构清晰、数据类型明确、数据表示规范准确，是大数据环境下工程造价控制的基础数据库和后续区间智能预测的基础数据来源，也是控制策略智能匹配模型中的重要知识库之一。

五、基于CBR-MKRVM-KDE的工程造价组合区间预测模型

工程造价区间预测是为满足大数据环境下实现工程造价有效控制急切需求下的创新性研究内容，也是必要性内容。造价区间预测的目的就是要从根本上解决传统造价控制中造价控制柔性不足，缺乏随动控制的缺陷。同时进一步解决造价控制目标设置不合理，传统神经网络容错率差，预测值不可靠，未考虑案例匹配导致的模型运行效率低的问题。因此，造价区间组合模型的选取与构建是成功解决上述问题的关键所在。基于此研究思路，拟融合案例推理、统计学习与统计推断在智能预测上的优势，构建基于CBR–MKRVM–KDE组合模型，为实现造价区间的精准预测提供一种新的智能化解决方法。

（一）工程造价区间预测建模策略

1. 工程造价预测原理

工程造价有效控制的前提是准确预测造价合理值，设置科学合理的造价控制目标。从工程造价全过程管理的内容上分析，工程造价合理确定的

过程就是工程造价有效控制的过程，合理可靠的造价值是所有项目参与方在不确定条件下决策的重要信息来源。预测模型是大数据环境下智能获取工程造价合理值的重要手段，其原理是采用定性或定量手段，基于造价历史案例特征表示和样本训练，建立以特征集合为输入，以创造价值为输出的预测模型。预测模型中，除了非常常见的“点预测”问题之外，“区间预测”也是一类非常重要的预测问题。相较于传统造价的点预测模型，区间预测更能处理系统中的不确定性问题，控制柔性更强。

现阶段在大数据环境下造价预测模型多以点预测为主。然而，工程造价受建设环境、技术方案选型等多种复杂因素影响，造价值会在一定范围内波动。传统点预测模型虽能得出较为直观的确定性点预测值，但缺乏柔性，提供价值信息较少，同时对误差的容忍程度不足，不能满足大数据环境下工程造价控制需求。因此，充分考虑误差随机性及其概率分布特征的区间预测理论对实现造价动态控制意义重大。

2. 工程造价区间预测方案选取

目前工程造价区间预测研究非常少，处于起步阶段，可参考的模型也乏善可陈。因此，参考区间预测的常规模型并针对性地加以改进是造价区间预测模型成功构建的关键。目前，区间预测的模型主要分为两类。一类是将优化算法与智能模型相结合直接生成预测区间，常见的方法有均值方差估计法（Mean Variance Estimation，MVE）、贝叶斯法、Bootstrap 抽样法、最优下上限估计法（Lower Upper Boundestimation，LUBE）等。其中 LUBE 方法不用预先对数据做出分布假设，而直接通过 LUBE 方法训练优化递归神经网络算法直接输出预测区间，应用最为广泛。这类方法虽原理简单，但区间预测效果依赖模型的优化及相关参数的迭代调整，若优化方法选择不当或优化局部收敛，则易出现过拟合或预测偏差较大的结果，适用性较为局限。另外一种是利用智能算法得到点预测后，根据误差特性分布来获得一定置信水平下的造价预测区间。此方法既可利用统计分析缓解单一智能算法容错性小、易陷入局部最优等问题，又可实现点预测和区间预测的同时播报，适用性较好，应用也较为广泛。但目前此类模型的缺点在于误差数据集往往需要预设误差分布，再根据参数估计方法得出预测区间，预测精度存在一定误差。

因为造价区间预测鲜有研究，预测误差还未有理论证明其符合哪种形态的分布，因此这种预设分布的方法可能在实行过程中存在一定的困难。而统计推断中非参数估计方法因为在计算过程中不存在“假设困难”的优势，在未知数据集分布的情况下能够直接提供概率密度函数，输出上下界，有着较高的可靠性。这对于研究还未成熟的造价区间预测探索具有良好的适用性。综上所述，结合造价区间预测的实际，本书最终选取“点预测 + 非参数估计”的区间预测方案。

3. 工程造价区间预测方法的选取

“点预测 + 非参数估计”的预测方案对点预测模型精度要求较高，点预测模型的精度直接对区间预测效果产生关键影响。现阶段在大数据环境下，大多数基于神经网络的造价预测智能组合算法易出现训练速度慢、模型泛化能力不足、因案例匹配导致模型计算效率低等问题。因此，采用案例推理（CBR）与统计学习理论（SLT）的融合模型作为造价区间的主要模型便具有较强的适用性。在统计学习模型中，支持向量机（Support Vector Machine，SVM）是最早由 SLT 衍生发展而来的机器学习模型，在非线性和小样本预测问题上表现突出，应用在造价点预测的效果也较好。但由于 SVM 训练的复杂性，以及在选择核参数及惩罚因子上比较困难，学者们开始研究其改进算法。

相关向量机（Relevance Vector Machine，RVM）作为支持向量机 SVM 的一种优越的改进形式，其本质是一种融合贝叶斯学习、马尔可夫性质以及最大似然估计理论的稀疏概率分布模型。RVM 主要克服了 SVM 中核函数必须满足 Mercer 条件和计算量较大的缺点，具有更强的泛化能力。目前 RVM 中常用的核函数有高斯核函数、多项式核函数、Sigmoid 核函数。考虑到不同核函数在处理数据的能力上有各自优势，同时核函数的选择也会对模型训练精度产生不同影响，单一核函数难以兼顾全局性和局部性，混合核相关向量机（MKRVM）模型便被提出。

MKRVM 的本质是在 RVM 基础上通过整合不同核函数处理数据的优势，可实现多源异构数据的有效处理，对离散随机性较大的造价预测问题具有较好的适应性。因此从理论上来说，采用 MKRVM 建立对造价预测点模型具有较强的科学性。另外，核密度估计（Kernel Density Estimation，

KDE）是非参数估计中的一项重要方法，在统计学与理论和应用领域使用都较为广泛。KDE 最大的优点就是它不需要任何关于数据的先验知识，也不需要任何数据分布假设，完全从数据本身出发研究数据分布特征。该方法能很好地满足工程造价预测误差数据集的分析需求的要求，具有良好的适用性。综上所述，针对造价数据表现特征和模型比较，本研究最终选取构建基于 CBR–MKRVM–KDE 的造价区间预测组合模型实现对造价区间的准确性进行预测。

4. 工程造价组合区间预测算法融合设计方案

根据造价区间预测原理及智能模型构建流程，提出基于 CBR–MKRVM–KDE 的工程造价组合区间预测算法融合设计方案，方案中较为关键的步骤为基于数据预处理的造价案例信息数据库的构建、基于 CBR 的案例检索匹配、MKRVM–KDE 区间预测模型的构建与训练等。

（二）工程造价组合区间预测模型构建

1. 基于 CBR 的工程造价案例检索匹配模型

CBR 的运行过程包含“4R”循环，即案例检索（Retrieve）、案例重用（Reuse）、案例修改与调整（Revise）及案例学习（Retain）四个步骤。其中案例检索是在案例表示的基础上，采用案例检索匹配算法在数据知识库中快速抽取相似的案例的过程；案例重用是在目标案例与历史案例对比基础上，实现问题求解的过程；案例调整与修改是防止案例检索失败的调整机制；案例学习是为实现 CBR 具备持续学习能力而对案例进行动态更新的一种学习机制。

在造价区间预测问题中，CBR 需要解决的核心问题是如何从造价案例信息数据库中检索到相似案例，同时避免检索失败，即案例检索与案例调整与修改的问题。案例检索的关键是计算历史案例与目标案例映射相似度，当相似度超过设定阈值，则认为检索案例与目标案例相似，应加入预测数据集。目前应用较多的相似度计算方法分为两类：计算目标案例与各个案例之间的“距离”的绝对相似度和利用灰色关联分析法（Grey Relation Analysis，GRA）计算相对相似度。前者存在着数据差异考虑不全面，计算结果易受数据维度、样本容量和参数选取的影响。考虑到造价案例信息数据随机差异性大、数据维度广及样本容量大的特点，同时为了避免检索失败的问题，此处采用泛用能力更强的 GRA 计算案例之间的映射相似度，通过调整相似度阈值避免检索失败的问题。

2. 基于 MKRVM–KDE 的工程造价区间预测模型

混合核相关向量机（MKRVM）点预测模型 MKRVM 建立的关键是选取适当的核函数进行组合，RVM 常用的核函数中高斯核函数对数据噪声有很好的抗干扰性，同时参数选取简单，学习能力较强，对解决非线性问题有一定的优势：多项式核函数适合训练归一化后的数据，有较好的线性问题解决能力，全局泛化能力强。有研究表明，高斯核函数与多项式核函数具有良好的互补性，可兼顾全局性和局部性特征样本，组合应用效果显著。针对造价大数据特性，即选用基于二者的 MKRVM 模型。

考虑高斯分布的拉依达准则，当预测误差的分布区间为 +3S 时，将有约 99.73% 的误差落入预测区间内，此时区间的置信水平较高、韧性较强，因此将点预测值与预测误差的正负 3 倍标准差构造为工程造价预测区间。

3. 工程造价区间预测模型性能分析

为检验造价区间预测模型的实用性能，需建立区间预测评价体系以准确衡量造价区间预测效果。从造价区间预测模型建立的过程出发，预测模型性能分析分为造价点预测效果分析与造价区间预测效果分析两个部分。

①造价点预测效果分析对于造价点预测模型的控制效果分析已较为成熟，衡量造价点预测模型精度的最常见指标为均方根误差 RMSE 及决定系数 R2。

②造价区间预测效果分析为准确分析造价区间预测效果，采用预测区间覆盖率（PICP）、预测区间宽度（NMPIW）、区间综合评价参数（PICWC）三项维度综合判断区间合理性。

a. 预测区间覆盖率（PICP）。PICP 表征的是真实数据落入预测区间内的概率，反映了预测区间对真实值的包容能力。PICP 值越大，说明预测区间越合理。

b. 预测区间宽度（NMPIW）。NMPIW 表征预测区间宽度，在满足造价预测区间可靠性的同时，NMPIW 越窄，提供的预测信息就更精确。

c. 区间综合评价参数（PICWC）。PICP 与 NMPIW 具有对立性。PICP 增加，样本覆盖率增多，则区间的容纳能力越强，相应的区间宽度越大，即 NMPIW 值越大。若为体现区间具有良好的筛选性能，降低 NWPIW，此时真实值落入预测区间内的数量减少，即 PICP 降低。为了减少上述指标的对立性，更为全面地体现区间的综合效力，构造区间综合评价参数（PICWC）。该参数在考虑区间覆盖率的同时兼顾区间宽度，体现了预测区间的综合效果。

六、基于 NCM-FPN 的建设工程造价控制策略智能匹配模型

过程控制一直是传统工程造价控制的薄弱环节，也是造成投资失控的重要原因。造价合理值的确定方法随着造价大数据思维的普及应用逐渐增多，但是在造价过程控制方面，由于影响造价的信息特征复杂性及信息传导的不确定性，基于数据挖掘、人工智能等技术建立工程造价分析、反馈、控制体系，并以此提供及时准确的控制策略反馈于工程建设与决策的理论研究非常少。基于以上矛盾，提出大数据环境下工程造价控制策略智能匹配方法。通过对历史工程造价数据的挖掘分析构建造价案例库及控制策略知识库，将目标案例工程特征与历史案例进行相似度匹配，并通过 NCM-FPN 组合推理算法获取相似案例的造价控制策略用于指导及反馈建设过程，实现从案例特征到控制策略的一体化响应，为实现工程造价过程有效控制提供一种新的智能化解决方法。

（一）工程造价控制策略智能匹配建模设计

1. 工程造价控制策略智能匹配原理

大数据环境下工程造价过程控制强调造价控制应主被动相结合，精准匹配经济技术措施，着重特征导向，精准施策。知识推理技术与专家系统构建思维应用是提升造价过程控制效果的重要途径。

实现大数据环境下工程造价控制策略的智能匹配比较重要的步骤有案例特征库的构建、特征参数的选取、控制策略知识库的建立、知识表示及知识推理模型的构建与训练等。特征参数的选取与计算是控制策略知识库构建及推理机制构建的基础和前提条件，而知识推理模型的合理构建与训练则是知识表示与知识推理有效性的重要保证，是整个造价控制策略智能匹配能否实现的核心内容。

2. 工程造价控制策略智能匹配知识推理集法选取

知识表示与推理是人工智能领域一个重要前景方向，也是专家系统中的核心组件之一。在工程造价控制策略智能匹配过程中，知识推理就是从已有的造价案例特征参数出发，基于控制策略知识库及匹配逻辑，通过知识表示及知识推理算法推导出可以与之匹配的控制策略的过程。在现阶段应用较为广泛的知识推理算法中，规则推理（Rules-based Reasoning，PBR）与案例推理（CBR）都具有各自的优势，在各领域均有应用。

CBR 方法具有检索历史案例便捷、匹配案例效率高、推理速度快等优势，广泛应用于医学、法律、故障诊断维修等领域。但 CBR 推理理论性不强，推理过程过度依赖案例与经验，有可能出现推理结果不适用的情况。并且 CBR 有可能无法产生推理结果，即产生知识库边缘案例不易明确的问题，需要较为成熟的修正措施才可以应用推理结果。而 PBR 将知识描述成规则，通过规则匹配和推理获取解决方案，求解过程与人类思维一致，理论性较强，推理结果较为可靠，对 CBR 有较好的互补性。但 PBR 的最大缺陷在于规则提取困难，若没有相应的知识基础，推理就会变得很困难。

随着专家系统复杂性的不断提高，知识表示参数如阈值及权重等越来越多，并且包含越来越多的不确定性信息，如影响造价过程控制的因素就具有显著的复杂性及不确定性。对于这种模糊环境下的专家知识表示及知识推理，CBR 及 PBR 应用的局限性就更大。模糊 Petri 网（Fuzzy Petri Net，FPN）是一种重要的人工智能识别技术，由 Valette 首次提出。模糊 Petri 网（FPN）弥补了传统 Petri 网不能处理模糊信息的缺陷，极大地提高了 Petri 网的应用柔性，常被用来处理各种类型专家系统中的不确定信息。FPN 具有良好的图形表述能力，能形象直观地表达因素庞杂、影响机制不明确的复杂结构，通过模糊产生式规则进行自动模糊推理，并采用简便的矩阵模糊运算规则并行处理不确定性信息，可以较为快速地得出推理结果，是基于模糊产生式规则的知识库系统自动表达与推理的良好建模工具。

目前，FPN 在知识推理、建模仿真、安全风险评价及故障诊断等领域应用均较为广泛。总的来说，FPN 巧妙地结合了案例推理计算效率高与规则推理准确的优势，并同时具有 Petri 网图形表述能力及模糊推理能力，因而能很好地表达造价历史案例库中案例特征到控制策略的模糊因果关系，也能较大程度地提高知识库边缘案例不易明确的问题，是工程造价控制策略智能匹配过程中较为适用的建模方法。但FPN严格来说属于规则推理的一种形式，在知识获取方面存在局限性。在以往的应用中，FPN初始状态的确定往往采用专家评判法直接给出定性评估向量，主观性过强。在造价策略推理中，特征参数的特征表达即为FPN初始输入，如采用专家评估，对推理结果可靠性影响较大。1995年，李德毅首次提出云模型（Cloud Model，CM）理论，用以处理定性概念与定量数值之间自然转换的问题。云模型在传统模糊集合概率统计理论的基础上，实现了定性概念与定量数值的自然转换，在自然社会科学领域与生产活动中都具有较好的普适性，目前已成功应用于智能控制、数据挖掘、系统评估等领域。正态云模型（Normal Cloud Model，NCM）是使用最为广泛的一种云类型，社会和自然学科的各个分支研究都证明了其具有较好的普适性。NCM可以很好地处理指标随机、模糊的特点，实现FPN初始状态的定量表达，由此作为FPN的参数输入，解决其知识获取太过于主观定性的问题。

综上所述，为实现工程造价控制策略智能匹配，拟构建基于NCM-FPN的知识推理组合模型。在工程造价一体化知识库构建的基础上，采用NCM定量表达与匹配造价案例特征，采用FPN设计知识表示及知识推理网络结构及推理算法，实现从造价目标案例特征到控制策略的准确映射与迅速响应。

3. 工程造价控制策略智能匹配算法融合设计方案

基于知识表示及知识推理的一般步骤，并结合NCM-FPN理论，设计了工程造价控制策略智能匹配算法融合设计方案。其中较为关键的步骤为一体化知识库的构建、案例特征的表达与匹配、模糊Petri网的建立与训练等。

（二）工程造价一体化知识库构建

工程造价一体化知识库构建具体包含三大研究内容：一是将造价案例信息数据库中的案例特征属性进行整合，用更少数量的案例特征属性参数表征案例（案例特征库）；二是根据特征参数提取典型的案例特征表现；三是根据不同的案例特征组合表现建立控制策略匹配逻辑关系（规则库），为知识推理机制构建奠定基础。

1. 工程造价案例特征参数确定

已经构建出较为完整的造价案例信息数据库，其中包含着丰富的案例特征属性，按照独立综合的表示理念，需采用特征参数对其进行进一步综合，以提升模型效率。

优劣解距离法（Technique for Order Preference by Similarity to an Ideal Solution，TOPSIS）是一种近似于理想解的排序法，通过计算各项指标的正理想解和负理想解，确定各个评价对象与两解之间的欧氏距离，得出与最优方案的贴近度作为评价优劣的标准。该方法对数据分布及样本含量没有严格限制，可充分利用造价原始数据的信息，较适于具有明确目标值的子体系指标评价分析。因此采用 TOPSIS 法计算造价案例对应的特征属性参数，上一级的特征参数用下一级的所有特征属性计算表征，可显著降低特征知识属性，也能较为准确地反映造价案例控制情况在整个案例库中的位置，方便后续案例特征表现组合。

2. 控制策略库及策略匹配逻辑关系确定

大量的工程实践积累了丰富的造价管理控制策略，通过不断的实际调研、年度造价分析与资料整理便可建立持续更新的造价控制策略库。而控制策略的实施往往需要准确的特征匹配（规则库）。由于建设工程众多，且工程实施过程中资料留存质量较差，造价控制策略难以做到一一对应还原。但在大量工程造价数据分析下，造价控制往往表现出许多共性特征。因此，通过数据挖掘方法提取这些共性特征，并建立共性特征到控制策略的逻辑匹配关系是后续控制策略知识推理的关键基础。

数据挖掘中两步聚类算法是从 BIRCH 层次聚类算法衍生而来，其最大特点是可以自动确定最佳簇数量，较适合应用于混合属性数据集的聚类，是分析工程造价数据，提取样本共性特征获取隐含知识的有效方法。两步聚类算法的关键过程可以分为预聚类阶段和聚类阶段。其中在预聚类阶段中将数据点一一读取并转化为 CF 树，对相对集中范围内的数据信息点提前进行聚类分析，生成许多小的子聚类。聚类环节则以子聚类为目标，采用凝聚法将子聚类一一合并，直至转化为期望的聚类总数。

采用两步聚类算法提取典型工程造价案例特征表现后，可根据其特点分别对其命名，最后根据案例特征表现选取策略库中较为合适的控制策略，由此建立案例特征与控制策略的匹配逻辑关系。

（三）基于 NCM-FPN 的工程造价控制策略

匹配智能推理模型特征参数的计算进一步约简了造价案例知识属性，控制策略库及策略匹配逻辑关系的确定初步构建了工程造价控制策略智能匹配的推理逻辑机制。

一体化知识库建立后，案例库特征的准确定量表达是确保目标案例工程能准确匹配工程特征、获取精准控制策略的重要保证。NCM 通过引入期望（E）、熵（En）、超熵（He）构造随机变量——云滴（Ex、En、He），并通过多次计算将所产生的云滴形成云，由此建立表达知识库中案例各种特征的定量模型。（Ex、En、He）反映了定性概念整体上的定量特征，代表的特征意义各有不同，期望 Ex 表示在数域空间中最能代表定性属性或概念的点，是定性概念量化的典型值。熵 En 定量代表定性概念的不确定性，一般来说，熵值越大，则表示目标概念越宏大，概念的模糊性与随机性越显著，量化分析的难度就越大。超熵 He 则代表了熵的不确定性度量，即熵的熵，由熵的随机性与模糊性综合作用，可以反映定性概念值样本出现的随机性。随着超熵值的增大，云的离散程度增大，隶属度的随机性也随之上升，即表现为特征云的厚度越大。

第三节　基于数据挖掘的建筑工程造价合理性审核研究

一、建筑工程造价数据与审核现状和改进

（一）建筑工程造价审核存在的问题分析

在工程造价管理的实际工作中，建筑工程造价审核也叫作工程审价，特指专业造价技术人员参照国家的建筑工程计价规范和各地方造价管理部门发布的定额和费率标准及人工、材料、机械造价指数，并且依据建筑项目计划方案、设计图纸和实物工程量核查、分析和确定编制，是企业内部审核行为。

工程建设项目的管理者一般会将工程造价审核工作由委托给造价咨询企业完成，这是工程造价咨询企业的一项常规业务，履行的是管理职能。工程造价审核目标是及时纠正工程建设各个阶段中造价编制出现的偏差，分析造价管理中存在的问题，及时采取针对性的措施，从而计算分析得出准确的工程造价，实现工程造价的有效管控，是工程造价管理的有效手段与必要程序。

建筑工程造价审核与造价编制类型相同，在整个工程建设程序中包括投资阶段估算审核、初步设计阶段的概算审核、施工图设计阶段的预算审核、招标阶段的控制价审核、工程建设后期结算审核和竣工决算的审核制。实务中造价审核工作侧重于工程结算审核，对于工程前期和设计阶段的造价审核并不重视，而工程前期与设计阶段的造价审核工作是提高建筑工程投资效益的重要手段，其重要性不容忽视。建筑造价审核内容即造价构成内容，包括建安工程费、设备及工器具使用费、工程建设其他费用预备费和建设期利息，是进行一个工程项目建设所花费的全部费用。因此主要以建筑工程造价中特征较为鲜明的关键费用——建筑安装工程费作为研究对象，对建筑安装工程费用进行审核。目前，在工程建设前期——投资阶段造价估算审核、设计阶段概算审核常用的方法有指标对比分析法、搜索核对法、多方会审法等方法，在工程建设的实施阶段的造价审核——施工图预算审核、招标控制价审核和工程结算审核等，一般采用全面审核法、重点费用审核法、对比审核法、筛选法等方法，但是这些方法仍存在以下问题：

1. 工程造价审核工作量大、重复性强

工程造价的审核不仅仅是对建筑工程总造价的审核，还要对其的造价构成即内部组价过程进行审核，这包括每项工程费用的审核和每个分部分项工程量的审核，具有工作量大、烦琐、费时、细致等特点，尤其是在工程建设实施阶段的造价审核常用的全面审核法中，审核人员通常需要将工程的各分部分项工程计算结果从头至尾复核验算，通常情况下招标人在编制施工图预算和招标控制价时，会委托两个不同咨询单位同时编制，互相进行审核。不同的人计算同一个工程，采用不同的计算方法其结果会存在差异，因此在双方对量的过程中又会出现纠纷，由此需要对产生分歧的地方重新计量，审核工作重复性强，工作量大。

2. 工程造价审核依据适用性不强

目前造价预算审核尤其在估算与概算审核中较多是利用造价管理部门发布的典型工程造价指标和工程定额对建筑工程的估算、概算和预算进行审核控制，但目前的造价行业的管理部门发布的工程造价指标定额存在滞后性，且是参照具有典型性的特征的一般建筑工程项目的技术经济指标编制的，建筑工程项目的唯一性导致不同项目之间存在较大差异，尤其是对一些特殊工程项目，典型工程的造价指标并不适用。因此，传统的造价审核方式无法有效地保证造价的准确性。

3. 工程造价审核数据利用率低，技术手段滞后

无论是政府投资的建筑工程项目还是私人投资建筑工程项目的造价审核工作，从工程项目送审、审核直到最终造价审定，较多企业单位仍在使用传统的办公软件甚至是纸质化文档造价数据文件归档和人工传递方式，审核流程缺乏信息化技术手段支撑，各阶段的造价审核相互独立，没有形成全过程的动态化监督管控，由此产生诸多问题：审核资料难以复核、各参与方信息不对称、数据资料容易丢失等。随着目前建筑工程项目的逐渐增多，工程项目日益复杂，造价评审过程中将会产生越来越多的数据，传统的单机化和纸质化的人工造价数据管理模式无法满足造价审核的需要，因此导致造价审核效率不高，积累的造价数据没有发挥其自身的潜在价值，造价数据利用率低。另外，传统建筑工程造价审核方式，较多是利用造价软件或办公软件，对已编制的造价进行比对分析，或是重新计量，造价审核的技术手段滞后，数字化信息化水平低。

（二）建筑工程造价数据的应用难点分析

建筑工程造价数据特指建筑工程造价领域的数据，实践中造价数据是指所有建筑生产活动过程中所产生的及根据建筑投资生产的需要采集到的一切有关工程造价的特征、状态及其变动的数据量巨大、类型丰富、结构复杂、来源多样的数据。

建筑工程造价数据来源主体广泛，首先是掌握的已建工程和在建工程数据的建筑工程项目各参与方，其中包括业主方、施工方、设计方、工程咨询方和监理方等，各个参与方都掌握了大量的有效的历史工程数据和在建工程数据，其中历史和在建工程数据包括决策阶段的可行性研究报告、

投资估算文件，设计阶段的概预算文件，工程施工阶段的投标报价、合同文件、变更材料、工程结算材料，竣工阶段的决算文件等；其次是政府部门及各地方造价管理部门，其掌握了各地的造价指标、定额、行业标准规范数据，另外目前许多造价管理部门建立了造价数据库，也存储着大量的已建工程和在建工程造价数据；还有造价网站公开了信息价和工程造价指数数据，招投标网站包含了所有的项目交易数据，以及建材网站中存储了大量的人材机信息价等数据。建筑工程造价数据分为历史工程数据、市场价格数据、造价信息数据，其中历史和在建工程数据来源于可行性研究报告、投资估算文件，设计阶段的概预算文件，施工阶段的投标报价、施工合同、变更文件、现场签证、工程结算、竣工阶段的决算等文件；造价信息数据包括工程造价行业管理网站的地方信息价和工程造价指数数据、招投标网站的项目交易数据、建材网站人材机信息价等数据。

建筑工程造价数据内容复杂，来源广泛，其中蕴含着丰富的应用价值，但目前的造价数据尚未完全发挥出其潜在的价值，与商业金融、医疗、电力和教育等领域的信息化水平差距较大。究其原因是建筑工程造价数据本身的特性导致造价数据难以挖掘应用。结合造价数据的具体特点，可将造价数据应用难点归纳为以下几点：

1. 造价数据的数据规模大，产生速度快

建设工程项目规模大、周期长、生产过程复杂，具体体现在各建筑工程中采用的人工、材料、机械繁杂多样，选择的施工方法多变且生产过程复杂。据统计，平均每个工程的整个建设周期大约产生 10 T 的数据。造价管理多次计价方式贯穿工程项目的整个建设时期，并且随着造价软件、BIM 等信息化技术的推广，积累了海量的工程历史信息和数据。我国的建筑行业目前仍处于快速发展阶段，在今后的一段时间我国建筑工程造价数据依然会以一定规模继续快速增长。同时，随着造价精细化管理的推进，以及新技术、新设备和新材料的发展与应用，新的造价数据不断产生。

2. 造价数据类型多，标准化程度低

建筑工程造价数据涉及建设项目立项至竣工全过程各阶段的造价编制文件、审查文件等造价数据，以及建筑工程造价费用的项目编码要素、编码名称、单位、内容和人工、材料、机械、材料的规格、类型、价格等标准性数据，可分为结构化数据、半结构化数据和非结构化数据。建筑工程造价数据多为非结构化和半结构化数据，如造价软件编制的、GBQ 等类型的文件，Word、Excel 形式保存的项目报表、招投标合同文本，电子投标 Xml 文件、网络 Html 文件、Dwg 格式电子图纸等。这些工程造价文件不但结构类型非常多样复杂，而且也没有统一的行业数据标准。

建筑工程造价数据缺少商业领域中全面且明确的数据标准和技术标准。住建部和各地方管理部门发布一些数据标准，但只是推荐性的国家标准、约束力不足，涉及内容不够全面且存在定义分类模糊的情况，导致从业人员在实际工作中产生分歧。另外，造价软件开发者采用自主的技术标准和数据标准，使得不同软件所获得的成果文件不兼容。在定额标准方面，各地定额编写各自为政，编写标准各异，导致造价数据在数据集成、存储和共享时存在较大障碍。

3. 造价数据存在滞后性

根据中国工程造价管理协会调查显示，工程造价信息发布、更新不及时是工程造价咨询企业使用的造价信息中最突出的问题。这是由于我国工程造价信息技术应用水平不高，采集方式多年来仍没有得到发展研究，目前仍然采用人工询价、定期报送等传统方式对工程造价信息数据进行收集处理，而这类采集方式又存在方式单一、数据源少、采样效率低、信息量缺乏、更新延迟等缺点，导致该类数据无法真实地反映造价数据实际动态，降低造价数据的时效性。

4. 造价数据主体多元化，数据相对孤立

每个建筑工程项目涉及多个参与方，各个参与方都掌握了大量的有效的造价数据，由于参建企业内部数据的保密性，建设工程中产生的大量造价数据仅收集于参与建设的各企业及各部门人员中，因资源共享平台的缺失、个人工作的差异性及缺少数据资源的交流，导致各部门和各企业的工程造价信息系统无法形成协同共享。

5. 造价数据缺乏全面性

目前各地区工程造价信息网建设较完善，关于政务信息、价格数据和计价依据的数据较完整，但是指标数据、指数数据和历史工程数据的公开程度和质量不足，数据完整程度也有待完善。另外，由于传统造价管理模式会将整个建设周期划分为若干阶段，将单个项目工程划分为多个不同专业的项目工程，不同阶段、不同专业造价管理人员仅对其负责的特定阶段与专业工程数据负责，各造价主体之间缺少共享联通机制，因此，造价数据不能保证在整个建设周期里和工程项目整体上的全面性。

6. 造价数据处理技术滞后

随着信息技术的不断发展、工程造价信息化水平在市场化力量的推动下得到了快速的发展。不断开发的各类型的工程造价软件改变了传统的人工算量套价的方式，帮助造价人员从人工计算转变到机器计算模式，显著提高了造价人员的工作效率。需要注意的是，这类工程造价软件仍然在使用造价软件格式文件进行数据管理，属于传统的单机文件。另外，工程造价数据分散在多元化的数据主体之间，彼此相互独立，工程造价数据分析的工作仅仅依靠造价工作人员的个人主观性分析和人工计算统计，导致大量的造价数据资源无法得到集中管理及处理分析，即使在现有办公软件、造价软件等相关计算机技术的帮助下，在处理复杂多样的建筑工程造价数据上也存在难以进行共性提取和归纳分析的困难。

（三）基于数据挖掘的建筑工程造价合理性审核方法

1. 数据挖掘应用于造价合理性审核的适用性分析

建筑工程在生产过程中会产生大量造价数据，造价数据应用价值性大。造价数据无法保证完全准确，但会反映大致的发展趋势。建筑工程造价管理者可以通过构建各种数据挖掘模型，对海量的建筑工程造价数据进行提炼，从数据中发现有价值的规律，辅助相关人员进行造价管理工作。建设工程的生产过程也可认为是建设投资消费的过程，其具有建设周期长、金额数量大、计价多次性的特点。

因此采用合理的造价审核方法不但可以减少造价审核人员的工作量，提升审核的效率，而且还可以提高造价编制的准确性。目前实践中采用的造价审核方法存在工作量大、适用性差、技术手段滞后等复杂问题，因此引入数据挖掘技术对建筑工程造价审核方法进行改革，提出基于数据挖掘的建筑工程造价合理性审核方法。基于数据挖掘的建筑工程造价合理性审核是以数据挖掘技术为基础，对造价数据进行整合和挖掘来实现合理造价区间的预测并进行预算审核，实现了数字化造价控制与管理。在大数据时代的建筑工程造价工作中，数据挖掘将成为造价管理的主要手段。数据挖掘在建筑工程中造价合理性审核中的适用性包括以下几个方面：

①数据挖掘从某种意义上来说，就是利用机器自动完成人工计算和搜索工作。通过运用计算机技术对造价数据进行采集、分类、转换、存储、查询、关联分析和深度挖掘，能够在庞大复杂的造价数据集中精准识别有价值的信息，为造价审核提供参考，并找出编制造价中存在的问题，高效完成造价审核，减少人工工作量。

②数据挖掘涉及机器学习、模式识别、统计学、人工智能、数据库管理及数据可视化等不同学科领域的技术方法，为造价数据应用提供了更多的实现手段。造价数据挖掘需根据建筑工程造价管理应用需求和建筑工程造价数据应用难点问题，选择合理的数据挖掘方法，包括关联分析、聚类、分类和预测，来建立数据挖掘模型，再利用编程语言实现数据挖掘，获取所需要的信息。在造价审核中，数据挖掘技术可以针对特定项目的工程特征进行具体分析，识别出对该项目参考价值高的数据，得出具有较高精度的审核依据，提高造价审核的准确性。

③数据挖掘功能强大，所能处理的数据类型具有多样性，对于各种类型的异构造价数据源，数据挖掘技术都能通过不同的数据挖掘算法和技术进行分析与处理，数据类型包括各类数据库（如关系型数据库）、数据仓库、多媒体数据（如图像、视频、音频等）及文本数据（如图像、视频、音频等）等。通过数据挖掘技术对造价数据进行分析利用，能够提高造价审核及各阶段的造价管理水平。

2. 建筑工程造价合理性审核流程

基于数据挖掘的建筑工程造价审核分为五步：

第一步是利用造价数据共享平台从孤立分散的造价数据源中收集并选择与建筑工程造价审核相关的历史工程造价数据；

第二步是对采集到的不完整、有噪声、有缺损或重复性的建筑工程造价数据进行处理转换成标准格式的造价数据存储起来作为审核模型建立的样本；

第三步是分析并确定单位工程和分部工程特征指标主要特征指标作为聚类指标，然后将标准化工程数据和拟建工程数据导入至数据处理平台，对拟建工程数据与历史工程数据进行单位工程聚类分析，输出与拟建工程相似度较高的工程数据作为样本数据；

第四步是建立造价预测模型，将聚类后的样本数据对预测模型进行训练，确定模型参数，输出预测造价，并构建合理造价区间；

第五步是将预测算法得到的造价预测费用数据与传统方法编制的造价数据对比分析，并进行可视化形式展示，帮助造价审核人员在单位内部造价审核过程中快速发现并落实审核疑点，进行重点审核，对疑点造价数据进行调整，确定审定造价。

3. 造价数据准备与预处理技术

基于数据挖掘的建筑工程造价合理性审核方法需要大量的结构化数据作为数据挖掘分析基础，但目前我国的造价信息化程度低，分散在不同企业和机构之间的这些工程造价文件彼此孤立，无法对造价数据资源进行集中管理。为有效利用多年来累积的丰富数据，必须解决工程造价数据的分散化、标准化、结构化问题，从而运用数据处理技术将工程造价文件转化成结构化的造价数据，并汇总建立统一的造价数据库。造价数据处理的目的就是解决造价数据的应用难点，将分散孤立在不同企业和机构之间的工程造价文件实现标准化的集成。造价数据处理包括数据采集、数据结构化处理和数据校验与存储三个环节。

（1）造价数据采集技术

据统计，在目前数据挖掘过程中，仅将20%左右的时间用于分析挖掘数据，而剩余80%的时间花费在采集数据过程中，可以看出，数据应用的前提条件和重要任务是数据的采集和获取。数据采集是采用一定技术或手段，将数据收集起来并存储在某种设备上。造价数据主体多元，数据孤立的问题，提出建立行业造价数据共享平台，平台的造价数据采集模式有三种：一是通过企业内部造价数据库，对企业的历史工程造价数据和价格信息数据进行系统化存储，将数据导入平台中；二是通过建筑工程造价大数据共享平台的接口实现外部企业业务造价数据导入，这种造价数据采集方法需要建立整个行业的统一数据标准，各企业通过登录大数据共享平台网站，上传各自的积累的造价数据；三是通过日志文件采集、web爬虫采集、物联网传感器采集实现工程造价行业管理网站、招投标网站和建材网站等造价数据的收集，获得的市场价格数据、工程造价指数、项目交易数据、人材机信息价等数据。

（2）造价数据结构化治理技术

造价数据应用的关键问题是数据结构化治理问题，就是利用信息技术将造价文件中的非结构化、半结构化的数据提取并转化成可直接进行数据库管理、数据挖掘的结构化数据，由此将储存于各类型造价文件中的历史工程数据转化成可利用的数据。目前，在工程造价实践过程中最常见到的、运用最多的工程造价数据格式主要是原始格式、Excel 清单格式文件、Word 招投标合同文件和 DWG 图纸等。

对非结构化数据的处理是数据处理的关键环节。不同的工程项目的造价成果文件包中存在着数目众多的非结构化或标准化造价数据，它们主要以各个类型的物理储存文件保存在造价成果中。如何对各类型的物理储存文件进行有效处理是工程造价文件数据治理面临的最大难题。目前广泛使用传统的文本识别技术仅仅是在对大数据简单分析的基础上进行拆分处理，存在不能准确识别和归类非标准化数据的严重缺点。对建筑工程造价非结构化数据，可利用数据交换标准格式文件（XML）作为中间媒介，逐级将非结构化数据先转换至半结构化数据最后到结构化数据，使得大量的非结构化同样能发挥巨大的使用价值，通过数据分析挖掘算法应用于造价管理中。XML 是一种元数据，在数据表示和交互上具有很大的优势，它具有可扩展性和灵活性，特别适用于不同类别的数据交换和网络传输中，并可在不同平台间进行信息互通，整合多源异构数据。

在对非结构化数据进行处理时，首先根据实际工作的需要，建立标准化数据交换的标准格式体系，按行业统一的造价专业分类系统，建立造价数据标准化体系；然后通过造价软件二次开发实现 XML 格式文件转换，目前已有部分造价软件具备了此功能，如广联达、易达软件；对于其他的非结构化数据，运用智能分词和语义分析技术，对造价结构基本概况、工程量清单、人材机消耗量等进行针对性定位分析，如较难处理的 jpg、TIFE、DWG 等中的图片格式文件可以通过 OCR 文字识别技术转化成文本格式数据，然后利用关键词检索或语义检索等从文件如 Word、PDF 文件提取出关键的造价数据；最后将所有半结构化的 XML 通过 XML 解析器转化为结构化的数据存入数据库，从而很好地解决了非标准造价数据的结构化难题。

（3）造价数据校验与存储技术

造价数据经标准化与规范化后，按照预定义的规则进行校验，包括以下三个环节：

第一步是完整性校验。制定数据校验规则，对所获取的数据进行全面校验，检查其是否存在缺失，如工程项目的概况、工程特征指标、技术经济指标、造价费用数据、工程量清单数据等。如果数据项存在缺失的现象，则需要进行修改或人工填写；如果数据完整，不存在缺项则通过本次校验，则可进行下一步正确性校验。

第二步正确性校验。通过数据清洗方法，检测造价数据中是否存在噪声，将噪声数据返回剔除或修正后重新进行校验，直至不存在噪声数据，则可转入下一步校验。

第三步是逻辑性校验。例如，在同一阶段工程的总造价与各分项费用之和必须保持一致，工程每个阶段的时间必须符合实际逻辑，如出现错误，则需要返回修改。系统将自动收集未通过校验的数据信息，专业技术工程师则可通过这些信息对系统进行更新。造价数据量庞大，数据类型复杂，相对于传统的集中式存储，大数据存储技术存储容量大、扩充和读写速度快，满足海量造价数据存储和分析的需求，也能满足造价数据不同类型数据的存储需求，包括分布式文件系统、分布式数据库、NoSQL 数据库和云数据库等。

二、基于模糊C均值的类似建筑工程聚类分析

（一）类似建筑工程界定具有不同的工程特征

建筑工程必然导致工程量或人材机价格不同，使得工程的造价产生较大差异，比如不同结构形式的建筑其混凝土和钢筋的工程量就有较大差别，混凝土类型与钢筋等级的选择也不同，工程价格差距很大，并且混凝土和钢筋的费用占建安费用的比重较大，对整个工程项目的造价产生较大影响。有研究表明，相似度越高的工程项目，类似建筑工程项目的工程量清单分

部分项的构成大致相同，造价水平也相同，因此在建筑概预算编制过程或者是工程概预算审核时，工程特征相近的历史建筑工程造价数据可用于分析现阶段的造价构成，此时得出的造价数据不仅科学合理也可靠可信，说明识别利用类似工程的造价数据在协助建筑工程造价审核方面具有重要作用。关键在于首先需要对类似建筑工程的内涵进行界定，并以此为特征依据从造价大数据中筛选出类似工程项目。建筑工程项目为特定的场所、特定环境、特定用途而建设的工程项目，其具有单件性及一次性的特点，世界上任意两个建筑工程项目也因此不存在相同的情况。但在大量已完成的建筑工程项目中，工程特性中蕴含着相似性，如工程的规模、采用的工程结构类型、使用的施工方法、主要施工机械等。胡波在研究招投标理论方法时将与招投标项目相同或相近的工程归类为类似工程，指出类似工程主要是在工程规模、结构类型和功能用途方面具有相似性。山东省住房和城乡建设厅 2015 年发布的 5 号文件中将类似工程定义为在建筑规模、建设造价、结构层次、结构跨度、结构类型、施工方法等方面具有相似性的工程。

类似项目是指在建设面积大小、结构类型、建筑的用途、建筑形式的复杂程度和施工技术难易程度相似度较高的建筑工程项目。在造价估算的实际工作中类似工程主要满足三个条件：一是工程类型相同，如都是房屋建筑工程；二是工程的功能基本相同，如都是写字楼或者住宅楼；三是工程的规模建筑大致相当，建筑面积、高度等相差不大。

识别类似建筑工程目的是间接获得建筑工程造价合理性审核的基础数据，因此对类似建筑工程的界定也包括两方面：一是类似单位工程，指建筑类型、建筑功能、建筑规模、建筑工程特征等对于单位建筑工程造价影响较大的指标具有相似性工程；二是类似分部工程，指不考虑建筑工程整体的过程以工程造价为标准，要着重考虑工程造价的影响因素。

在大数据时代下，面对积累的历史建筑工程数据量日趋庞大，类似工程数据识别工作也变得越来越复杂，在以往的工作中仅仅依靠特定的工程指标条件进行筛选出部分典型的类似工程项目，无法充分发挥建筑工程造价数据更大的价值。因此针对造价数据的类似建筑工程识别方法，首先通过大数据技术收集大量的建筑工程数据，建立工程造价数据库，根据建筑工程的类别、建筑用途和工程规模进行初步分类，以减少数据处理的数据量；其次分析工程造价影响因素确定类似工程特征指标，以确保识别出的建筑工程具有足够的相似度；最后通过模糊 C 均值聚类分析的方法得出样本数据。

（二）建筑工程初步分类与工程划分

不同类别与建筑用途的建筑工程差异性大，且在数据库中可直接以文字检索的方式进行区分，因此可以对建筑工程进行初步分类。根据《建设工程分类标准》，建筑工程划分为民用建筑、工业建筑和构筑物，其中民用建筑是最常见的类型。根据分类标准，按工程类别、建筑用途作为建筑工程的分类依据，对建筑工程造价数据进行初步分类。

建筑工程造价审核不仅仅是对总造价进行审核，也需要对造价内部的分部分项构成进行审核。基于现行工程量清单计价模式，在清单规范中划分了大量细节的分项工程子目，其数量超过 500 个，因此把分部工程代替分项工程作为审核挖掘的对象时，可以减少因过多审核子目，而造成审核工作量巨大的困难，选择分部工程作为一个审核单位，有明显的优越性。在总造价出现较大偏差情况下，对分部工程造价进行审核能够帮助造价审核人员快速落实出现偏差的数据疑点，对数据疑点进行分析修正，提高效率。在实际工作中，分包商会根据专业工程的难度，对单位工程进行标段划分，发包给不同的承包商，在此情况下，就有必要对不同标段的工程进行审核。

基于此，提出利用数据挖掘技术对单位建筑工程总造价和分部工程造价的合理性两方面进行审核。我国工程造价计价方法采用定额计价与清单计价两种主要方式，其中清单计价运用最为广泛。按工程量清单将建筑工程项目划分为五级：单项工程、单位工程、单项工程、分部工程、分项工程。因此参照工程量清单的五个层级，并结合实际工作中的专业标段划分，将项目划分为多个扩大清单分部工程，对于投资估算审核、设计概算审核和预算审核均有很好的适用性。

（三）工程特征指标选取

1. 工程特征指标选取的原则

模糊聚类分析和建立造价审核模型的首要步骤是需要选择较容易区分不同对象、能够代表建筑工程项目的基本工程概况、对造价费用影响最大的特征指标。建筑工程特征属性指标繁多，若选择过多的工程特征指标，则识别出的类似工程项目较少，类似工程数量少则无法准确反映建筑工程的造价水平，影响造价合理性审核结果的准确性，另外特征指标过多还会增加聚类分析处理的时间及困难，因此需选取数量适中、范围较宽的工程特征指标用于类似工程聚类。此外还需注意的是，为提高工程相似度，通过聚类分析得出的类似工程与待审工程之间存在越充足的相似性，越能有效辅助工程造价合理性审核。这要求特征指标设置不能过少。因此，合理设置类似工程识别的工程特征指标极其重要。

建筑工程特征指标选取时需要注意以下原则：

（1）全面性原则

不全面的基本特征难以体现出工程审核值的特殊性和差异性；用于识别分析的每一个建筑工程特征指标不仅应达到反映出建筑工程的特征的要求，且反映特征越多越好，经过组合后能够反映各建筑工程特征之间的区别，从而达到全面反映一个建筑工程的整体概况的要求。

（2）简约性原则

使用简洁的基本工程特征用于识别分析具有降低工作量和便于设计流程简化的优点，因此挑选对工程造价价值有显著影响的工程特征是实现简约性原则的关键。一方面，因为特征指标太多，有的特征指标是分类的定性指标难以量化，不适合进行回归分析；另一方面，有的特征指标对于造价的影响不大，没有必要将影响程度微不足道的自变量纳入回归分析当中，这样会使回归分析变得复杂，而得出的结果也难以准确反映实际造价，达不到准确预测的目的。适量的建筑工程造价指标，不仅可以避免造价指标过多时因造价预测模型中大量工程样本导致的模型映射结构复杂问题，提高操作的便利性，还可以避免造价指标过少而无法准确反映建筑工程特征的问题，提升预测的准确性及审核精度。

（3）独立性原则

选取单一、独立的因素是工程项目特征挑选的另一重要原则，当选择了能够区分不同建筑工程类别的合理基本特征时，则更容易从众多的工程造价影响因素中提取和分析出重要及关键的因素。建筑工程特征指标繁多复杂，众多的特征指标背后存在着相互关联或相互包含的关系，会严重降低预测结果的准确性。因此，用于识别分析的建筑工程特征指标要求具有较好的单一性、独立性，从而减小指标之间的干扰作用。

（4）科学性原则

指标的选取和确立必须基于一套科学、严谨、完整的选取方法，这样指标的选取才有据可循。每个指标的选取都必须有据可循，全面分析指标选择的必要性和可行性。因此必须采用科学的方法和严谨的程序用于构建工程特征指标体系。

（5）灵活性

根据不同类型的建筑工程和实际情况，灵活地、有针对性地选择指标，灵活性是相对于确定性而言的，灵活性与针对性既对立又统一。在聚类分析中，如果聚类得出的造价数据过多或过少，可相应地调整工程特征指标的数量；对不同类型和不同专业的建筑工程，也因具体分析工程情况确定指标。

2. 单位工程特征指标的确定

建筑单项工程可以划分为房屋建筑与装饰工程和安装工程单位工程，以一般的非预制建筑与装饰工程为例，对建筑与装饰工程的工程特征指标进行分析。在建筑工程特征指标及造价影响因素的选取上，已存在较多相关研究的文献，许多研究者采用不同的科学分析方法来确定建筑工程的特征指标，如主成分分析法、层次分析法、模糊层次分析法等，具有较强的科学性。在研究已有相关研究的基础上，发现指标选择存在一定共性，因此对文献进行研究统计，总结出较为常用的工程特征指标，并采用专家咨询法，通过咨询经验丰富的建筑工程造价行业专家，确定了15个主要工程特征指标，保证指标选取的科学性和合理性。同样，安装工程特征指标的选取是按照安装工程的特征及对单位建筑工程造价影响程度来确定的。

（1）总建筑面积

总建筑面积是指建筑物每层水平投影面积的总和，包括地上建筑面积和地下建筑面积。建筑面积的大小会对装饰、内部隔墙、安装等工程量的比例造成影响。

（2）地下建筑面积

地下建筑面积是指工程项目位于地下室负一层及以下的建筑面积相加

之和。地下室在建筑造价中占有很大一部分，地下室规模对造价影响较大。

（3）地上层数

标准层高是指标准层内下层楼板面到上层楼板面之间的高度，层高会影响混凝土、钢筋和管线等材料的消耗量，因此层高对造价影响是关键因素之一。

（4）地下层数

建筑层数在首层以下的层数数目为地下层数，建筑物的地下层设置为地下室，地下室层高受功能用途、结构形式、地下面积等因素的影响，地下室越深，所需开挖的土方量越多。

（5）建筑高度

建筑高度指室外地面到屋面最高点的高度。建筑高度的差异使得建筑所承受的风荷载大小、地震作用，所需的钢筋、混凝土含量及暖通、机电、电气安装工程的设备选型、强电弱电管线的消耗量等大不相同。

（6）平面形状

当建筑平面形状为矩形时，建筑形式较简单，单方造价最低；当建筑平面形状为L形、工字形、圆形时，单方造价次之；当建筑平面为复杂不规则形时，单位造价最高。

（7）结构类型

不同的结构类型会导致建筑工程的钢筋、混凝土、砌筑材料、人工、机械等消耗量的差异。建筑结构类型按单方造价从低到高的顺序为砖混结构、框架结构、框架剪力墙结构、筒体结构、剪力墙结构。

（8）基础类型

基础的形式由建筑物所在地的地质情况、地基的复杂程度、建筑物的规模和使用功能等特征决定。基础类型一般分为独立基础、条形基础、筏板基础、满堂基础。

（9）抗震等级

抗震等级是建筑结构设计人员按照国家有关规定和建筑情况及所处环境设计的。在钢筋混凝土框架结构中，抗震等级根据危害程度划分为很严重、严重、较严重和一般四个等级。不同的抗震等级的建筑物在结构设计过程中有不同的要求，抗震等级越大，对建筑物的要求也就越高，造价相应也会增加。

（10）砌块类型

砌筑材料类型多样，其市场价格也不同，而且在同一建筑结构类型下，不同的砌筑材料规格所需材料消耗量差异大，因此导致造价费用不同。目前常用的砌筑材料包括空心砖、黏土多孔砖、加气混凝土砌块、烧结多孔砖等。

（11）外立面装饰

外立面装饰是指建筑外部围护结构（除屋顶外）采用的装饰材料。普通住宅的外立面材料有墙面砖、涂料、石材等。对一般的高层住宅工程而言，装饰装修均采用的是简单装修，若采用精装修则需消耗大量的人工和材料等，故精装修的高层住宅工程造价远远高于简单装修。

（12）内墙装饰

建筑内部墙面装修采用的装饰材料类型。内墙面的装饰装修一般包括以下几种：涂料墙面、乳胶漆墙面、水泥砂浆墙面、混合砂浆墙面等。

（13）楼地面装饰

建筑物楼地面装饰层所用的材料。不同的面层材料对造价的影响也是很大的，因此楼地面装饰材料也是必不可少的工程特征指标。楼地面装饰工程包括整体面层、块料面层、橡胶面层、金属复合地板等。

（14）门窗材质

门窗工程是装饰装修工程造价中所占比例较大的分部工程，不同材质的门窗价格差异悬殊，因此门窗材质是重要的工程特征指标因素。

3. 分部工程特征指标的确定

建筑装饰工程可以分为若干个分部工程，以特征较为鲜明的一项分部工程——桩基工程为例，对其工程特征和造价影响因素进行分析。目前较少文献对桩基的工程特征和造价影响因素，下面通过咨询建筑行业专家对影响桩基工程造价的地层情况、设计参数、施工工艺和桩基材料四个方面进行分析。

（1）地层情况

地层情况实质上是不同方面环境因素的综合，包括土壤情况、岩石情况、地下水文等。桩基的类型、材料的选择和设计很大部分取决于建筑所处地城的地层情况。在桩基的施工过程中，地质情况也是一个重要的因素。选择以土壤类别、岩石类别和地下水位高度作为地层情况的工程特征指标。土壤类别和岩石类别分部是参照国家标准岩土规范进行划分的；地下水位高度是指地下水面相对于基准面的高程，会影响桩基的施工方式，从而对造价产生影响。

（2）设计参数

桩基的设计参数是指设计图纸中桩基的长度、直径、数量等规格方面的确定的数值，对桩基的材料消耗量、人工和机械费用都会产生较大影响。桩长一般指承台底或桩间或梁底至桩底的长度；桩径是指桩基的设计直径；桩基数量是指该项建筑物下的桩基基础的根数。在实际工程中，同一建筑工程下其桩基长度和直径不一，因此选择主要桩基类型的参数值作为指标值。

（3）施工工艺

施工工艺不同则所选择的施工机械、所需的人工费用也大不相同，而在桩基工程中，机械费用所占比重较大，因此施工工艺对造价的影响较大。桩基工程的施工工艺包括成桩方式和成孔方式。成桩方式可以分为预制桩和灌注桩，预制桩一般通过打桩机将预制桩打入地下，无须挖孔；灌注桩是先在设计图纸规定的区域上成孔，当达成孔到规定位置后放入钢筋浇筑灌混凝土，成孔方式包括钻孔、沉管、人工挖孔、爆扩成孔。

（4）桩基类别

桩基类别包括桩身材料和混凝土材料两方面的区别。桩身的材料包括钢管桩、预制钢筋混凝土和现浇钢筋混凝土。混凝土类别可以分为清水混凝土、彩色混凝土和水下混凝土。

（四）基于模糊 C 均值的类似工程聚类

准确识别类似工程对辅助审核建筑工程造价至关重要，选取具有相似工程特征的历史工程造价数据进行分析更具科学性和可靠性。建筑工程项目差异性较大，在大样本数据情景下，如果直接对类型多样的样本数据进行学习训练，会导致后续造价区间预测结果的准确度降低。为解决此问题，需要采取一种有效的数据挖掘方法，在构建造价区间预测模型之前，对样本工程进行聚类分析，识别出与待审工程类似的样本工程数据作为预测模型的训练样本。数据聚类分析就是通过计算数据之间的距离，按照距离的大小将数据分成若干类别，能够使同一类别内数据的相似度最大，不同类别的数据相似度最小。由于建设工程项目样本数据的复杂性、动态性、分散性，在建筑工程大数据的分类问题中，它们之间的界限比较模糊，往往具有亦此亦彼的表现。在聚类算法中引入模糊理论能够很好地处理不相容的问题，探讨模糊问题的量化规律，从而更好地解决问题。建筑工程的工程特征指标繁杂，既包含定性因素又包含定量因素，指标和量化数据也比较多，而模糊 C 均值聚类对数据有较好的包容性，对指标和数据的类型形式要求不高，对于定性、定量指标都可以很好地进行数据分析。另外，模糊 C 均值聚类算法计算简单、收敛速度快，对于满足正态分布的造价数据聚类效果好，且能处理高维数据聚类。

三、基于 LSSVM 的建筑工程造价合理性审核

（一）预测方法的比较

建筑工程项目本身所具有的单件性、一次性特征，决定了不可能存在两个完全相同的建筑工程项目，即使对于总造价类似的建筑工程，其建筑工程内部的造价构成也存在一定差异，因此不能以识别出的类似工程的分部工程区间分部作为造价分部工程评审的依据。对此需要采用合理的预测算法对分部工程造价区间进行预测，作为造价审核的依据。通过对大量文献的研究发现，目前国内外学者在预测模型领域的研究已经取得较大成果，预测方法技术已经较为成熟。在工程造价预测方面常用的预测的方法包括线性回归、时间序列、灰色理论、人工神经网络、支持向量机，不同的方法有其自身存在的优点与不足。

依据对线性回归、时间序列、灰色理论、人工神经网络、支持向量机的基本概述和优缺点对比，可以发现每种方法都有各自的优点和缺点。对预测方法进行选择时必须结合实际应用问题的情况和研究对象的具体特征，在综合分析不同预测方法在实际情况下不同方面的适用性和便捷性，选择综合性能最优的方法，满足实际应用的需要。

首先在建筑工程造价数据处理能力方面，建筑工程的造价费用与工程

特征指标变量之间关系复杂，属于非线性的关系，工程指标变量复杂多样，属于较高维度的数据。线性回归不具有自学习自适应能力，对于非线性关系处理能力差，对高度非线性关系的建筑工程造价预测适用性差，在变量因素较多的情况下，计算难度大，时间序列较多突出时间对数据的影响，而时间在建筑工程造价的所有影响因素中，并不是最主要因素，更主要的是取决于工程特征方面因素，时间序列未将相关因素间的非线性关系考虑进去，因此无法很好地适用于建筑工程造价预测。

灰色理论算法虽然计算简单，但对于规律性不强、波动性较大的数据预测精度较差；人工神经网络和支持向量机都能够很有效地处理建筑工程造价预测中复杂的非线性问题的，另外支持向量机在解决高维特征的回归问题方面具有很强的优势，非常适用于建筑工程特征变量多的情况。

其次在预测方法样本量需求方面，由于是采用建筑工程聚类分析得到的类似工程数据作为样本数据，类似工程样本量有限，因此对于样本量需求量大的人工神经网络和案例推理预测方法，无法保证其预测结果的准确性，线性回归、时间序列、灰色理论样本需求量不大，但非线性拟合能力差，而支持向量机在样本量较小的情况下仍然具有良好的非线性拟合能力。

综合建筑工程造价数据的特点和预测方法的优缺点论证，相比于其他预测方法，支持向量机在建筑工程造价数据处理能力方面和预测方法样本量需求都具有较大优势，不但计算简单，具有较好的鲁棒性，对于建筑工程造价预测也有较好的适用性。

（二）基于 LSSVM 模型的建筑工程造价合理性审核

1. 最小二乘支持向量机

最小二乘支持向量机（LSSVM）是以最小二乘线性系统作为损失函数，使用等式约束代替常规支持向量机的不等式约束，将二次规划问题转化为线性方程组的求解问题；利用平方和误差损失函数代替 SVM 算法中的不敏感损失函数，具有很好的泛化能力，改善了回归效果。

2. 核函数选择

支持向量机的核函数是为了将输入数据转换为高维空间，通过非线性的转换后在高维空间中找出最优线性分类面 10。最小二乘支持向量机常用的核函数有多项式核函数、径向基函数和感知器函数。

多项式核函数是利用多项式作为特征映射函数将低维的输入空间映射到高纬的特征空间，拟合出不规则的分割超平面，但多项式核函数需要选择 3 个参数，确定参数的过程较为复杂，另外超多项式的阶数过高会导致核函数矩阵内的元素值趋向极值，从而无法进行计算。感知器核函数有时得出的计算结果较发散导致预测效果不佳。径向基函数是一种局部性强的核函数，具有较宽收敛域和较强泛化能力，不管是在大样本还是小样本条件下都具有较好的性能，核函数参数较少，因此多数情况下径向基核函数都能具有较好的适用性，选择径向基函数作为本研究中最小二乘支持向量机所用的核函数。

（三）建筑工程造价合理性审核模型

通过预测算法的比较分析，选择最小二乘支持向量机来建立建筑工程造价合理性审核模型，建筑工程造价审核包括单位工程总价的审核与分部工程造价构成的审核，因此需要将建筑工程单位工程和分部工程进行分解，然后依次导入造价审核模型中，通过 FCM 聚类和 LSSVM 预测，得到单位工程和分部工程的单方造价合理区间，判断待审工程的单位工程造价和分部工程是否在对应工程的造价合理区间内实现全面性的审核。

①样本数据划分：将模糊 C 均值聚类分析后识别出的类似工程样本划分为训练样本和测试样本。

②模型训练：将选择的工程特征作为模型的输入向量，将需要审核的分部工程造价费用指标作为输出指标；采用交叉验证优化参数 γ 和 σ，并赋值给 LS-SVM 预测模型；导入训练样本对模型进行训练，建立最优造价预测模型。

③模型检验：导入测试集的输入，通过观察拟合曲线对模型预测精度进行检验；另外还可以通过计算平均相对误差 MAPE 和均方根误差 RMSE 来具体检验预测模型性能。

第五章　BIM 技术在工程造价管理中的应用

工程造价中的每一个环节数据都十分惊人，工程量相关计算特别复杂。随着经济的快速发展，各个大中城市规模较大的复杂工程猛增，工程造价工作难度逐渐变大。传统的手工算量以及目前国内普遍使用的造价软件满足不了时代发展的需要。如今在中国工程造价方面还存在着非常多的不足之处。因此，将 BIM 技术应用于工程造价管理中，既是工程项目本身的需要，又是时代发展的必然趋势，同时这也是本章主要讲述的内容。

第一节　BIM 技术在工程造价管理中应用研究现状

一、概述

近年来，BIM 技术在我国政策的支持下，有了一个飞速的发展。同样的，工程造价管理模式出现了质的飞跃，传统计价模式存在的信息不对称、工程项目实施过程中多次计价、市场机制不完善、“三超”现象严重等问题已经得到相应改善，但是现阶段造价人员主要工作仍然集中于工程算量，还没有发展到对工程成本进行控制的程度。BIM 技术作为建筑行业实现现代信息化的方式，已经在造价管理过程中得到了有效利用。

在信息化时代背景下，将 BIM 技术应用在工程造价管理中是必然趋势。综合历年来研究文献来看，大多是对 BIM 技术在工程造价管理中的适应性和优势进行分析，而基于 BIM 技术的工造价全寿命周期管理的研究比较少。对于现阶段研究现状，本书提出基于 BIM 技术的工程造价全寿命周期管理的知识结构，为 BIM 技术在我国工程造价行业发展及推广提供良好的理论基础和技术支撑。

改革开放以来，建筑业成为国民经济发展的重要决定因素，随着生活水平的不断提高，各项建筑成本也在逐渐增加，在经济全球化的大趋势下。利用信息技术对工程造价进行控制，对提高工程造价管理的效率、增添建设项目的投资收益具有重要意义。

实践证明，适用可行的管理制度、信息化手段可以实现工程造价管理的高效控制，BIM 技术在工程造价管理中的应用，解决了传统工程造价管理中的信息不对称、造价信息难以共享及工程频繁变更等严重问题。BIM5D 技术在施工阶段的应用，让工程项目各参与方可以更高效、更准确地获取工程项目成本动态信息，使得工程项目各参与方达到效益最大化。因此将 BIM 技术应用于工程造价全寿命周期的管控，将会为建筑产业信息化奠定良好基础。

为此，首先应根据现阶段国内外 BIM 技术在工程造价管理中的应用研究现状，找出国内工程造价管理模式的问题所在；然后对 BIM 技术在工程造价全寿命周期管理中的各个阶段的应用情况、价值及阻碍因素进行研究；最后针对 BIM 技术在工程造价管理中的阻碍因素提出解决对策及建议，为我国建筑产业信息化的实施奠定良好的理论基础和技术支撑。

二、工程项目策划阶段的应用

在这个阶段主要是做好投资估算指标的确定和方案的优化工作，依此对建设项目做出科学的决断，并制定出合理的投资方案，达到资源的合理配置。通过建立企业级或行业级 BIM 数据库，依据建筑图纸来抽取一些关键指标，进行投资方案对比、分析和最终确定工作。在投资方案比选时，BIM 软件根据修改内容，自动计算不同方案的工程量、造价等指标数据，并通过三维的方式展现，同时直观方便地进行方案比选。

利用云平台可以直接在数据仓库中提取相似的历史工程的 BIM 模型，并针对本项目方案特点进行简单修改，模型是参数化的，每一个构件都可以得到相应的工程量、造价、功能等不同的造价指标。根据修改，BIM 系统自动修正造价指标。通过这些指标，可以快速进行工程价格估算。这样比传统的编制估算指标更加方便，同时查询、利用数据更加便捷。这个阶段想做好投资估算就必须做好投资估算指标的积累及方案的优化，对投资估算指标进行对比分析，传统的做法是依据当地行业部门所提供的历史数据，造价人员凭借工作经验进行分析对比，这样就会在一定程度上影响估算指标的精确性。又因为在项目策划阶段对审核业务的重视程度不够，行业目前并没有在此阶段深入地进行投资估算、设计概算的审核。实际上该阶段同样需要进行估算指标的审核。

三、工程设计阶段的应用

工程造价管理的关键工作是在项目策划和设计阶段，而在项目投资决策后，控制造价的重点就在设计阶段。我国目前采用的是限额设计，在设计阶段形成的是建筑概算，即对政府投资工程而言，经有关部门批准的工程概算，将作为拟建工程项目造价的最高限额。

传统的设计做法是将项目的建筑施工设计、结构施工图设计、水电安装施工图设计和消防施工图设计分别由相应的专业设计师设计，一般是建筑设计师把建筑施工图设计出来，再分别交给结构设计师和水电安装设计师进行设计，整个图纸设计完成后再分别出图形成最后的建筑施工图。这里面就存在一个协调的问题，由于设计者的不同，彼此对设计所关注的点就不同，所以在实际施工中会出现结构图和建筑图中构件相冲突、构件位置不一致、设备安装图与结构图纸不符等现象，因此在图纸会审中会有很多关于专业设计图纸不相匹配、设计变更出现的情况。分析原因其主要是专业设计软件间不能兼容互通，因为不同专业的设计对设计软件功能要求不一致，建筑设计软件中没有构件的有绘制配筋的功能和工程量统计功能；结构软件中没有装饰装修设计功能和工程量统计功能。设备安装软件对于所有建筑和结构构件都没有绘制功能和工程量计算功能。

在此阶段利用 BIM 技术可以最大限度地避免这种现象的出现。同时利用软件中强大的可视化建模功能，实现了工程设计中的造价更合理、提高资金利用率、提高投资控制的效率的三个目标。BIM 技术在设计方面把设计不协调的问题给解决了，将传统的软件设计与迅速发展的信息技术相结合，搭建了设计专业的协同工作平台，这样就能保证各个专业之间的数据能够准确、及时地传递，同时也能够被其他专业的设计人员掌握，并对各自图纸做出相应调整，避免实际施工时多专业图纸间的碰撞和专业图纸不相匹配的问题出现，同时也可以实现同专业多种设计软件兼容的问题，即建筑模型可以导入结构软件中，结构模型可以导入建筑设计软件中。同时建筑模型和结构模型在发承包和施工阶段都可以导入相应的计量与计价软件以及项目管理软件，如三维场地平面布置软件、招投标软件、动态监控（BIM5D）软件、模架软件中。

四、工程发承包阶段的应用

在工程发承包阶段，发包单位的工作是编制招标文件，确定招标控制价。承包单位需做两方面的工作：一是利用 BIM 技术进行投标报价及投标文件的编制；二是对招标策略的分析与选择。

利用 BIM 数据库中的数据，可以方便快捷地进行招标策划，对工程量清单、招标控制价或标底进行全面的分析，并能够确定投标报价及其策略，确定承包合同价，收集和掌握施工有关资料，还可以确定承发包阶段的合同价款，实行建设项目招标投标。利用该技术可以促进发承包双方基础工作的精确性，可以使各自利益达到最大化。

本阶段发承包单位，都可以利用策划阶段和设计阶段建立的同一模型，开展自己的工作，发包单位利用统一的模型通过招投标软件进行招标策划，编制、招标和控制价或标底；承包单位利用统一的模型通过招投标软件和审核对量软件，进行工程量清单、报价及其策略的投标审核，确定承包合同价；承包单位在设计阶段利用 BIM 技术建立的模型，可以直接将其导入到施工阶段所使用的软件当中，不需要再重新创建模型。不仅可以不用统一模型，还可以实现模型的可视化。

但是设计阶段的 BIM 软件和施工阶段是不同的，需要进行数据对接才能够实现，当前阶段国内的相关软件还不能够做到数据的无缝对接。

结构施工图设计软件 GICD 实现了 PKPM 结构计算模型经过配筋设计后导入主流设计软件（Revit），形成基于 Revit 的设计阶段三维模型，并能直接导入专业算量软件，用于计量与计价。

打通 Revit 与主流工程算量软件（GCL）的数据交互，直接将 Revit 设计模型软件，免去造价人员的二次重复建模，提高造价人员的工作效率；打通主流结构设计软件（PKPM）和 Revit 与主流工程钢筋量计算软件（GGJ）

的数据交互，直接将 Revit 模型导入算量软件中，免去造价人员的二次重复建模，提高造价人员的工作效率，同时将所建立的模型导入招投标软件中做好投标价，再利用审核软件对投标价进行分析，以便确定最后的投标价格。

在技术标制作阶段应该将施工进度技术，场地平面布置、模板脚手架搭设方案和塔吊的安拆方案利用对应的网络计划编制软件、场地平面布置软件、模架软件进行系统设计，再通过软件的分析功能对所设计的方案进行最优化的调整，利用软件综合性、可视性及模拟建造的特点做好技术标的制作。

通过该技术，可以把存储在城市建设档案库中海量的工程蓝图、CAD 电子图纸，以及过去、现在、将来城市建设中新的海量工程数据进行加工，转换成“智慧城市”平台软件可以识别的数据和信息，形成数据库。BIM 技术可以实现建筑全寿命周期内的数据信息共享，同时对招投标阶段发承包商合同的签订也有一定的促进作用。

五、工程施工阶段的应用

该阶段利用 BIM 技术协调性、模型化及可视化的特点，借助于 BIM 软件中的项目管理软件和计量与计价软件进行控制工程变更、现场签证管理、结算支付（审核对量软件）、处理工程保修费等主要工作，对实施工程费用进行动态监控（BIM5D），进而实现工程中实际发生的费用不超过计划投资。BIM 项目管理综合软件是将项目管理中的 BIM 模型与 BIM 计量和计价模型相组合，整体展现项目进度、成本、人材机使用情况。在实时监控结构安全状态的同时，动态进行施工进度的管理与分析，并可为及时提出预防和改进措施提供可靠的技术支持和服务。

目前是我国 BIM 技术应用最成熟的一个阶段，该阶段主要应用的 BIM 软件分为三大类：一是计量与计价软件；二是项目管理软件；三是审核检查软件。BIM 技术对于施工企业无疑是进一步提升工程利润的有效工具，因为施工企业的利润率偏低，引入 BIM 技术将为施工企业创造更多的价值。因此，施工单位对引入新方法、新技术来提高利润率和生产效率的动力必然会比设计方和开发商高得多。可以利用 BIM 技术进行工程计量及工程竣工支付管理、实施工程费用动态监控，处理工程变更和索赔，编制和审核工程结算、竣工决算，处理工程保修费用等。

具体就体现在有些建设项目在施工阶段，施工过程中的设计便发生得很频繁，而且现场参与建设的单位众多。如何快速、便捷地将最新的设计要求传达到每一位技术人员，以便及时调整施工方案并进行交底，确保施工不出现偏差？为解决这一问题，例如中建五局安装公司，它们公司的 BIM 组引入了分布式云平台技术，建立了云平台工作组，由管理员根据设计变更情况进行数据更新，工作组成员在 Wi-Fi 环境下打开 ipad，即可收到模型更新信息，实现信息无障碍沟通，提高了工作效率，确保了施工质量。同时，工程项目的技术人员通过云平台技术，实现了模型构件与现场构件的一一对应，建立了多个物业管理的分区巡更视角管理系统。云平台成员打开相应空间的视角，利用 ipad 的陀螺仪和操纵杆能快捷地找到相应的构件并获取构件信息，从根本上解决了超高、隐蔽构件的可视信息管理。

结算主要是施工单位按照与建设单位签订的施工合同，依据图纸、变更资料向建设单位依法获取的工程款，施工单位提出计算的工程量和价格，建设单位据此来审核是否向施工单位发放工程款。工程结算需要建设单位和施工单位都要编制工程结算文件，也就是做工程结算价。结算文件有两种编制方法，即合同预算不做任何调整，只做变更、洽商部分的结算；在合同预算基础上调整变更的部分，洽商单独做。传统的做法是，发承包方利用同一图纸进行算量，结合实际工程中发生的变更及签证，双方的预算人员进行人工对量。一个工程一般至少有 200~300 条的签单子目，都需要双发一对一审核，这样人工核对不仅工作量大，而且双方的因算量的模型不同，因此在工程量上争议很大；当工程中存在发生变更及签证，在进行双方对变更和签证是否造成重复计算、变更价的最终确定上也存在着争议。利用 BIM 审核对量软件，对送审的结算文件进行审核，施工单位和建设单位都是用同一模型计算的，工程量是相同的，双发不存在争议。同时审核和送审的文件是统一的模式，只需通过电脑核查不一致的项目即可。

工程项目建设是一种专业性综合性很强的经济活动，工程项目建设全过程造价管理又是一个十分复杂的体系，它是以项目管理为着眼点，以项目全生命周期为全过程，以成本管理为中心，以合同为依据。在我国建筑业信息化道路上，面对工程造价信息时代的到来，需要我们改变原来固有的管理理念，改进工程造价管理的方法，在建设项目的工程造价管理全过程中使用 BIM 技术，这不仅对工程造价管理体系不断地发展有促进作用，而且势必发挥举足轻重的作用。通过 BIM 技术在工程造价管理地点全过程中的应用，可以改变我国造价管理失控的现状，增强企业与同行业之间的竞争力，实现我国建筑行业乃至经济的可持续发展。BIM 技术不仅使现有项目管理技术有了进步并且实现了更新换代，实现了建筑业跨越式发展，它也间接影响了建筑业的生产组织模式和管理方式，并必将更长远地影响人们的思维方式。

第二节　BIM 在工程造价管理中的关键技术

一、工程造价管理概述

（一）工程造价管理的含义

工程造价管理是指以建设项目为研究对象，综合运用工程技术、经济、法律法规、管理等方面的知识与技能，以效益为目标，对工程造价进行控制和确定的学科，是一门与技术、经济、管理相结合的交叉而独立的学科。

1. 工程造价管理的含义

工程造价有两种含义，与之相对应的工程造价管理也是指两种意义上的管理，一是宏观的工程造价管理；二是微观的工程造价管理。

（1）宏观的工程造价管理

宏观的工程造价管理是指政府部门根据社会经济发展的实际需要，利用法律经济和行政等手段，规范市场主体的价格行为，监控工程造价的系统活动。

具体来说，就是在建设项目的建设中，全过程、全方位、多层次地运用技术、经济及法律等手段，通过对建设项目工程造价的预测、优化控制、分析、监督等，以获得资源的最优配置和建设项目最大的投资效益。从这个意义上讲，工程造价管理是建筑市场管理的重要组成部分和核心内容，它与工程招投标质量、施工安全有着密切关系，是保证工程质量和安全生产的前提和保障。

（2）微观的工程造价管理

微观的工程造价管理是指工程参建主体根据工程有关计价依据和市场价格信息等预测、计划、控制、核算工程造价的系统活动。

具体来说，就是指从货币形态来研究完成一定建筑安装产品的费用构成及如何运用各种经济规律和科学方法，对建设项目的立项、筹建、设计、施工、竣工交付使用的全过程的工程造价进行合理确定和有效控制。

2. 工程造价管理两种含义的关系

工程造价管理的两种含义既是统一又是相互区别，其主要区别包括以下两点：

（1）管理性质不同

宏观的工程造价管理属于投资管理范畴，微观的工程造价管理属于价格管理范畴。

（2）管理目标不同

作为项目投资费用管理，在进行项目决策和实施过程中，追求的是决策的正确性，关注的是项目功能、工程质量投资费用，能否按期或提前交付使用。作为工程价格管理，关注的是工程的利润成本，追求的是较高的工程造价和实际利润。

（二）工程造价管理的范围

国际造价工程联合会于 1998 年 4 月在专业大会上提出了全面工程造价管理的概念，明确了工程造价管理的范围。全面工程造价管理（Total Cost Management，TCM）是指有效地利用专业知识和专门技术，对资源、成本、盈利和风险进行计划和控制，范围包括工程全过程造价管理、全要素造价管理、全风险造价管理和全团队造价管理。

1. 全过程造价管理

全过程造价管理是指对于基本建设程序中规定的各个阶段实施的造价管理，主要内容包括：决策阶段的项目策划投融资方案分析、投资估算以及经济评价；设计阶段的方案比选、限额设计及概预算编制；建设准备阶段的发承包模式及合同形式的选择、招标控制价和投标报价的编制；施工阶段的工程计量，工程变更控制与索赔管理、工程结算；竣工验收阶段的竣工决算。

全过程造价管理是通过对建设项目的决策阶段、设计阶段施工阶段和竣工验收阶段的造价管理，将工程造价发生额控制在预期的限额之内，即投资估算控制设计概算、设计概算控制施工图预算、施工图预算控制工程结算，并对各阶段产生的造价偏差进行及时的纠正，以确保工程项目投资目标的顺利实现。

2. 全要素造价管理

全要素造价管理是指对于项目基本建设过程中的主要影响因素进行集成管理，主要内容包括对建设项目的建造成本、工期成本、质量成本、环境与安全成本的管理。

工程的工期、质量、造价、安全是保证建设项目顺利完成、达到项目管理目标的重要因素。而工程的质量、工期、安全对工程项目的造价也有着显著的影响，如保证或合理缩短工期、严格控制质量和安全，可以有效节约建造成本，达到项目的投资目标。因此，要实现全要素的造价管理，就要对各个要素的造价影响情况影响程度及影响的发展趋势进行分析预测，协调和平衡这些要素与造价之间的对立统一关系，以保证造价影响要素的有效控制。

3. 全风险造价管理

全风险造价管理是指对于各个建设阶段中影响造价的不确定性因素集合，增强主观防范风险意识，客观分析预见各种可能发生的风险，提前做好风险的预案评估，及时处理所发生的风险，并采取各种措施降低风险所造成的损失。主要内容包括风险的识别、风险的评估、风险的处理以及风险的监控。

由于项目风险并不是一成不变的，最初识别并确定的风险事件及风险性造价可能会随着实施条件的变化而变化，因此，当项目的环境与条件发生急剧变化以后,需要进一步识别项目的新风险,并对风险性造价进行确定,这项工作需要反复进行多次，直至项目结束为止。

4. 全团队造价管理

全团队造价管理是指建设项目的参建各方均应对工程实施有效的造价

管理,即工程造价管理是政府建设主管部门、行业协会、建设单位、监理单位、设计单位、施工单位及工程咨询机构的共同任务,又可称为全方位造价管理。

全网队造价管理主要是通过工程参建各方，如业主监理方、设计方、施工方以及材料设备供应商等利益主体之间形成的合作关系，做到共同获利，实现双赢。要求各个利益集团的人员进行及时的信息交流，加强各个阶段的协作配合，才能最终实现有效控制工程造价的目标。

综上所述，在工程造价管理的范围中，全过程、全要素、全风险造价管理是从技术层面上开展的全面造价管理工作，全团队造价管理是从组织层面上对所有项目团队的成员进行管理的方法，为技术方面的实施提供了组织保障。

（三）工程造价管理的内容

工程造价管理的核心内容就是合理确定和有效控制工程造价，二者存在着相互依存、相互制约的辩证关系。工程造价的确定是工程造价控制的基础和载体，工程造价的控制贯穿于工程造价确定的全过程，只有通过建设各个阶段的层层控制才能最终合理地确定造价，确定和控制工程造价的最终目标是一致的，二者相辅相成。

1. 合理确定工程造价

这是指在建设过程的各个阶段，合理进行工程计价，也就是在基本建设程序各个阶段，合理确定投资估算、设计概算、施工图预算、施工预算、工程结算和竣工决算造价。

（1）决策阶段合理确定投资估算价

投资估算的编制阶段是项目建议书及可行性研究阶段，编制单位是工程咨询单位，编制依据主要是投资估算指标。其作用是：在基本建设前期，建设单位向国家申请拟立建设项目或国家对拟立项项目进行决策时，确定建设项目的相应投资总额而编制的经济文件，投资估算是资金筹措和申请贷款的主要依据。

（2）设计阶段合理确定设计概算价

设计概算的编制阶段是设计阶段，编制单位是设计单位，编制依据主要是初步设计图纸，概算定额或概算指标、各项费用定额或取费标准。其作用是：确定建设项目从筹建到竣工验收、交付使用的全部建设费用的文件；根据设计总概算确定的投资数额，经主管部门审批后，就成为该项工程基本建设投资的最高限额。

（3）建设准备阶段合理确定施工图预算价

施工图预算的编制阶段是施工图设计完成后的建设准备阶段，编制单位是施工单位，编制依据主要是施工图纸、施工组织设计和国家规定的现行工程预算定额、单位估价表及各项费用的取费标准、建筑材料预算价格、建设地区的自然和技术经济条件等资料。其作用是：由施工图预算可以确定招标控制价、投标报价和承包合同价；施工图预算是编制施工组织设计进行成本核算的依据，也是拨付工程款和办理竣工结算的依据。

（4）施工阶段合理确定施工预算价

施工预算的编制阶段是施工阶段，编制单位是施工项目经理部或施工队，编制依据主要是施工图、施工定额（包括劳动定额、材料和机械台班消耗定额），单位工程施工组织设计或分部（项）工程施工过程设计和降低工程成本技术组织措施等资料。其作用是：施工企业内部编制施工、材料、劳动力等计划和限额领料的依据，同时也是考核单位用工进行经济核算的依据。

（5）竣工验收阶段合理确定工程结算价和竣工决算价

工程结算的编制阶段是在工程项目建设的收尾阶段，编制单位是施工单位，编制依据主要是施工过程中现场实际情况的记录，设计变更通知书，现场工程更改签证预算定额、材料预算价格和各项费用标准等资料。其作用是：向建设单位办理结算工程价款，取得收入，用以补偿施工过程中的资金耗费，确定施工盈亏的经济文件。工程结算价是该结算工程的实际建造价格。

竣工决算的编制阶段是在竣工验收阶段，是建设项目完工后，建设单位编制的建设项目从筹建到建成投产或使用的全部实际成本的技术经济文件。它反映了工程项目建成后交付使用的固定资产及流动资金的详细情况和实际价值，是建设项目的实际投资总额。

2. 有效控制工程造价

（1）工程造价的有效控制过程

工程造价的有效控制是指每一个阶段的造价额都在上一个阶段造价额

的控制范围内，以投资估算控制设计概算，设计概算控制施工图预算，施工图预算控制工程结算，反之，即为“三超现象”，是工程造价管理的失控现象。

（2）工程造价的有效控制原则

工程造价的有效控制应遵循如下原则：

①工程建设全过程造价控制应以设计阶段为重点。工程造价控制关键在于投资决策和设计阶段，在项目投资决策后，控制工程造价的关键在于设计，设计质量将决定着整个工程建设的效益。

②变被动控制为主动控制工程造价，提高控制效果。主动控制是积极的，被动控制是不可缺少的，两者相辅相成，重在目标的实现。对于工程造价控制，不仅要反映投资决策，设计、发包和施工，进行被动的控制；更重要的是能动地影响投资决策、设计、发包和施工，主动地控制工程造价。

③加强技术与经济相结合，控制工程造价。工程造价的控制应从组织、技术经济、合同管理等多方面采取措施，从组织上明确项目组织结构及管理职能分工；从技术上重视设计方案的选择，严格审查设计资料及施工组织设计；从经济上要动态地比较工程造价的计划值和实际值，对发现的偏差及时纠正；从合同上要做好工程的变更和索赔管理。

（四）工程造价鉴定质量监控

1. 司法鉴定准入制度

准入制度是指通过设定一定的条件、程序规定和制度规范分别对进入某个行业领域的机构和人员实行的资格准入控制。准入制度设定的前置条件及程序规范主要包括职业资格、执业资格禁止性规定等。职业资格和执业资格是准入制度的积极条件，当相应人员符合一定的条件、通过相关的考核就可以具备职业资格，获取执业资格等；而禁止性规定是准入制度的消极条件，当有关人员符合规定的禁止性情形时就无法从事相关行业的工作。设定上述准入制度的相关规定是为了设定一定的标准和要求，对进入相关行业领域的人员资格进行严格的控制，从而保证相关人员具备行业领域所要求的职业素质，确保行业领域稳定运作和发展。

2. 职业资格与执业资格

改革开放以来，随着科技的发展、时代的进步，各个领域都渐渐地趋于专业化和职业化，大多通过资格授予、技能考核、职称评定等对各自领域内的专业人员进行资格准入，以保证领域内的专业人员能满足专业工作的要求，更好地保证工作质量和业绩。因此，对司法鉴定这一领域来说，专业化与职业化是必然的发展趋势,保证司法鉴定领域技术人员的专业化、职业化，不仅有利于确保司法鉴定活动的有序运行，而且从一定程度上说可以提高司法鉴定的效率，保障公正、公平。

职业资格即行业准入资格，是指从事某一行业所必需的基础知识、经验和技能，是从事某一职业的前置条件。只有具备职业资格的人，才能申请执业。司法鉴定人的职业资格主要是以职称、学历、经验、技能等为考察对象，主要包括司法鉴定人的法律知识条件、专业技术水平条件和职业道德条件等。尤其是其中的专业技术水平条件显得更为重要，这要求司法鉴定人必须具备一定的技术职称、实践经验、专业技能等，对所从事的司法鉴定业务需要的专门知识技能有一定的掌握和运用。这样才能确保司法鉴定人员的职业水平，保证其各方面素质和水平能够胜任所从事的司法鉴定工作。

根据相关规定，执业资格是指政府对那些社会通用性强、责任较大、关系公共利益的专业技术工作实行的准入控制。

对于执业资格，政府一般采取注册登记的做法，政府对某些领域的专业技术工作所要求的学历、技术能力、职称水平设定必备的标准，从事某领域的专业技术人员只有达到了该标准，按照设定程序通过一定的考核或者考查，政府为其颁发执业资格证书，该技术人员才能从事相关技术工作。对于司法鉴定这一技术领域，根据相关的规定，由省级人民政府司法行政部门负责对申请从事司法鉴定业务的个人、法人或者其他组织进行审核，对符合技术、技能等方面条件的，予以注册登记，并颁发执业资格证书。

鉴定机构指接受委托从事工程造价鉴定的工程造价咨询企业。鉴定机构应在其专业能力范围内接受委托，开展工程造价鉴定活动。委托事项超出本机构专业能力和技术条件。

各类工程造价咨询业务应由有相应工程造价咨询资质的企业承担。

从事工程造价鉴定的鉴定机构首先必须是工程造价咨询企业，其次鉴定机构从事工程造价鉴定工作应当与其资质等级相符。

工程造价咨询企业资质是指从事建设项目投资估算的编制、审核及项目经济评价；工程概算、工程预算、工程量清单、招标标底、投标报价、工程结算、竣工决算的专业资质。其分为甲级资质和乙级资质两种，其中甲级工程造价咨询企业资质由住房和城乡建设部审批；乙级工程造价咨询企业资质由省、自治区、直辖市人民政府建设行政主管部门审批，报住房和城乡建设部备案。

3. 禁止性规定

负面清单原本是一种国际通行的外商投资管理办法，即投资领域的黑名单，其遵循着法无禁止皆可为的原则。近年来，负面清单概念延伸到管理、行政等多个领域。司法鉴定人的行业准入领域也设置了一个负面清单，法律有明文规定禁止从事司法鉴定业务的情形。如根据（办法）的相关规定，司法鉴定人如果有因犯罪受过刑事处罚、被开除公职、被撤销登记等情形的，不得从事司法鉴定业务。

对未取得注册造价工程师资格，或虽然取得注册造价工程师资格但因故意犯罪或者职务过失犯罪受过刑事处罚的、受过开除公职处分的人员，不得从事鉴定业务。这种禁止性规定可以说从源头上设置了负面清单。从职业道德修养、法律资格条件等方面对司法鉴定人进行严格限制准入，将不符合条件及违反相关规定的人员淘汰出司法鉴定人队伍，从而确保司法鉴定行业的技术人员具有较高的职业素质以及合格可靠，确保司法鉴定人能够认真履行职责，保障了司法鉴定行业的科学性与严谨性，有利于促进整个司法鉴定行业的有序运行和良好业态发展。

4. 工程造价鉴定机构质量保证体系的建立

司法鉴定机构具有独立于诉讼当事人的中立地位和社会公益性质，依法独立实施鉴定活动，不受来自行政的、经济的和其他因素的干扰，这充分保证了鉴定意见的权威性和社会公信力。但是仅仅做到这些是不够的，司法鉴定机构不仅要保证鉴定活动的合法性和公正性，还要确保其科学性和客观性。司法鉴定机构的组织性质、管理水平、技术能力才是保证鉴定意见合法、公正、客观及证明效力的充分要素。

中国合格评定国家认可委员会（CNAS）进行的实验室 / 检查机构认可提供了对各行业机构是否达到国际标准的权威评价机制。“实验室 / 检查机构认可”是中国合格评定国家认可委员会按照科学、公正的原则，根据国际实验室 / 检查机构认可准则的要求，对被审核的实验室 / 检查机构的管理水平和技术能力的正式承认（认可），而建立质量管理体系是实验室 / 检查机构管理的核心内容，是实验室 / 检查机构认可的前提和基础。

5. 建设工程造价咨询成果文件质量标准

为了加强行业的自律管理，规范工程造价咨询成果文件的格式、工作深度和质量标准，提高工程造价咨询成果的质量，依据国家有关法律、法规和规范性文件，中国建设工程造价管理协会组织有关单位编制了有关规定。标准的主要内容包括总则、术语、基本规定、投资估算编制、设计概算编制、施工图预算编制、工程量清单编制、招标控制价编制、竣工结算审查、全过程造价管理咨询及工程造价经济纠纷鉴定等。这里主要对工程造价经济纠纷鉴定成果文件质量标准做一说明。

（1）成果文件的组成和要求

①工程造价经济纠纷鉴定成果文件应包括鉴定报告书封面、签署页、目录、鉴定人员声明、鉴定报告书正文、有关附件等。

②鉴定报告书封面应包括项目名称、鉴定报告书文号、鉴定企业名称和完成鉴定日期，并应加盖工程造价咨询企业执业印章。项目名称应为 ×× 工程造价鉴定报告书。

③签署页应包括项目名称及鉴定编制人、审核人、审定人和企业法定负责人（或技术负责人）的姓名。编制人、审核人、审定人应在签署页签署执业（或从业）资格专用印章。法定负责人（或技术负责人）应在签署页签字或盖章。

④鉴定人员声明应表明对报告中所陈述事实的真实性和准确性、计算及分析意见和结论的公正性负责，对哪些问题不承担责任，与当事人没有利害关系或偏见等。

⑤鉴定报告书正文应包括项目名称、鉴定报告书文号、前言（含委托人名称、委托日期、委托内容、送检材料）、鉴定依据、鉴定过程及分析、鉴定结论、特殊说明等。

⑥有关附件应包括鉴定委托书、鉴定计算书，鉴定机构的营业执照、资质证书、项目备案书、鉴定经办人员和辅助人员的注册证书或资质证书，

鉴定过程中使用过的项目特有资料等。

（2）过程文件的组成和要求

①工程造价经济纠纷鉴定过程文件应包括要求当事人提交鉴定举证资料的函、要求当事人补充提交鉴定举证资料的函、当事人要求补充提交鉴定举证资料的函、工作计划或实施方案、当事人交换证据或质证的记录文件、现场勘验通知书各阶段的造价计算征求意见稿及其回复或核对记录、鉴定报告征求意见函及复函、鉴定工作会议（如核对、协调、质证等）及开庭记录、工作底稿、资料移交单等。

②鉴定人的工作底稿应包括工程量计算核实记录表、现场勘验记录、鉴定编制人的编制工作底稿、审核人的审核工作底稿审定人的审定工作底稿、询价记录、各种有关记录等。

③鉴定成果文件和过程文件使用或移交的资料清单应明确文件存档或移交的单位，其内容包括成果文件和过程文件中当事人提交或委托人转交给鉴定机构并与本项目有关的举证资料或鉴定资料。

（3）质量评定标准

①工程造价经济纠纷鉴定成果文件的格式应符合本标准的相关规定。

②工程造价经济纠纷鉴定的过程文件归档应内容完备并记录真实，符合标准的相关规定。

③鉴定成果文件中的鉴定范围和内容必须符合鉴定委托。鉴定成果文件表述的鉴定范围和内容应严格按照委托书的委托，不得做出不符合委托的鉴定表述。

④在合同约定有效的条件下，鉴定成果文件中该鉴定采用的鉴定方法应符合当事人的合同约定。

⑤对于因合同无效、事实不清、证据不力或依据不足且当事人无法达成妥协，导致鉴定机构独立选择鉴定方法或无法确定的项目、部分项目及其造价，鉴定机构应在鉴定报告中逐项提出做出结论或不能做出结论的原因，提交当事人双方的分歧理由，必要时做出估价或估价范围供委托人参考。

⑥相同口径下，在同一成果文件中，鉴定成果文件的综合误差率应小于3%。

6. 司法鉴定意见的审查

司法鉴定意见是一种独立的证据类型，与其他类型的证据一样，其证据效力有待司法机关认定。由于司法鉴定中专门问题的多样性、鉴定人水平的差异性，鉴定过程受到各种主客观因素的影响，因而鉴定意见可能发生偏差，甚至错误。鉴定意见是否真实可靠、能否成为认定案件事实的依据，在未经审查之前是无法确定的。因此，在鉴定意见采信前，必须对鉴定意见进行审查。

鉴定意见的审查主要包括以下方面：

（1）审查鉴定机构、鉴定人是否符合委托要求

鉴定人和鉴定机构应当在鉴定人和鉴定机构名册注明的业务范围内从事司法鉴定业务。具有鉴定资质的司法鉴定机构必须经过司法鉴定主管部门登记批准，在登记注明的业务范围内从事司法鉴定业务。

鉴定人是实施鉴定工作的主体，必须具备解决诉讼中某一专门性问题所需要的专门知识。因此需要对鉴定人的专业知识及解决问题的能力进行审查，以确定鉴定机构所委派的鉴定人是否具备解决专门性问题的专业知识和经验。同时还应审查鉴定人的相关的执业类别。

（2）审查鉴定材料来源是否真实可靠、符合鉴定条件

真实可靠的鉴定材料是鉴定工作的前提条件，也是做出准确鉴定意见的基础。鉴定人对专门性问题进行鉴定，只有在依据充分、可靠的鉴定材料的基础上，才有可能得出科学的意见。而依据不真实的鉴定材料形成的鉴定意见也是错误不真实的。因此需要加强对鉴定材料的审查。

（3）审查鉴定程序是否合法、鉴定方法是否科学

鉴定程序的合法性直接影响到鉴定意见的证明效力。鉴定程序的合法性贯穿于鉴定的全过程，包括司法鉴定的委托和受理、鉴定的实施和鉴定文书的出具等环节。应当严格依据司法部的规定，从鉴定程序所贯穿的各个环节进行审查。例如，鉴定步骤是否符合法律规定、是否对鉴定客体进行了检验、鉴定是否在法定期限内完成等。

鉴定方法直接影响着鉴定意见的准确可靠性。司法鉴定应制定相应的标准和规范。在审查中应了解所采用的鉴定方法是否科学、是否符合相关标准；鉴定过程是否全面、细致；是否采取重复、多种方法进行验证；所

用的鉴定方法是否为业界所公认。

（4）审查鉴定人是否受外界影响，是否存在应当回避的情形

鉴定人在从事鉴定工作中是否受到他人威胁、利诱或社会舆论的不当影响等因素，对鉴定意见的准确性和可靠性会产生极大的影响。此外。鉴定人的工作态度是否认真、责任心是否强，也会影响到鉴定意见的可靠性。对上述两方面必须予以审查。

鉴定人还应当与案件无利害关系，这是其做出客观、公正鉴定的必要保证。司法鉴定人本人或者其近亲属与诉讼当事人、鉴定事项涉及的案件有利害关系，可能影响其独立、客观、公正进行鉴定的，应当回避。应当回避而没有回避的鉴定人所出具的鉴定意见不具有法律效力，不能作为认定案件事实的依据。

（5）审查司法鉴定文书的内容和形式

司法鉴定文书是鉴定意见的载体，应当全面地反映出鉴定意见产生的整个过程。因此必须严格对司法鉴定文书的内容和形式进行审查。

鉴定文书的内容审查应着重抓住以下三个环节：

①事实是否清楚，也就是检验的客观事实反映是否详尽；

②分析说明是否根据检验所见阐明道理，不做猜测，不做可能性推理；

③鉴定意见是否是分析说明的必然结果。

在鉴定文书的形式审查中，应该注意：鉴定文书中鉴定机构、鉴定人的盖章、签名及日期；多页鉴定文书是否加盖骑缝章；鉴定文书文字是否有涂改现象；鉴定文书如果附有照片、音像资料、图表及有关目录等，对这些内容也应该进行仔细的审查。

（6）审查鉴定意见与其他证据的关系

同一案件，证据与证据彼此之间存在内在的联系，对鉴定意见的审查，不能简单孤立地进行，而要将其与其他证据及案件事实进行综合比较分析，审查各种证据是否协调、相互间能否印证。对于鉴定意见与其他证据有矛盾的，应具体分析矛盾产生的原因，进一步调查核实，判定各项证据的真伪，必要时可申请补充鉴定或重新鉴定，以进一步查明其真实性和可靠性。

二、关键技术

1. 建模算量

通过 BIM 模型建立实现信息化建设，它是集成建设项目的所有相关信息的模型。模型数据的精准度达到了构件级别，这也是应用 BIM 技术的原因之一。BIM 软件可以实现工程量的自动计算，形成强大的结构化数据库，为工程建设项目的算量提供了良好的平台。

2. 工程造价分析

基于 BIM 技术的成本分析软件可以实现 BIM 建模软件的无缝连接，此外，BIM 模型的数据库还可以用来实现组件成本的准确统计分析，打破了造价传统的分析模块方式，实现了框图出量计算价，将造价与图形信息反查变为了可能，BIM 技术的应用为造价过程分析管理提供了技术支持。

3. 电子数据系统（EDS 系统）

电子数据系统（Electronic Data Systems，EDS），通过利用许多已建的工程建设项目的电子信息数据，BIM 模型作为电子信息的载体可以形成一个大型数据库。EDS 系统为企业层级与项目层级的信息流通提供了可能性，同时也提高了企业层级的集成化运营管控能力，是企业层级信息化的强大数据库。

4. 移动数据客户端

通过 BIM 浏览器和电子数据库的连接，可以快速实现查看工程信息模型、资料管理、调用项目数据等功能，从而进行统计分析。管理驾驶舱还可以通过电子数据系统实现企业集成化信息管理及项目各个阶段的成本对比管理。

三、BIM 技术的价值

1. 促进数据共享

一个建设项目的完成不只是施工方的任务，还需要业主、设计单位、造价咨询单位等多方单位相互配合，因此，各方之间信息的无误传达是保证项目正常进行的重要前提。然而工程项目完成所需时间较长，伴随着大量的变更信息，使得各方之间的沟通与信息交流面临巨大挑战。由于缺乏有效沟通与交流、信息传达不及时，导致工程项目施工缓慢、延误工期等现象时常发生。目前，各方交流信息的主要是通过开会的方式，由于参与方众多、信息交流量巨大，各种会议也是层出不穷，监理会、第三方会议、总承包会议等，从项目成立之初到项目结束，各种会议让各方应接不暇，各方人员凑在一起，不仅时间很长而且开会效率也很低，缺乏针对性。BIM技术的诞生将为各方提供一种新的高效的交流信息的方式，使得开会的次数越来越少，针对性强，可以针对性找到有问题的一方，不用各方都到场，各方可在BIM上共同交流信息，各方的建筑信息都在BIM上。避免出现信息的偏差，有益于各方达成一致意见，从而达到节约成本的目的。BIM模型中所包含的信息，不仅有几何尺寸信息，还包括材料强度信息、来源信息、造价信息、合同信息等。

2. 优化资源计划

未来的造价工作不应只是计算工程量等，更应该投入优化资源从而达到降低成本的目的工作当中，这样才能更好地体现造价工作的作用。从前期项目的计划筹备到项目的施工，最后到项目的竣工，都应有造价工作的参与。优化资源是造价工作很重要的一个部分。传统项目资源管理优化主要还是利用人工计算，利用人的经验进行分析，从而制成各种资源进度表格，错误率高、效率低，大型项目信息量大。利用BIM信息化的计算机技术，可以将大量项目信息存储在BIM模型中，并利用智能化技术进行计算，节省大量人力劳动。利用BIM5D模型模拟施工过程，进行各种实验，提前预见各种风险，例如，通过BIM快速精确地进行工程量计算、对量等。BIM的高速度的计算功能、数据的有效处理能力及分析能力，为设计工程项目的招投标计划提供便利，对于减少招标时间不能按期进行、施工流程的冲撞及工程材料管理混乱等现象的发生具有很好的促进作用，从而使工程造价的管理更加科学化、精细化。

3. 简化工程算量

算量是目前咨询公司的主要工作，这种工作的特点是计算量很大，且需要不断地反复工作，不仅耗费时间且含金量也不是很高。当前，一些算量软件虽然使算量工作变得不那么烦琐，但是效果依然不是很明显，工作人员仍需将平面二维图纸进行拼凑、转化、重组，进而获得三维图，在工作过程中极容易产生一些失误，从总体上看，工作强度依然没有减轻。BIM 技术运用的最终目的是，从设计到项目管理、施工、采购及后期的运营，都采用同一个三维信息模型，不同软件之间可以流畅地交流与沟通。例如设计的成果文件电子版可以直接导入到造价软件中，从而形成各种工程量信息，造价人员只需根据合同要求匹配相应定额和造价信息，从而实现真正的精细化全过程动态管理。

4. 积累建筑数据

建筑信息数据积累对一个好的造价咨询公司至关重要，对一个好的造价工程来说更是其核心价值体现之一。但是目前的咨询公司对这方面的重视程度还很一般，主要是依靠有经验的工程师进行数据积累和各种造价分析，但是公司人员流动频发，造成大量经验数据也随之流失，给公司造成了不可挽回的损失。现今社会是信息数据的社会，大力推广“互联网 +”，这也为我们创造了契机，“互联网 +”的云平台 BIM 的存储技术和分析能力为我们很好地解决了以前项目信息量大、分析数据多等困难，从而高效地进行了数据的积累和分析。工程实施中，BIM 为参与各方搭建了一个信息交流的平台，不仅能提供工程项目的三维立体模型，同时也会将各种信息数据进行分类存储，各参建方可自由调动与交流，避免信息堵塞、施工不畅的情况发生。对于信息数据的及时更新与修改，则由专业人员负责完成，避免因信息更新延误使各方获得信息产生偏差的情况发生。工程项目具体施工过程中，BIM 储存的有关信息数据，可按时间阶段或单项项目审查。在项目结算时，工作人员可直接访问 BIM 软件，了解整个项目所有的信息资料数据，并进行相应的审核与整理。BIM 的强大信息数据存储与分析功能，使工程项目的数据积累与处理变得更加容易，从而将人力从复杂的数据处理工作中解脱出来。

5. 实现全过程造价管理

BIM 实现了真正意义上的全过程造价管理。

估算阶段：基于 BIM 模型的数据，可以得到工程量的大约数值，再考虑造价单价等指标，即可得出工程项目的估算值。

概算阶段：基于 BIM 模型数据，可获得项目工程各个构件的指标及工程量，再考虑概算的标准指标，即可得出工程项目的概算值。不一样的方案设计，即可获得不一样的概算值，通过概算值的对比，就可对设计方案进行比选。

施工图预算阶段：此阶段构建的BIM模型数据更为详细，所获得工程量也较为准确，为预算提供准确信息数据。

招投标阶段：此阶段基于BIM模型，可以获得完整的工程量清单，所有构件都包含在清单中，避免人工计算错漏情况的发生。投标人将工程量与清单进行对比，为招标工作的顺利进行奠定基础。

签订合同价阶段：参考BIM模型数据信息，并与所签合同进行对照，建立一个包含合同信息的原始BIM模型，在实际施工中，若有变更即可在此模型上进行，便于合同的及时修改，为后续的结算工作提供便利。

施工阶段：BIM模型涵盖了各种变更及构件信息，一旦有变更就会被BIM立刻记录下来，为变更的审核提供基础信息。

结算阶段：以前述的各个工程阶段的数据为基础，BIM模型包含了全过程各个阶段的数据信息，并进行了分类处理，与工程实际保持一致，有利于结算工作的顺利进行。

第三节　BIM技术应用前后工程造价管理模式的变化分析

1. 变化分析

BIM技术在工程造价管理中的应用，给造价管理模式带来了重大变革。表5-1为BIM技术应用前后工程造价管理模式的变化情况。

表5-1　BIM技术应用前后工程造价管理模式变化分析表

工程造价管理模式	BIM技术应用前	BIM技术应用后
采购模式	DBB即设计—招标—施工模式，DB即设计—施工模式	IPD即集成项目交付模式应运而生
工作方式	造价咨询单位与项目各参与方“点对点”形式	项目各参与方组成项目信息“面”的形式
组织结构	以造价咨询单位为主的流线型组织结构	项目参与方抽取人员组成基于BIM技术造价管理小组的矩阵组织结构

如表 5-1 所示，BIM 技术的应用给工程造价管理模式带来了三种大变化，即采购模式、工作方式以及组织结构。

①采购模式由传统项目管理的 DBB、DB 逐渐转变成 IPD。DBB 模式具有衔接刻板、费用高、索赔多、责任不清、协调困难、施工性差、变更频繁等缺点，而 IPD 模式下，BIM 技术的应用解决了这些传统造价管理信息难以共享的问题。

②工作方式发生了由“点”到“面”的转变，传统的造价管理模式是以咨询单位代表业主主导，在管理过程中也是以工程造价咨询单位与项目各参与方进行单方沟通，BIM 技术的应用打破了这种沟通方式，实现了项目各参与方的协同工作的方式。

③组织结构形式由流线型变为矩阵型，矩阵组织结构形式最大的特点就是可以实现 BIM 信息流的及时传递共享，对项目各参与方的工程造价协同管理具有很大的促进作用。

2. 基于 BIM 的全过程造价管理模式探索

基于 BIM 的全过程造价管理包括投资决策、设计、招标投标、施工、竣工验收以及运维阶段，涵盖项目的整个生命周期。每个阶段都有 BIM 的不同应用以及构建出的相应管理模型，通过充分发挥 BIM 的作用及价值，将有效解决当前全过程造价管理存在的诸多问题。BIM 技术的精髓在于，把收集到的数据信息服务于项目的整个生命周期管理，并且使其在项目建造后的运维阶段持续发挥作用。

（1）投资决策阶段

投资决策阶段即可考虑未来运营成本，决定项目建设方案的选择，包括选取工艺、设备和建设标准，这些都与项目造价紧密关联。基于 BIM 技术的投资决策阶段，造价管理人员即可协助投资人，利用之前积累的相似项目模型或者初步建立相关模型，融入项目管理及财务分析等工具，根据投资人的预计投资，参考和调用历史造价数据库，调整相应参数，对比每种投资方案的最终收益，最终形成完整、准确可靠的决策方案。另外，造价人员可在更加准确的数据基础上，详细分析建设项目建议书，进行可行性研究的投资估算编制、项目的经济评价审核，增强项目在投资决策阶段的预测能力。

（2）设计阶段

设计阶段作为全过程造价控制的关键环节，设计质量好坏将直接影响项目建设的质量、工期、工程造价及建成后项目的运维成本。可在上一阶段已积累的数据基础上并且考虑后期运维成本信息，应用 BIM 技术进行设计方案优化或者限额设计，确保项目实施的技术可行性与经济合理性。

初步设计阶段，可运用算量软件搭载初步 BIM 模型，快速统计出工程量信息，将导出的文件直接导入造价软件。再基于价格平台准确查询工料机市场价，编制项目初步概算，为限额设计等提供数据支撑。在此阶段即可将各专业 BIM 模型导入 Navisworks 等碰撞检查软件中，进行先期的碰撞检查，针对碰撞点返回设计修改，以优化设计方案、减少设计隐患，从而有效降低施工阶段的设计变更风险。

在施工图设计阶段，随着设计加深，BIM 模型包含的数据信息不断完善，如添加材料做法明细、装饰装修明细等，最终形成基本信息模型，包含后期不同 BIM 应用子模型的共同基础信息。

（3）招标投标阶段

招标投标阶段是全过程造价管理中应用 BIM 技术最集中的环节。施工图预算的编审、工程量清单与招标控制价的编制，都可结合设计方提供的 BIM 模型中详细丰富的数据信息，使建设单位或招标代理机构，在短时间内提取工程量信息，结合项目具体特征、计价规则与清单规范，快速准确地编制工程量招标清单和招标控制价。对于拟投标单位，利用含有工程量清单信息的 BIM 模型可以快速进行工程量的核对，避免因工程量的问题导致项目亏损。BIM 技术在招投标阶段的应用极大地提高了招标投标过程的准确性和实施效率，使招标投标双方都可以快速准确地进行工程量的复核，避免出现纠纷，保证双方的合法权益。

将设计阶段的土建和机电模型，利用插件分别导入钢筋算量、BIM 土建和安装算量软件中，并在算量软件中将导入后不完整的地方补充完善，形成完整的 BIM 钢筋算量模型、BIM 土建算量模型和 BIM 安装算量模型，最后，将其导入计价软件，得到项目商务标的招标投标报价。另外还可利用 BIM 三维场布、进度及模板脚手架等软件进行相应施工方案布置，编制项目施工组织设计，利用软件的综合性、可视性及模拟建造等特点做好项目技术标的制作。

BIM 技术在招标投标阶段的充分应用，结合设计方提供的 BIM 模型数据信息，不仅极大地提高了造价管理水平，而且由于 BIM 技术与互联网技术有很好的融合性，还将有利于招标投标管理部门对整个招标投标过程的管控，对整个建筑行业的透明化、规范化发展都有极大的促进作用。同时，含有大量数据信息的 BIM 模型可在下一阶段的造价管理中持续发挥作用。

（4）施工阶段

项目施工阶段，基于BIM技术的应用集中在BIM 5D施工管理中。首先，可将设计阶段 BIM 模型，招标投标阶段算量模型、场布模型和进度计划，以及计价文件等一并导入 BIM 5D 软件中，再关联资源、进度、成本等相关信息，实现多专业的协同管理控制。其次，管理人员通过 BIM 5D 模型，在工程正式施工前即可确定不同时间节点的施工进度与成本，直观地查看进度并得到各时间节点的造价数据。有利于工作人员深层次地了解不同节点的施工进度、成本，有目的地管理耗材多及造价高的节点，便于重要施工节点的技术交底，从而避免设计与造价控制脱节、变更频繁等问题，使造价管理与控制更加有效。最后，在装配式建筑的应用中，应兼顾建筑本身的多样性和构件的标准性，减少对标准性构件的重复计算，从而达到缩短周期、降低成本的目的。

BIM 技术的自动计算以及智能优化优势在施工阶段的具体应用主要表现在工程计量、施工组织设计优化、物料管理、工程变更和进度款等方面。变更管理，工程变更不仅导致工期延长、成本增加，还可能导致成本失控。而利用 BIM 技术进行变更管理，产生变更时直接在 BIM 模型上修改，并通过 BIM 5D（3D+ 时间 + 成本）模型进行变更前后的可视化对比以及工程量对比、造价对比，保证工程与经济数据的同步、真实、完整，有效解决工程结算超预算、结算时间长等难题。利用 BIM 技术，极大地优化了变更管理，同时有利于做好进度款结算等工作。BIM5D 在施工阶段的充分应用，可有效衔接策划与设计阶段，并且为下一阶段提供更加高效便捷的结算管理，大幅提高全过程的造价协同管理效率。

（5）竣工结算阶段

BIM 技术在全过程造价管理竣工结算阶段的应用，将体现在结算管理、审核对量、资料管理及成本数据库积累等方面。基于前期模型数据的结算原理，对暂估价材料、工程变更以及施工图纸等可调整项目直接在模型中统一进行审核、管理，避免传统工作模式下漏算、重复计算等情况发生。并且在竣工结算阶段可充分利用 BIM 技术的特性进行可视化审核，通过检查设计施工阶段的变更模型,直接在模型中对比分析,从而保证结算准确率，大幅提高结算管理效率。

（6）运维阶段

在经济飞速发展的今天，我国相关行业的生产力水平显著提高，对工程项目的要求也在不断提高。而“重建轻养”的现象在国内却普遍存在，并且在建筑的整个生命周期中，80% 的成本发生在运维阶段，而运维阶段 2/3 的损失是由于效率低下所造成的，这就要求相关从业者不能只关注项目的前期投资决策与设计建造各个阶段的造价控制，还应关注项目建成后运维阶段的成本管理。将 BIM 技术应用在运维管理中，可改变传统的管理理念，实现在模型中操作信息和在信息中操作模型，有效提高建筑管理的集成化程度，大大降低项目总成本。

基于 BIM 的运维造价管理，通过 BIM 文档可完成设计施工与运营维护的无缝交接并且提供运维所需要的详细数据；还可利用前面各阶段 BIM 模型中积累的数据信息,再结合传感器等监控设备,实现可视化的智能监控，对运维成本进行精细化的管理，使 BIM 模型及造价数据在项目后期持续发挥作用。在项目的运营维护管理中，BIM 技术可以实时监测有关建筑使用情况、容量、财务等方面的信息,在采集的数据基础上进行分析、整合、挖掘，为城市数字化信息模型的建设提供项目运维信息。此外，基于 BIM 的运维成本信息，还可在类似项目开展中直接汇总到前期投资决策阶段，使决策者在项目需求分析、功能策划和功能设计时就对该项目未来的使用成本加以考虑，进行整体的功能优化组合及项目全过程的造价分析，在满足确定功能前提下，基于生命周期成本最低的原则，对项目各方案进行系统的评价选择。

因此，BIM 技术在全过程造价管理中的充分利用，不仅可以大幅度提高造价工作的效率与信息化管理水平，实现项目全过程的整体造价控制最优化，还可以加强建筑全过程造价的协同管理。基于 BIM 的全过程造价管理目标的统一，兼顾了短期和长期利益，实现建造运营一体化，最大化提高项目运营效益，延长项目寿命。此外，BIM 技术在全过程造价管理中的应用，可建立以 BIM 为核心的管理平台，方便造价信息的积累和共享，为建筑全生命周期的数据采集、分析、整合、挖掘与展示提供了可能，为未来数字化信息模型的建设提供项目级的造价数据基础。

第四节 BIM 技术在工程造价管理中应用的优势分析

从 BIM 技术的概念来看，它是建设项目设施的物理、功能特征的信息数据表达技术，也是实现数据信息共享的载体，还能够为项目设施的全寿命阶段提供决策依据。目前，我国在决策、设计、施工及竣工阶段仍然采用阶段性造价管理，还没有完全实现全寿命周期造价管理，因此导致各阶段各项目参与方的信息数据不系统、不连续，给其沟通带来了阻碍，而 BIM 技术的应用恰恰可以冲破这一阻碍，在建设项目的不同阶段，不同参与方都可以在 BIM 模型中输入、输出、更改和更新相关信息，实现共享协同工作。

从 BIM 技术自身的特点来看，BIM 信息模型是可以包括工程项目全寿命周期及各参与方的集成化平台，在该平台上，可以实现项目信息协同、共享、集成统一管理，而此功能对于解决工程造价中的诸多问题来说益处颇多，比如能够实现各阶段数据信息传递以及多方协同工作，BIM 技术在工程造价行业的应用为实现全寿命周期造价管理提供了可靠的基础和依据。

从 BIM 技术参与者角度来看，项目各参与方认为 BIM 技术的价值是不同的。美国 CIFE 曾经对此做过相关研究，它们对不同的单位进行量化处理，归纳概括出 BIM 技术的应用优势包括：可以消除 40% 超出预算范围外的变更；控制造价精度在 3% 以下；缩短工程造价预算时间的 80%；还可以把合同价格降低 10%、项目时限缩短 7% 等，BIM 技术的应用从根本上改变了工程造价管理模式。综合以上分析，BIM 技术在造价管理中的应用价值主要表现在以下方面：

1. 提高了项目参与方协同能力

BIM 技术在工程造价管理中的应用实现了横向和纵向信息的实时动态分析、共享以及协同功能，这一功能的实现为工程项目各参与方的成本控制、建筑市场的透明度的提高起到了至关重要的作用，也为工程造价全寿命周期管理的实现提供了良好的技术支撑。

2. 提高了工程量计算的效率

工程项目造价管理的核心内容就是工程量，它是所有成本管理活动的基础，如成本计算、工程投标、商务谈判、合同签订、进度支付等。运用 BIM 技术的工程量计算软件，根据国际规范、相关计算法则进行的布尔 3D 以及实体扣减运算，大大提高了工程量计算的准确度，并且在计算的同时还能够自动输出电子文档以供项目参与方的信息互换、共享、长途传输和永久保存；除此之外，同一项目的不同专业参与方不需要重新建立模型，只需在已建模型中输入专业数据信息，便可以得到算量结果。BIM 算量软件的应用让造价师摆脱了呆板的机械算量工作，让他们的精力用于成本控制、询价、评估等更有意义的工作中，工程造价师的工作不再仅限于工程量的计算，而更多地致力于造价管理方面。

3. 提高了工程量计算的准确性

BIM 模型的数据库功能是用来存储项目各构件信息的，造价人员能够在计算时随意提取项目相关构件信息，这样既提高了计算效率，也为减少人员辨认构件信息的主观错误提供了可能，从而得到更加客观准确的数据。此外，云端计算技术水平的不断提高，给 BIM 算量的智能检查和提高模型准确度提供了可能性。

4. 提高了工程造价前期的管控能力

BIM 算量软件可以快速准确地将工程量计算出来，并且设计人员能够及时得到项目信息数据，提高了项目前期阶段对工程造价的管控能力。另外，运用 BIM 技术可以更好地处理设计变更，比如，在现存的工程管理模式中，发生设计变更后，造价人员需要在软件中找到发生变化的构件信息，然后对其进行修改，这样既没有效率，也降低了数据的准确性，而 BIM 软件与成本计算软件的集成恰恰可以很好地解决此类问题，BIM 所建立的模型可以将构件和成本信息数据进行连接，可以直观简洁地改变变更内容，然后得出结果。设计人员可以及时掌握变更后的信息并了解设计方案的变化对成本产生的影响，也便于业主方从项目前期设计阶段便能对项目成本进行控制。

第五节　BIM 技术在工程造价管理中应用的阻碍因素分析

在被调查的企业中，未推行 BIM 计划的企业占 25.5%，普及 BIM 技术相关知识的企业占 38%，进行 BIM 技术项目试点的企业占 26.1%，而大面积推广使用 BIM 技术的企业仅占 10.4%。以上调查结果显示，近年来 BIM 技术虽然在施工行业被提及的频率逐年升高，大部分的企业对其也有一定的认识，并且在项目中进行试点应用，但就应用现状情况看，大面积推广应用 BIM 技术的企业还不是很多，目前我国应用 BIM 技术的项目多数为较复杂或者投资额度较大的工程项目，其他普遍类型的项目应用很少，这一现状让 BIM 技术在造价管理工作中很难得到推广使用，我国造价管理中的 BIM 应用主要方面还是利用 3D 模型算量，并没有完全将 BIM 技术应用在工程项目的成本管理中。

综合国内建筑行业、BIM 技术发展现状，能够归纳概括出我国目前 BIM 技术应用于工程造价管理中的阻碍因素包括技术方法、应用环境以及组织管理三方面。

具体表现为以下几个方面：BIM 技术标准缺失；业主应用 BIM 技术意识淡薄；工程造价管理流程制约；软件信息不对称导致数据接口不统一；缺乏“复合型”人才；BIM 软件共享性差；施工方成本增加。对上述因素进行分析，便可以把以上各要素按照等级进行划分，可以更直观地表达出各阻碍因素之间的关系。

BIM 技术在工程造价管理中的阻碍因素分为三个层级，第一层级因素即最直接的因素是业主应用 BIM 技术意识淡薄、BIM 软件共享性差导致的项目各方协同问题；第二层级因素是软件信息不对称导致的数据接口不统一、“复合型”人才的缺乏及由于应用 BIM 技术导致的施工方成本增加；第三层级因素也是最基础级因素是 BIM 技术标准的缺失以及工程造价管理工作流程的制约。

下面对 BIM 技术在工程造价管理中的应用起到阻碍作用的几方面因素进行分析。

1. 基础层级

在阻碍因素模型分析中第三层级因素是最基础层级的因素，要想让BIM技术在工程造价管理领域中得到更好的发展必须首先从这一层级中解决问题。首先我国应该尽早制定BIM技术在工程造价领域的相关技术标准，对工程造价管理中的工作分解结构进行标准的制定，BIM技术标准的缺失影响了BIM技术从3D到5D转化，因此，BIM技术被广泛应用在工程造价领域是基于一套合理完善的BIM技术标准体系的建立。

2. 第一、二层级

第一、二层级因素是建立在基础层级因素之上的，所以在基础层级因素解决的前提下，才能解决第一、二层级的阻碍因素。首先应该积极鼓励项目各参与方应用BIM技术，可以在利用BIM技术进行造价管理的项目上提供相关政策奖励；其次我国还应该完善软件的开发，实现数据接口的模式统一；最后国家需要培养大量“复合型”人才，这些高素质人才既要对工程造价管理知识熟悉，还应具有一定的计算机技术基础。

第六节　BIM技术在工程造价管理中应用的建议与发展方向

一、BIM技术在工程造价管理中的应用建议

由于BIM技术在国内工程造价管理方面的应用仍处于初期阶段，还存在着一定的不足与局限，造成该技术在工程造价管理的实践进程中发挥受阻，因此在未来的应用中，应扬长避短。

1. 政府加大对BIM技术的推广和扶持

BIM技术在我国的应用程度，尚未达到一个完善健全的产业链。目前国内只有少数的大型工程建立了BIM工作室，将BIM技术运用到了实际工程的造价管理中，绝大多数的国内设计单位对BIM技术还处在摸索阶段。这也在一定程度上说明BIM技术的应用空间还很大，因此政府要加大对BIM的重视和政策的扶持力度，保证BIM技术在我国得到良性的推广和使用，这样才能推动BIM在我国建筑行业的发展和运行。

建议政府成立专门的 BIM 职能部门对 BIM 的项目进行技术指导，要奖励在 BIM 技术使用上卓有成效的企业。同时要鼓励国有企业或公益性的建设项目使用 BIM 技术，扩大 BIM 技术的推广度，让更多的企业有信心尝试 BIM 技术带来的成效，放大整个行业的新格局。

2. 建立和完善工程造价 BIM 人才培养机制

绝大多数建筑行业对 BIM 技术的运用还仅仅处于画效果图的状态，或者停留在三维空间结构模型阶段，并未建立起针对项目管理的指导意义，且缺乏可以使用 BIM 技术软件的专业人士，目前这类专业人士都聚焦在设计机构，建设与施工单位在 BIM 人才的吸收上基本处于空白水平，通过使用 BIM 软件管理工程造价的专业人士更是寥寥无几。BIM 软件功能虽然强大，但缺乏驾驭它的主人，在这种人才不均衡的情况下，BIM 技术的优势无法完全显现出来。

建议设立专业的机构对 BIM 人才进行培养，同时要完善相关的制度法规进行监督管理。从增设高等院校相关专业 BIM 课程开始，到 BIM 软件的开发商指派人员来具有一定资质的相关企业组织 BIM 技术的培训、发行可以指导自学的相关教程等措施，形成相关专业、相关岗位的人才培养体系，为 BIM 技术在国内的广泛推广和长期发展奠定牢固的基础。

3. 降低软件研发成本

BIM 软件开发的成本高是业界公认的事实。BIM 软件的研发依赖于与工程相关专业的人才，需要各专业、各企业部门的通力合作。这些人才既要具备深厚的工程造价理论基础知识、丰富的实践经历，还要具备强大的编程与创新实力。BIM 软件并不能独立地发挥其强大的功能，它还要依靠完善的信息库及相关软件的支持。而完善与健全一个优良的数据库、支持软件的全套研发需要一个长期的过程，短时间内是没办法完成的。

BIM 软件高额的研发成本，特别是性能更高级的 BIM 软件，售价都在几万元到十几万元，同时，适当的维护或必要的升级处理都会产生大额费用，这种实际问题对一个不经常做项目的建设单位或者一个规模较小的施工企业是很难接受的。这也是阻碍 BIM 技术在国内发展速度的一个重要原因。

为了普及 BIM 的应用，提出以下三点建议：

①项目产品研发人员应带着较强的成本意识进行设计，即在产品的研

发阶段要全面系统地进行统筹规划，对研发环境及产品的可行性进行评估预测，要以有限的资源挑战更大的研发环境，使产品的研发设计具有一定的弹性空间，研发出性价比高的产品。

②在研发设计中分析并找出能提高产品价值的方案，在不牺牲满足客户应用需求功能的前提下，通过去除产品中不必要的功能，改善产品的设计，降低制造费用。

③通过技术引进、模仿创新、自主创新，把握创新核心的主动权，掌握核心技术的所有权。增强研发设计人员的设计经验，提高研发能力。同时，对自主创新的成果申请专利保护并取得相应的专利回报来降低研发成本。

4. 建立完善BIM在工程造价行业的规章制度

由于BIM技术在国内的发展还处于摸索阶段，因此一些相关的标准、规范和法律法规还没有根据自身的发展和需要完全建立起来。运用BIM进行工程造价管理时，如果出现问题或发生矛盾，没有相应的法律进行具体追责，所以很容易出现相互推诿的现象，无法保护受害者的合法权益。

建议政府部门要建立完善的法律法规，对BIM技术的研发和使用进行相应的规范和监督，这样才能保证BIM技术在行业有序地发展。政府可以组织有丰富经验的企业、相关的研发机构和专家，成立BIM组织联盟，制定出适宜BIM技术推广和应用的法律法规，以便规范和引导BIM技术在工程造价领域的推广和应用。制定的标准应当以行业软件应用需求为出发点。借鉴国外先进经验，结合国内实际情况，从上至下制定技术标准和实施规范，确保各行业间的统筹性和战略性，循序渐进地为整个建筑行业带来高效、节约的多重效益。

5. 统一工程造价行业的信息化数据传输方式

前面我们提到过，BIM的技术优势就是它区别于传统工程造价管理的独有的协同工作和数据共享功能。BIM的数据共享功能可以实现同一项目内不同人员或不同的建设项目之间直接完成造价数据信息的互换。现在国内的许多软件公司在进行BIM软件的开发和推广，如鲁班、广联达等公司。我们如果从技术和经济的角度对BIM软件观察和分析，发现不同公司的研发平台和开发软件时的执行标准不统一，这就造成了我国在BIM研发上纷繁复杂的现象。目前还没有出现一款BIM软件能满足各企业当前使用的不同品牌类型 BIM 软件的兼容需求，不同类型的信息软件在信息的交流上和数据的传输上仍存在障碍。所以同一企业的不同部门在使用同一数据模型时，信息不能很好地协同共享，使得不同 BIM 软件之间进行信息交流和数据交换时不够流畅，给工作带来诸多不便，从而影响了行业纵向一体化、集成化的水平，大大降低了运用 BIM 技术时进行数据共享和协同工作的效率。我国的建筑工程造价行业的发展空间很大，因此完成一款成熟的 BIM 软件开发很有必要。

由于我国政府尚未完全对建筑工程造价行业的相关数据信息传输进行统一的规范，所以设计一款适用于建筑项目全寿命周期的数据传输标准的独立系统，是整个行业信息一体化需要尽快解决的问题。同时要从法律法规的角度规范和统一建筑业的信息传输方式，真正实现在全球的任何项目生命周期管理中信息互用共享的目标。

6. 建立统一的工程造价信息分类体系

每个 BIM 数据模型的建立都是由数以万计的构件要素进行归纳集中的结果，然而 BIM 模型在建立的时候，不同的造价机构或项目不同阶段的参与者对同一项目构件要素编码并不统一，假设我们已经解决了数据接口的问题，能够进行数据信息的共享，但传递过来的信息数据不能与模型设置的编码进行自动识别，也会影响各部门之间的数据共享。比如对同一材料而言，发现它的消耗指标的编码不统一时，我们就不能很好地进行这种数据的共享，尤其对于快速和大量调用有价值的参考数据会形成障碍。

建议在应用方面，学习国外的先进经验，如美国已经建立了一套成熟的建筑信息分类体系，要想实现 BIM 环境下高效实用的造价信息数据的共享，就要规范和统一数据信息的编码，建立标准化信息分类体系，实现快速调用不同企业及部门间的数据共享。

二、BIM 在工程造价管理中的发展方向

工程造价是建设项目的核心，它的根本目标就是有效地使用专业知识和技术去筹划和控制资源、利润、成本和风险。

在 BIM 技术应用的发展过程中，国家政府也一直在多方面给予必要的支持。目前，该项技术的运用已经涉足我国大量基础建设项目的具体运营中，

特别是在建筑行业，通过建立建筑三维模型数据信息库，在建设工程项目的整个生命周期，令参建各方都能够在视觉上直观地了解项目，明确地提出各自要达到的使用功能。这不仅提升了参建各方对资金使用的监督力度，也在一定程度上为工程项目节约了成本。

BIM 技术不只是一种思维或科技的简单实践，它彻底打破了建设工程造价管理的横向、纵向信息共享与协同的壁垒，不断加强与其他各专业定期的交流和互通，把节省下来的人力投入更有价值的造价控制领域，如商务谈判、工程招投标和合同管理中，推动工程造价管理走进了即时、灵活、精确的互联时代。

BIM 技术与互联网的紧密联系，有利于营造建筑市场公开监管的新风气，规范国内建筑施工的新秩序，有效地避免了工程招投标、采购等过程中可能出现的贪污腐败行为，加快了国内建筑行业从粗放型向集约型改革的速度，提高了建筑行业的生产效益；有利于精细化管理的实施、减少浪费、实现低碳建造，完全符合我国经济发展趋势。

在分析 BIM 技术对工程造价管理带来新变革的同时，时代的发展、社会的进步，让我们看到 BIM 的发展前景广阔，且正在逐步融入我们的生活，目前我们能够设想到的领域有：

1.BIM+ 物联网

物联网是指通过各种信息设备，实时搜集所有需要被监控、连接、交流互通的物体信息，与互联网联合形成一个庞大的网络。以实现物与物、物与人、物与网络的连接，是虚拟与现实的融合。在建设智慧城市的驱动下，人们对办公及生活的智能化需求不断提高，而智能建筑物的结构、体系、管理较为复杂，设计智能建筑工程造价管理的模型对智能建筑的成本控制更为艰巨。BIM 技术和物联网的结合，可以提高工程造价预测的准确性和控制精度，从而达到降低工程成本、加快施工进度和质量的目的。

2.BIM+GIS

目前 GIS 的技术在建筑行业的应用已经得到了业界的广泛认可，从技术层面来讲已经相当成熟，发挥了其空间智能技术与信息的重要作用。比如城市景观的规划设计模拟、建筑物周围环境的模拟等，都要用到 GIS 的技术。但是人们在 BIM 和 GIS 技术融合上的探索还不多。

BIM 信息在三维地理场景中的集成、可视化模拟与精细化分析的数据是 GIS 系统中地理数据库重要的数据来源，将 BIM 和 GIS 技术结合，可以细化 GIS 系统中的数据，为工程提供准确的成本信息，实现高效的工程造价管理。

随着我国城镇化的发展和智能终端设备的应用，作为智慧城市支撑技术之一的 GIS 技术，若能与 BIM 技术进行融合，必将推进我国智慧城市发展上升到一个新的高度。

3.BIM+ 预制加工

预制加工是一种工业化程度比较高的制造模式，比如批量生产的模板、水泥板、管道等。它有助于提高我国基础工业的生产效率，降低建筑行业的成本。运用 BIM 技术，为我国建筑业的装配式发展模式提供了信息化发展空间，可以使建筑构件的设计和施工实现很好的对接。

预制加工技术和 BIM 技术是两种相辅相成的技术，当两者的技术相互融合加上数据信息的共享，可以设计出符合规格的预制加工构件，在钢筋、管道、模板的产业化制造上，BIM 技术的应用将会越来越广泛，两者技术的融合可以对建筑行业起到巨大的推动作用。

4.BIM+3D 打印

3D 打印技术是以数字模型文件为基础，通过远程数据传输、激光扫描，无须纸墨，运用粉末状金属或塑料等可黏合材料，通过装有材料的打印机分层加工、叠加成型的打印方式最终把电子模型图构造成实物。

目前，与建筑工程相关的工业厂房、异型建筑及别墅等建筑物已经可以成熟地通过 3D 打印技术来实现。

该技术有其独特的优势，首先就是材料的节约，几乎不存在损耗和浪费，且所用材料环保，提高能源使用效率的同时达到了绿色建筑标准；其次，打印一个小建筑物可以在数小时之内完成，大大降低了工程劳务成本、机械成本、工期成本和安全成本。

然而因其打印成型的零件精度大多不能满足工程的实际使用需求，且对打印高度有限制，又使其在实际应用中受阻。

通过前面对 BIM 特点及应用的了解，若能实现 BIM 模型与 3D 打印机接口协同，利用 BIM 技术对拟建物体构建模型，直接通过 3D 打印机输出建筑物，将是建设工程可持续发展的一大创举。

5.BIM+VR

前面已阐述过施工安全管理的重要性，安全成本是工程项目的最大成本，不容小觑。因此在工程开工前，每个施工及管理人员都要经过安全体验式教育培训。目前国内一些大型建筑企业，利用 BIM+VR 技术建立了工程模拟体验馆，集安全教育、绿色施工为一体，通过虚拟体验，还原现场真实场景，身临其境地感受高空坠落、物体打击、脚手架倾斜等体验效果，使体验者安全意识得到提升，为降低工程安全成本提供保障。

现实生活中，我们已经亲身感受过 VR 对游乐场大型娱乐设施等模拟体验，期待未来 BIM+VR 的应用还可以在灾难应急模拟、人体急救及伤口处理、防盗防骗、资产管理等方面有所突破，进一步规范工程管理、提高管理水平。

第六章　建设过程基于 BIM 技术的工程造价控制

在开展工程建设活动的过程中，需要及时引入现代科学技术，在合理控制开支成本的同时，需要大幅提升相关人员的工作效率。因此，本章主要研究建设过程基于 BIM 技术的工程造价控制。

第一节　基于 BIM 的工程验工计价

一、验工计价

建设项目的工期一般较长，为了使施工单位在工程建设中尽快回笼所耗用的资金，需要对工程价款进行期中结算，工程竣工之后还需要进行竣工结算。此处提到的期中结算就是验工计价，也称为进度计量与计价。验工计价是对合同中已完成的合格工程数量或工作进行验收、计量、计价并核对的总称，又称为工程计量与计价。验工计价是控制工程造价的核心环节，是进行质量控制的主要手段，是进度控制的基础，也是保证业主和承包人合法权益的重要途径。其主要流程如图 6–1 所示。

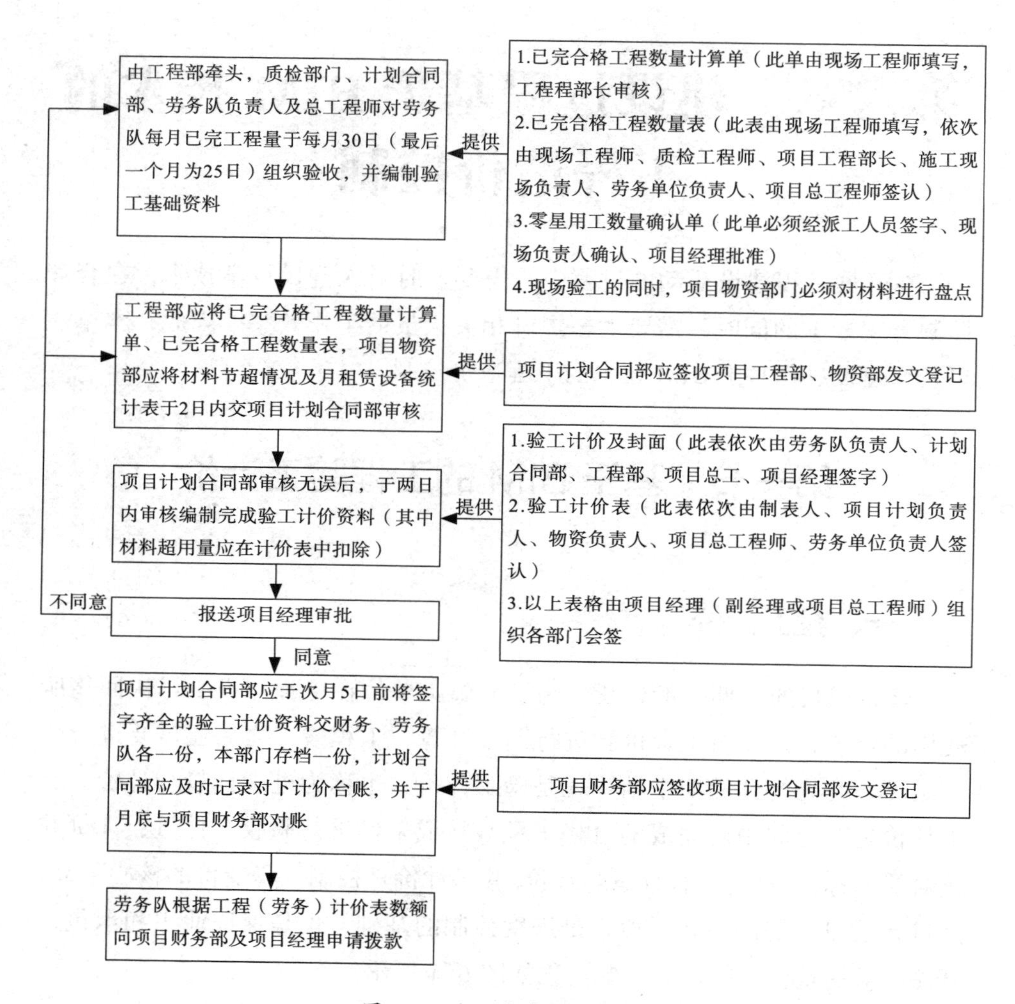

图6–1　验工计价主要流程

二、案例

[案例 6. 1]

G 公司与某建筑公司签订了某办公大厦项目施工总承包合同。按照合同要求，工程总工期为 122 天。其中，开工日期为 2020 年 3 月 1 日，竣工日期为 2020 年 6 月 30 日。现某建筑公司就该项目进行验工计价。验工计价的目的有两个：一是及时核实施工单位完成的工作量，防止超出计划；

二是及时对施工单位进行资金拨付，以保障工程资金使用的合理配置。请根据建筑与装饰工程、给排水工程和电气工程四部分工程内容，完成本次验工计价任务。验工计价时，可以假设各施工阶段在各时间段其资源是连续均衡投放的。由于月份有大小之分，验工计价可以按照每月 30 天进行简易计算。

［解］

1. 确定施工内容

根据某办公大厦项目配套工程，确定本工程的施工内容（涉及分部分项工程和措施项目），施工内容分解为土建、装饰、电气、给排水 4 个部分；

2. 绘制施工进度计划横道图

根据施工内容的工程量按月绘制施工进度计划横道图。

3. 确定分期按照施工进度计划横道图

将 3 月至 6 月按月分四期，分别确定当期完成的工程量，形成第一期至第四期验工计价表格。

4. 上报分部分项工程量

（1）新建形象进度

形象进度是按照整个项目的进展情况来呈现的。本例中，形象进度共分为四期，其中第一期为 3 月份，起始时间为 2020 年 3 月 1 日至 31 日止；第二期为 4 月份，起始时间为 2020 年 4 月 1 日至 30 日止；第三期为 5 月份，起始时间为 2020 年 5 月 1 日至 31 日止；第四期为 6 月份，起始时间为 2020 年 6 月 1 日至 30 日止。

（2）输入清单工程量

结合施工进度计划横道图，根据上步所定第一期至第四期验工计价表格，在分部分项工程中逐期输入各条清单工程量。

5. 上报措施项目工程量

（1）确定总价措施中安全文明施工的计量方式

根据合同约定，过程中工程计量应不考虑安全文明施工费，安全文明施工费在开工前一次性 100% 拨付，过程中不抵扣，直到竣工结算时，才会根据完成的总工程量，重新核定安全文明施工费的支付情况。由于安全文明施工费在进场前，建设单位已经一次性拨付给施工单位，过程中又不进行抵扣，所以在期中结算时，各月进度款应不包含安全文明施工费。因此，总价措施中安全文明施工包含的项目的计量方式选择“手动输入比例”，以使第一期合价至第四期合价均为零，满足实际情况。

（2）确定总价措施中通用措施费的计量方式

通用措施费中，所有以“项”为单位的措施费都是按照一定的“取费基数 × 费率”来计算的，在进度计量时应维持这一原则。

（3）确定单价措施中所有项目的计量方式

在实际中，单价措施费会随着清单项实体工作量的变化而变化。因此，单价措施包括的措施项目的计量方式选择“按分部分项完成比例”。

6. 上报其他项目工程量

根据合同约定，暂列金额和专业工程暂估价由于都是暂估金额，在进度计量时不宜计算进度款。但出现以下情况可以作为进度款计量：

暂列金额和专业工程暂估价已经实际发生；

暂列金额和专业工程暂估价部分已经建设单位根据图纸、合同确认具体金额。

当上述两个条件同时发生时，方能作为进度款进行计量，否则应纳入结算款调整范畴。

（1）确定暂列金额的计量方式

由合同可知，暂列金额为 80 万元，因此暂列金额的计量方式选择“手动输入比例”，并保证第一期比例至第四期比例均为零。

（2）确定专业工程暂估价的计量方式

由合同可知，专业工程为幕墙工程，暂估价为 60 万元，因此专业工程暂估价的计量方式，选择“手动输入比例”，并保证第一期比例至第四期比例均为零。

（3）确定计日工费用的各期工程量根据劳动力计划，手动输入计日工费用中各期工程量。

7. 人材机调整

（1）设置风险幅度范围

根据合同：“钢材、混凝土、电缆、电线材料价格变化幅度在 ±5% 以内（含）由承包人承担或受益。上述未涉及的其他材料、机械，价格变化的风险也全部由承包人承担或受益。人工费价格变化幅度在 ±5% 以内（含）由承包人承担或受益。”由合同可知，风险幅度范围为 ±5% 以内（含）。

（2）确定调差方法

根据工程实际情况，选择调差方法，如造价信息价格差额调整法、当期价与基期价差额调整法、当期价与合同价差额调整法、价格指数差额调整法。本例采用“造价信息价格差额调整法”。

（3）进行人工调差

根据合同约定，选择需要调整的人工。

（4）进行材料调差

根据合同约定，选择需要调整的主材进行调差。

需要特别注意的是，对于原投标报价中材料价波动的调整，应考虑以下三种因素：

①钢材、混凝土、电缆、电线及人工费应考虑风险幅度范围影响；

②其他材料，不需要考虑风险幅度范围，正常情况下按照信息价调整即可；

③如果甲方对某项提高档次进行了单独认价，则应按认价进行调整。

（5）确定材料价格

确定材料价格有以下两种方法：第一种方法是通过批量载价来完成。选择信息价、市场价以及专业测定价及要载入价格的具体时间，工程中如涉及“加权平均”和“量价加权”，也应相应明确。第二种方法是手动输入，可以手动输入某一材料的不含税基期价或含税基期价。如果规费也需要取价差，需把“材料”的计费模式改为“计规费和税金”。

8. 修改合同清单

在实际工程施工过程中，可能会遇到工程有大的变更或补充协议，甲方要求修改合同的情况。可以通过修改合同清单实现，如插入或删除清单及子目、批量换算、直接进行个别修改等。

9. 进度报量，输出报表

前述工作完成后即可选择单期进行进度报量，并生成当期进度文件。单期进度报量文件是验工计价的重要文件，也是后续竣工结算的重要文件之一。单期上报完成后，即可查看并输出报表。

第二节 基于 BIM 的工程结算计价

一、结算计价

工程竣工结算是指某单项工程、单位工程或分部分项工程完工后，经验收质量合格并符合合同要求，承包人向发包人进行的最终工程价款结算的过程。建设工程竣工结算的主要工作是发包人和承包人双方根据合同约定的计价方式，并依据招投标的相关文件、施工合同、竣工图纸、设计变更通知书、现场签证等，对承发包双方确认的工程量进行计价。

工程竣工结算依据合同内容划分为合同内结算和合同外结算。合同内结算包括分部分项、措施项目、其他项目、人材机价差、规费、税金；合同外结算包括变更、签证、工程量偏差、索赔、人材机调整等。工程竣工结算是工程造价管理的最后一环，也是最重要的一环。它是承包人总结工作经验教训、考核工程成本和进行经济核算的依据，也是总结、提高和衡量企业管理水平的标准。结算计价的主要工作内容包括：整理结算依据；计算和核对结算工程量；对合同内外各种项目计价（人材机调整、签证、变更材料上报等）；按要求格式汇总整理形成上报文件。

二、案例

[案例 6. 2]

某建筑公司已经进行 4 期验工计价，现项目处于收尾即将竣工阶段，需要就该项目进行结算计价。请完成本次工程的结算计价任务。

[解]

1. 新建结算计价文件

既可以将合同文件转为结算计价文件，也可以将验工计价文件转为结算计价文件。

2. 调整合同内造价

（1）确定工程量偏差预警范围

根据合同："已标价工程量清单中有适用于变更工程项目的，且工程变更导致该清单项目的工程数量变化不足 15% 时，采用该项目的单价。"因此，需要根据合同要求确定工程量偏差预警范围，本案例工程为 –15%~15%。根据合同："已标价工程量清单中没有适用也没有类似于变更工程项目的，由承包人根据变更工程资料、计量规则和计价办法、工程造价管理机构发布的信息（参考）价格和承包人报价浮动率，提出变更工程项目的单价或总价，报发包人确认后调整。承包人报价浮动率 L=（1–中标价 / 招标控制价）× 100%，计算结果保留小数点后两位（四舍五入）。"因此，需要确定结算工程量，查看超出 15% 的预警项，并对超出部分的综合单价进行调整。

（2）量差调整

对于量差超过 15% 的项目，应作为合同外情况处理。新建"量差调整"单位工程，利用"复用合同清单"功能，找到量差比例超过 15% 的项目。

合同内采用的是分期调差，合同外复用部分工程量如需在原清单中扣减，需手动操作。对于结算工程量超过合同工程量 15% 及其以上的项目，以现浇构件钢筋（010515001002）为例，合同工程量为 26.265 t，结算工程量为 19.736 t，量差比例为 –24.86%，需要调整单价。

此时所有结算工程量已被全部提取到"量差调整"中，之后需要返回原清单，将该项所有分期量改为 0，则原清单中结算工程量变为 0。

除上述情况外，还有以下几点注意事项：

①原投标报价中材料暂估价部分需经建设单位确认，并按确认价后的价格计入结果。

②对原投标报价中专业工程暂估价（幕墙工程）进行确认，并应在结算时提供进一步资料以供计算。本案例工程中，假设施工单位最终对幕墙工程进行了综合单价报审，并经建设单位确认如下：幕墙工程计量单位以外墙投影面积按"m^2"计算，其中人工费除税价确认为 400 元 /m^2，材料费除税价确认为 800 元 /m^2，机械费除税价确认为 150 元 /m^2，管理费、利润、风险费、税金执行中标单位的投标费率，脚手架措施费按照合同要求据实

计算。

③对原投标报价中的暂列金额进行确认。由于暂列金额属于业主方的备用金，如果实际没有发生工程竣工结算时则需要退回。对于本案例工程，可假设本项目的电梯由甲方自行采购，电梯总采购价为 50 万元，总承包单位在施工过程中提供场区及道路相关服务，并承担了配合管理和协调责任。这样暂列金额的使用就可以分为两部分：一部分为甲方采购电梯的费用；另一部分为总承包单位的总承包服务费。

3. 确定合同外造价

（1）变更

2020 年 3 月 15 日，乙方收到了一份设计变更通知单。内容如下：基础垫层厚度在原设计基础上增加 50 mm 厚，基础垫层上表面标高与原设计图纸一致；基础垫层下表面标高以下 200 mm 范围内土壤采用天然级配碎石换填夯实。基础垫层混凝土强度等级由 C15 变更为 C20，基础地梁、筏板混凝土强度等级由 C30 变更为 C35。新建单位工程“设计变更 2020.3.15”，通过“复用合同清单”功能，在关键词中输入“垫层”查找到垫层清单项，选中复用。

在垫层的结算工程量中，将复用的原工程量数值改为变更所增加的工程量数值，即（112.18/0.1）×0.05=56.09（m^3）。基础垫层混凝土强度等级变换，通过垫层定额中的“标准换算”，在“换算内容”中选择“400007 C20 预拌混凝土”实现。同理，可实现基础地梁、筏板混凝土强度等级的变换。

添加“换填垫层”的清单和定额项，并根据变更要求输入该项的结算工程量数值，即 56.09×4=224.36（m^3）。由于垫层加厚和土方置换牵涉人工土方下挖，挖出来的土还应外运。因此还需添加“挖一般土方”的清单和定额项（此处忽略挖基坑土方的影响），并计算和输入工程量。

（2）签证

2020 年 3 月 10 日 19：00，土方开挖期间，北京市出现罕见暴雨，降雨量达到 60 mm。暴雨导致以下事件发生：

事件一：基坑大面积灌水，灌水面积达到 1 500 m^2，灌水深度 2 m。我方为清理基坑存水，发生 20 个抽水台班，另采用 350 型挖掘机清理淤泥 8 个台班，清理运输淤泥 200 m^3，人工 20 个工日。

事件二：我方存放现场的硅酸盐水泥 5 t，其中 3 t 被雨水浸泡后无法使用，2 t 被雨水冲走。

事件三：暴雨导致甲方正在施工的现场办公室遭到破坏，材料损失 25 000 元。我方修复办公室破损部位发生费用 50 000 元。新建单位工程“签证 2020.3.10”。事件一中清理运输淤泥 200 m³ 需要单独套取定额。事件二中现场 3 t 被雨水浸泡的硅酸盐水泥无法使用，也需运走（挖淤泥、流砂约 2 300 m³）；被雨水冲走的硅酸盐水泥不用考虑运输成本。在“分部分项”中添加相应的清单和定额项，并输入工程量。

其他项目中的计日工费用需输入相应的结算内容和数量；签证与索赔计价表中需输入相应的签证内容。

4. 查看造价分析，输出报表造价分析

可以查看各项目的合同金额、结算金额（不含人材机调整）、人材机调整、结算金额（含人材机调整）等数据。报表中可查看和输出“建设项目竣工结算汇总表”等表格。

第三节　基于 BIM 技术的工程结算审计

广联达云计价平台 GCCP 5.0 软件在工程结算审计中的主要操作步骤包括：建立工程；合同内审核；合同外审核；报表输出；保存与退出。

一、建立工程

在广联达云计价平台 GCCP 5.0 中点击“新建审核项目”，选择并添加送审文件，文件类型为结算项目 GSC5 文件，完成新建审核工程。工程名称默认为送审工程名称，后附“（审核）”字样。

二、合同内审核

1. 分部分项工程量清单审核

（1）工程量差及增减金额

单位工程界面下，点击分部分项按钮，可以直接输入审定后的工程量；

审定工程量输入后软件会自动计算出量差、增减金额并附增减说明。

（2）查看详细对比审核

主界面的列数有限，只显示送审、审定的工程量、综合单价等最关注的信息。其余的项目可以通过“详细对比”操作实现，选中有差异的清单项或者定额项，点击“详细对比”按钮，软件会自动显示清单或者定额的合同、送审与审定情况；选中有差异的定额项，点击“工料机显示”按钮，软件会自动显示当前定额“工料机”的合同、送审与审定情况。

（3）分期调整

对于一年中材料价格上下浮动，浮动周期不尽相同的人材机价格，软件可以实现分期调整，点击“人材机分期调整”按钮，在“分期工程量明细”的“分期量”里输入每期的工程量，审定结算工程量为分期工程量之和。

2. 措施项目审核

措施项目结算审核有两种方式，即总价包干和可调措施。总价包干不可以调整，措施项目费用按合同结算费用。可调措施可以调整措施费用。单价措施费用调整通过修改工程量和单价进行调整。在“措施费用”界面，修改“审定结算”中“计算基数（工程量）”一栏中的工程量即可。总价措施项目通过修改计算基数和费率进行调整，方法同样是修改“审定结算”中“计算基数（工程量）”一栏中的数字。

3. 其他项目审核

其他项目的结算方式，软件提供了“同合同合价”“按计算基数”“直接输入”3 种方式，可以进行批量设置，也可以根据不同的项目单独选择结算方式。选择“结算方式”中的“直接输入”就可以直接输入“审定结算金额”。

4. 费用审核

进入“费用汇总”界面，审核送审工程的计算基数和费率，在“审定结算”中修改计算基数或费率，软件自动生成增减金额，可以清楚看出送审值和审定值之间的差额。

三、合同外审核

1. 分部分项工程量清单审核

送审工程合同外分部分项工程量清单的审核情形，一般分为删除原有清单项目、修改原有项目的清单工程量和新增清单项目。

2. 措施项目审核

送审工程合同外措施项目审核可以依据项目的实际情况在软件中进行“删除”或“插入”操作，具体操作与分部分项工程量清单审核相同。

3. 人材机审核

切换到“人材机汇总”界面，选择“人材机参与调整”，直接在“审定结算”中的“结算单价”内进行修改即可。

第七章　基于数字化技术的工程造价信息系统设计路线

近年来国民经济持续增长，我国也加快了城市现代化建设步伐，推动了建筑装饰行业蓬勃发展，但是在进行造价管理和控制过程中，受到交叉施工、市场变化、人为操作等因素影响，导致建筑装饰工程造价控制不够理想，也对工程建设质量和经济效益提高造成不良影响，通过 BIM 技术在其中进行应用，可以有效解决这些问题，并且实现对建筑装饰工程造价的智能化管理和控制，使得造价控制效果进一步提高。基于此，本章主要分析基于数字化技术的工程造价信息系统设计路线。

第一节　基于大数据平台的架构

一、平台的建设目标与原则

在对工程造价信息数据采集、整理的基础上，引入主流的计算机技术，对工程造价信息数据进行存储分析，设计出基于大数据的平台的架构，将数据挖掘算法与大数据的架构相结合，提高数据处理效率，充分挖掘工程造价信息数据价值，促进工程造价行业发展。平台的建设原则应该满足以下几个方面内容：

1. 可扩展性和兼容性

平台的建设应考虑今后的业务扩展，减低各功能模块的耦合度，充分考虑平台的兼容性，能支持不同样式信息数据的存储，要能实现跨平台的应用。

2. 适用性和高性能性

平台建设不仅要能适应当前应用需求，而且要能满足长远的发展目标，同时要能高性能快速地影响用户需求。

3. 先进性与低成本性

平台建设应采用当前成熟的先进技术，并符合今后技术发展趋势。在设计上，要充分借鉴国际标准、规范，采用当前主流的体系结构。

4. 安全性和可靠性

在系统设计和架构设计中要充分考虑系统的安全性和可靠性。

二、平台的需求分析

要构建一个能为工程造价相关不同性质单位提供信息服务的平台，因此要针对不同用户的需求特点进行有针对性的全面分析，只有以用户为导向，构建的平台才能满足各方的需求，真正实现信息协同共享。构建的平台涉及用户主要有政府及行业协会、建设单位、设计单位、施工企业、工程咨询单位、软件提供商、平台维护人员及普通用户。政府希望通过信息平台发布相关政策、标准等，了解工程造价行业的发展趋势，了解工程造价行业存在的问题，引导工程造价行业平稳有序地发展。

目前，建设单位的工程造价工作主要是进行招标采购以及询价，其成本控制工作主要由专业的造价咨询机构来完成，因此建设单位希望通过工程造价信息平台了解工程咨询单位的资质、业绩、从业人员情况等，从而选择符合其标准的咨询单位为其开展成本控制工作。工程造价咨询单位希望通过工程造价信息平台获取相关标准、定额文件以及人材机等要素的价格等来开展工程造价工作。同时他们也希望工程造价平台能提供工程造价相关指标，来编制投资估算及概预算，进而确定和控制工程投资。设计单位希望通过工程造价信息平台了解相关已完工程信息。从而为其设计方案提供参考依据。

施工单位主要通过工程造价信息数据来了解人材机等要素价格信息，为其编制投标报价提供依据，同时也希望通过工程造价信息平台了解行业政策，改进其技术、管理等。软件提供商希望通过工程造价信息管理平台了解行业趋势、市场信息，发现行业中技术、管理等方面的软件需求，同时他们也希望用户通过平台来反馈信息，从而改进其软件中存在的问题。普通用户希望通过工程造价信息平台了解工程造价行业政策、趋势、相关造价信息，来服务其生产生活等。平台维护人员主要通过工程造价信息管理平台进行日常的管理维护工作。

在平台各方所关注的工程造价信息中，工程材料信息与工程造价预测、投资估算是平台各方用户最关心的几个方面，工程材料占工程造价的70%左右，无论是招标采购还是进行成本控制都离不开工程材料的价格信息。因此，工程材料价格信息显得十分重要，如何从庞大信息量中找出符合市场的价格信息，是平台所涉及的各方都关注的重要问题。在实际工程造价中，投资估算和工程造价指标是项目前期重要的经济技术指标，在决策分析中是不可或缺的数据信息。了解项目信息动态、行业发展趋势、成本控制等，都离不开工程造价预测，因此如何快速、准确地对工程造价进行预测，对投资进行估算是需要重点研究的问题。

三、平台的总体架构

按照系统建设目标与原则及平台需求分析，平台设计不仅要能满足当前的需求，兼容现有的软件，而且要考虑长远发展，以便今后扩展。通过本平台建设，实现工程造价信息资源的集成、工程造价业务的协同共享，提升工程造价工作效率，为相关工作的预测，决策提供依据。基于大数据的工程造价信息管理平台，主要实现工程造价信息的采集、整理和分析。考虑到技术的合理性可行性，采用Hadop大数据处理架构。考虑到工程造价信息的大数据背景，本平台分数据集成层、数据存储层、数据处理分析层、数据输出展示层，同时用相关的标准和规范来约束、支撑架构设计。

1. 数据集成层

数据集成层在整个架构的底层，主要处理平台的数据来源，数据可以是oracle.MySql数据库或其他数据库，数据结构多样化，包括结构化的数据、非结构化的数据及半结构化的数据，数据格式包括文字、音频及图像等。有些数据可以直接存储，有些数据需要经过Mapreduce解析后存储。本架构引入了一个数据集成层，将外部数据源层与文件层进行数据交换，使用了soop工具，它可以实现传统的关系型数据库与Hadoop系统之间的交换。

2. 数据存储层

文件存储层使用了Hadoop技术体系的HDFS、HCatalog及Hhase等组件，通过 HDFS 的分布式文件技术，将不同地方的存储设备组织起来，给数据处理分析层提供一个统一的接口供其访问。HCatalog 主要负责数据表和存储管理，Hbase 主要负责非结构化的大数据存储。

3. 数据处理分析层

数据处理分析层主要包括 Hadoop 技术体系的 Mapreduce、Hive 及 Pig 等技术。其中 Mapreduce 是数据处理的核心，它主要负责大数据的并行处理。一方面，它可以让开发人员直接构建数据处理程序。另一方面，Hive 等数据库工具访问和分析需要 Mapreduce 的计算。Hive 是基于 Hadoop 的数据仓库工具，它可以将结构化的数据映射为一张数据表，为数据分析人员提供完整的 SQL 查询功能，并将查询语言转换为 Mapreduce 任务执行。Pig 提供了一个在 Mapreduce 基础上抽象出更高层次的数据处理能力，包括一个数据处理语言及运行环境。

4. 数据输出展示层

终端通过 web 服务器、PC、手机、平板电脑等进行数据的展示输出。

四、平台的技术体系架构

基于大数据的工程造价信息管理平台的技术体系构架，依据平台的需求分析、建设目标及设计原则，考虑平台今后的需求增加和业务的扩展，应用多种服务组件来实现数据接入、丰富数据的处理，技术架构整体分为 IT 基础环境、业务系统接入、数据资源中心、平台应用支撑、数据交换服务及平台应用等部分。

1. IT 基础部署

IT 基础部署是平台的硬件和软件环境，支撑整个平台的正常、高效运行，主要包括主机、存储、网络等设备，及操作系统、系统相关软件等。

2. 业务系统接入

主要接入外部投资决策、设计、招标采购、施工、竣工结算等阶段相关系统，将业务数据整合到平台数据资源中心。

3. 数据资源中心

数据资源中心整合工程造价信息资源数据，主要包括政策法规库、人材机价格信息库、工程造价指标库、行业信息数据库等。

4. 平台应用支撑

平台应用支撑主要为支撑平台应用的一组服务，包括数据管理服务、注册服务、用户管理、消息服务等。

5. 数据交换服务

数据交换服务主要为数据交换服务的相关组件，包括接口服务、工作流配置服务、规则管理服务、数据转换服务等。

6. 平台应用

平台应用主要包括平台的信息采集、信息发布、信息检索、决策支持等相关应用。

五、平台的组织架构

Hadop 技术是当下处理大数据的关键技术，具有低成本、高性能等优点，在众多商业机构和科研院所广泛应用。在基于大数据平台的组织架构设计中，平台应用 Hadop 技术得到进行组织架构，选用的是 Mater slaves 架构。在本架构设计中，主控节点管理着所有的功能模块节点。平台首先通过数据组件，从外部业务系统收集数据信息，并将收集到的图片、视频等非结构化数据存储在分布式集群 Hadoop 的 HDFS 上。接着通过消息组件将收集到的数据信息交由数据查询组件进行查询操作。数据查询组件在进行查询任务时，先通过数据存储索引找到数据的位置，然后将数据操作请求发给数据库管理组件进行数据的读写。

在查询的基础上会进行数据分析，这部分工作主要由数据分析组件进行处理，数据分析组件通过各种数据分析方法，将数据分析任务交给 Hadop 集群处理分析。在数据查询分析结束后，由消息中间件将数据的操作返回给客户端。

六、平台的功能设置

根据平台用户需求，基于大数据的工程造价信息管理平台主要设置了信息采集、信息分析与发布、信息检索、数据分析、系统维护等功能模块。

1. 工程造价信息数据采集系统

信息采集功能模块主要用于采集工程造价相关基础数据，主要包括工程造价相关政策、法规及建设行业标准规范、图集定额等采集人工、材料、机械价格信息及与之相关的供应商单位信息，另外还包括在建工程与已完工程信息，除此之外还有其他相关信息，包括工程造价政策法规，相关图集规范、行业动态、造价咨询单位信息及从业人员信息等。

2. 工程造价信息数据发布系统

信息发布功能模块主要是发布人材机价格分析，同时对材料的价格趋势进行综合对比分析。发布工程造价信息，主要包括工程造价相关政策、标准规范、图集等工程造价计价信息。执行人员与企业业绩排行主要针对咨询单位，对咨询单位及其工程造价从业人员的业绩进行排行，可以增强工程造价咨询单位上报其成果的积极性，同时为建设单位选择咨询单位提供服务依据。

3. 工程造价信息数据检索系统

信息检索主要为工程造价相关单位提供工程造价信息检索。用户可以通过平台检索政府各单位发布的工程造价相关法律、法规，行业标准及规范，施工定额、图集等相关信息。用户可以通过平台检索人工、材料、施工机械价格信息，实时掌握市场行情。用户可以通过工程造价信息管理平台了解在建工程情况，了解在建工程的相关施工技术、造价等信息，为本单位在建工程提供参考。用户还可以检索已完工程造价信息，了解已完工程基本情况、工程特征、工程造价等，为用户拟建工程提供参考。用户可以检索类似工程概预算、招标控制价等，方便用户开展概预算及招投标相关工作。用户可以通过工程造价信息管理平台检索各地方咨询单位基本情况、咨询单位资质、人员情况、过往业绩等，方便投资人全面了解工程造价单位详细情况，从而为选择合适的造价咨询单位提供参考依据。除此以外，用户还可以检索到整个行业的动态、先进的施工方法、成熟的经验等，方便工程造价从业人员学习借鉴。

4. 工程造价信息数据分析系统

信息数据分析模块主要通过应用程序与数学模型，对工程造价中的数据进行提取、整理、分析，主要包括基于灰色关联的投资估算、工程造价指数预测、基于 Map Reduce 的 K–means 算法进行聚类分析等，为投资决策提供依据，帮助投资人做出准确、科学和合理的决策。

5. 平台维护系统

平台管理主要为平台管理员对工程造价信息管理平台进行管理维护，包括基础数据管理、业务状态修改、用户权限管理、日志管理及数据的恢复与备份等。

第二节　工程造价信息数据采集、发布和检索

一、工程造价信息数据采集

其中工程造价相关政策、标准及规范等信息，造价咨询单位及其从业人员详细信息，行业动态等信息为结构化数据，采集较为容易。在综合全国各省采集工程造价信息的基础上设计了工程造价信息采集，主要针对人工、材料及施工机械价格信息，设计了在建工程与已完工程信息设计采集格式。

1. 工程造价信息数据采集模式

基于大数据的工程造价信息管理平台有两种不同的采集模式。一种是在平台内部采集，即在工程造价信息标准统一的前提下，在工程造价平台按照统一规范导入数据，让工程造价信息直接进入数据库，或直接在平台按照相应的规则设置字段，输入相应的工程造价信息，将输入的信息存储在工程造价信息数据库中。另一种是在平台外部采集，即通过平台的接口与外部业务软件系统实现信息交换。此种采集模式需要有接口，有统一的数据交换格式，不同外部业务软件系统数据通过统一的数据映射，将数据转化为统一标准的数据交换格式后通过接口进入数据库。

目前，尽管不同工程造价信息软件的数据库编码标准不同，但它们都可以将数据库中数据文件导出为 Excel 形式。不过不同的软件导出的 Excel 数据文件信息存在表头和顺序不一致的问题，这样，在将 Excel 数据文件导入数据库时就不能与统一标准的数据库格式一致。而本平台可通过数据

交换组将导入的数据文件转换为标准格式导入数据库。

2. 人工价格信息采集

人工价格信息是工程造价中不可或缺的部分，在设计采集人工价格基础信息时，要使人工价格信息与定额在内容上相符，为今后编制劳动定额提供参考。综合全国各省的人工价格情况，按照目前建筑的工种来采集人工价格信息，主要将建筑工种分为普工、抹灰工等 18 个工种，价格信息通过地方各造价站、造价软件等动态入库。

3. 材料价格信息采集

材料成本占整个建筑安装工程的 70% 左右，它是工程造价中最重要的部分。材料价格信息采集主要为用户询价、制作标底价格及确定和控制工程造价信息服务，根据需求分析，本平台在价格中应尽量包括已有的材料价格信息。工程材料的名目繁多，新材料不断涌现，价格信息采集工作十分繁重。且目前各省市地区对不同的材料品种使用频率不同，采集的格式统一相对困难。在设计信息采集表格时不仅包括了这些经常使用且使用量大的常用材料，也给其他材料留有了补充空间。以土建为例，材料分为金属材料、混凝土 / 砂浆、水泥 / 砖瓦 / 砂石、防水材料、保温耐火、成型构件等几类。

4. 施工机械价格信息采集

施工机械价格信息主要包括施工建设使用机械的安拆费和场外施工建设发生的运输费等。施工机械使用一般包括自有和租赁两种方式。设计采集格式主要为施工机械租赁价格信息。

5. 已完工程造价信息采集

已完工程造价信息能反映过去时间阶段工程造价的情况，它是本平台认识工程造价信息发展规律的重要信息资源，它不仅为建筑行业政策、标准及规范的制定提供了依据，也为拟建工程建筑提供了重要参考。

目前我国政府及民间已经有很多渠道来对已完工程造价信息进行采集、整理和分析，但是已完工程造价信息的采集、整理和分析还存在很多问题。首先，还没有建立一套很完备的体制。其次，有些采集的信息还显得滞后。再次，对已完工程造价信息的分析还只是停留在表面，没有深入地整理分析和挖掘数据的价值。要改变目前工程造价信息采集、整理和分析的状况，需要建立完备的信息采集、整理和分析机制，要在第一时间对工程造价信息进行详细的采集和发布，发布后要运用先进的信息化手段对已完工程造价信息进行深入的系统分析。当前已完工程造价信息收集整理工作比较困难，因此考虑收集最有价值的造价信息，如政府和民间各渠道发布的已完工程造价信息及已完工程造价信息的使用情况，设计了已完工程造价信息的采集表格（以建筑工程为例），主要包括建设工程项目概况、建设工程特征及技术经济指标等三个方面的内容。

二、工程造价信息数据发布

1. 人材机价格信息发布

人材机价格信息分析主要是根据人材机价格信息在一段时间内的价格行情，求出最高价格、最低价格、平均价格，并以图表展示段时间内的报价日期、价格、产地、趋势等。

2. 工程造价企业与执业人员信息发布

工程造价企业与执业人员信息发布，主要发布工程造价咨询企业的地址、联系方式、营业执照、资质、业务范围、从业人员信息、过往业绩、法律诉讼信息等，执行人员信息主要发布执行人员年龄、资格证书、参与项目及取得成果等信息，为建设单位选择合适的咨询企业服务。

3. 其他造价信息发布

工程造价信息发布主要包括两个方面，一方面是工程造价政策法规，主要包括法律法规、规章制度、协会文件、行业动态、工程图集及定额。法律主要为国家层面的各种法律信息，包括劳动合同法、政府采购法、公司法、价格法等。行政法规主要为工程造价行业涉及各种税费的规定条例，如城市维护建设税暂行条例、营业税暂行条例等。部门规章为与工程造价相关的部委所发布的规章制度，涉及部门有建设部、财政部、国家市场监督管理总局等相关部门规章制度等。地方规章为省市地方自行发布的造价管理办法。工程图集和定额收集国家和地方的工程图集、工程定额，供造价人员参考使用。另一方面为工程造价相关信息，主要包括各专业单方造价、人材机消耗量指标、人工价格指数、材料价格指数、建安工程价格指数等。

三、工程造价信息数据检索

信息检索模块主要用于建设工程相关用户检索工程造价信息。根据各用户的需求，模块主要有工程造价行业政策法规与标准规范检索、人工材料及机械价格检索、已完成或在建工程信息检索、造价咨询单位及从业人员情况检索、工程行业动态信息检索等子模块。

本平台对每个子模块设计一个检索界面，当用户需要检索相应的工程造价信息时，可以根据分类进入相应的模块检索。用户可以选择一个条件进行检索，也可以选择多个条件组合检索，检索结果通过表格的形式展现给用户，同时用户可以根据自己的需求设计相应的表格表头或输出内容进行定制输出。

1. 建设工程行业政策法规与标准规范检索

建设工程行业政策法规主要为国家管理部门发布相关政策法规文件，可以通过文号、文件名称、发文时间与发文部门等进行一个或多个条件检索，也可以直接输入政策法规的内容进行检索。建设行业标准规范主要为国家和各省市的各类预算、概算定额、定额咨询解释等及行业标准规范、标准图集等，可以通过标准规范名称进行模糊检索，也可以通过发布时间等进行检索。

2. 人工、材料及机械价格检索

用户可以输入人工、材料、机械的名称和地区组合来检索，可以检索到该地区的该要素的当前价格与历史价格。用户通过输入人材机的名称与时间来检索，可检索到该时间段全国各地区该要素的市场价格。

3. 已完工程造价信息检索

用户输入工程建设年份或工程名称检索已完工程项目概况、工程特征、工程造价信息组成、主要工料分析、主要工程分析等；用户选择住宅、公寓、别墅等工程分类可检索该类型下面所有工程的已完工程项目概况、工程特征、工程造价信息组成、主要工料分析、主要工程分析等信息；用户也可以通过输入工程特征关键字检索所有项目的概况、工程造价信息、费用构成、工料分析及工程分析等，这样可以方便用户根据类似工程特征的项目造价信息估算拟建工程造价。除此以外平台还对全国各省已完工程造价信息进行了分析，在上述的检索结构中选择省份即可检索该省份的类似已完工程造价信息。

4. 造价咨询单位及从业人员信息检索

用户在造价咨询单位及从业人员信息模块，通过输入省份可以检索到该省份的所有造价咨询单位及其从业人员信息。这样不仅有利于政府部门管理造价咨询单位及其从业人员开展工作，也有利于建设单位通过工程造价平台快速了解造价咨询单位及其从业人员信息，从而对造价咨询单位进行比选，选择符合其要求的造价咨询单位来为其服务。用户也可以通过输入工程造价咨询单位名称检索工程造价咨询单位的资质、地址、联系方式、过往业绩等，输入工程造价从业人员的信息即可检索其职称、学历、从业经历、业务专长等。

5. 工程行业动态信息检索

用户输入要检索的行业信息关键词即可检索行业新闻及公告信息、新产品新工艺、建筑行业与房地产行业整体市场状况等相关行业动态。

第三节　大数据环境下的数据

一、传统的关系型数据库与 NOSQL

随着互联网技术的飞速发展，数据处理面临着很多新的变化，主要体现在数据量、数据特征及处理需求发生了很大变化，传统的关系数据库已经不能适应新的形势，具体体现在：

1. 无法适应多样化的数据结构

大数据环境下的数据结构呈现多样化的特点，数据结构有结构化数据、非结构化数据及半结构化大数据。数据格式有视频、音频及 web 页面等多种形式。传统的关系型数据只能处理结构化数据，因为其已经不能高效地处理其他的多样化数据。

2. 无法进行高效的并行处理

大数据环境下，很多 web 页面需要根据用户的个性化特征生成一些实时的动态页面数据。同时由于很多用户在网上操作，还会产生很多行为数据，这些都与传统的 web 页面的操作有很大的不同，因此大数据环境下关系型数据并不能很好地进行高并发的操作。

3. 无法适应业务量和业务类型的快速变化

大数据环境下，短时间内一个线上业务量和业务类型会不停地变化，如用户量会急剧上升，从百万级上升到千万级，需求也可能会频繁地增加。这对数据库的底层硬件和数据结构都提出了考验，需要它们有很强的扩展性，这些都是传统的关系型的数据库所不擅长的。基于以上的这些原因，数据库领域出现了 NoSQL 技术，NoSQL 是 Notonly SQL 的简称，即超越传统的关系型数据库。它没有固定的模式和表结构，因此具有灵活性好、扩展性强等特点，它对传统的关系型数据库的超越主要体现在：

（1）对事务的一致性要求放松

传统的关系型数据库的读写都是基于事务型的，主要有原子性、隔离性、一致性和持久性。一致性体现在，当向表中插入一条记录，该表的查询操作肯定能检索到这条记录。这种一致性在关系型数据库有严格的要求，但是在 NoSQL 数据库没有这么高的要求，因此这为 NoSQL 数据带来了很好的性能和架构的灵活性。

（2）改变固定的表结构

关系型数据库采用了严格的面向性的数据表结构，因此关系型数据库主要适用于以结构化数据为主的数据处理与存储，但是当业务需求变化频繁，出现数据结构和架构的变化时，关系型数据库处理就会面临困难。而 NoSQL 没有沿用面向行的表结构，而采用了如 key-value 数据库、列存储数据库等新形式数据库。基于以上 NoSQL 数据库技术的特点，以 Hbase 为代表的新型数据库被广泛应用，它们能处理 PB 以及 ZB 的大数据，可以运行在低成本计算机构建的集群环境中，实现高性能的读写等，很好地满足了大数据环境下的特定需求。

二、HBse 数据库

HBse 是 Hadoop 技术体系中的分布式列存储数据库系统，底层物理存储利用了 HDFS 分布式系统，其设计目标是满足海量行数、大量列数及数据结构不固定这类特殊数据的存储需求，可以运行于大量低成本构建的硬件平台上，所针对的应用环境是对事务型没有特别严格要求的领域。HBse具有以下优点：

1. 硬件要求低

由于在设计开始 HBse 就考虑了整个系统的实现成本。通过充分利用底层分布式文件系统的能力，HBse 可以运行于由大量低成本计算机构成的集群之上，并保持高吞吐的性能。

2. 可扩展性低

基于 HDFS 的分布式并行处理能力，HBse 可以通过简单地增加 RegionServer 实现近于线性的可扩展能力。并且，无论是在小并发还是大开发情况下，HBse 都可以达到相近的高性能处理能力。

3. 可靠性好

HBse 将数据存储在 HDFS 中，通过内建的复制机制确保了数据的安全性，同时也支持以节点备份的形式，进一步提高了可靠性。

4. 存取速度快

HBse 作为典型的列数据库，以列属性为单元连续存储数据，这就使得同一个属性的数据访问更加集中，可以有效减少数据，提高存取数据的效率。

三、数据库表设计

数据库是工程造价信息平台的最重要的支撑，信息采集将采集信息存储在数据库中，信息查询需要从数据库中提取数据，决策支持需要将数据库的数据通过一定的算法进行处理、分析，供决策使用，可以说没有数据库支撑，工程造价信息平台毫无意义。

通过前面需求分析，工程造价信息管理平台数据表主要包括建筑类别表、项目表、建设地点表、项目特征表，规划指标表、技术经济指标表、建安工程费表、人材机表、供应商表等。建筑类别表：主要包括类别编码、类别名称、项目编码等字段。项目表：主要包括项目编码、项目名称、开工日期、完工日期、建设地点等字段。建设地点表：主要包括建设地点编码、建设地点名称等字段。项目特征表：主要包括特征编码、特征名称、计量单位、特征值、建筑类别等字段。规划指标表：主要包括规划指标编码、规划指标名称、计量单位、指标值、项目编码等字段。技术指经济指标表：主要包括技术经济指标编码、技术经济指标名称、计量单位、产品编码，指标等字段。建安工程费表：主要包括建安工程编码、建筑工程名称、规划指标编码、产品编码、计量单位、工程量等字段。人材机表：主要包括人材机编码、人材机名称、人材机规格型号、计量单位、计算供应商等字段。供应商表：主要包括供应方编码、供应方名称、地址、姓名、电话、建设地点等字段。由于数据业务的复杂性，不能用单一模式对数据元进行管理，应将业务、技术与操作进行有机统一，将数据进行分类，理顺数据之间的关系，建立它们之间的映射，这样在访问数据时访问它们的值和关系即可。通过这种方式，本平台可以大大提高系统效率。

第四节　工程造价信息数据挖掘分析

基于需求分析，投资估算、工程造价指数等是项目前期重要的技术经济指标，材料价格在工程造价中占有很大比重，招标采购及成本控制都涉及材料价格，本平台的数据挖掘分析主要集中在工程造价指数预测、投资估算及工程价格信息分析。

数据经过一系列的抽取、转换和集成以后进入数据集中，再按照一定的规则，算法和数据模型将数据导入到数据交换平台，包括综合数据、基本数据与历史数据，然后通过挖掘算法对数据进行挖掘分析。

数据挖掘是数据处理中最重要的一个环节，传统的挖掘算法可以分为四类，即关联规则分析、分类和预测、聚类分析、异常检测。无论是传统的数据还是大数据，数据挖掘都是通过找出数据的价值为决策和研究提供依据。基于大数据，数据有着海量、动态、异构、多源等特点，因此在大数据时代拓展挖掘算法是关键，对数据挖掘中的各类算法进行改善或研究新算法，充分发掘数据的价值。主要应用灰色预测算法来进行工程造价预测及投资估算，利用基于 Map Ruduce 的 K-means 聚类算法进行工程价格分析。

一、基于灰色关联的投资估算

投资估算是项目前期重要的技术经济指标，其范围覆盖工程项目全过程，涉及各个阶段的费用支出。投资估算中建安工程费占有相当大的比例，它是整个工程建设投资的重要组成部分，工程造价投资估算要准确，必须选择合适的数学模型。常用的工程造价模型有移动平均法、指数平滑法、灰色预测理论等。

1. 移动平均法

移动平均法是将过去若干期的即时的经济数据不断加入统计序列中去求实际平均数的一种经济预测方法，实际应用中有一次移动平均法、二次平均法和加权平均法，其中二次平均法的误差最小。移动平均法适用于短期预测，对于短期序列数据，移动平均法能消除序列中的随机波动，使样本数据得到修复，但当数列有显著的变动趋势、发展不稳定时，移动平均法不适用。同时移动平均法还存在几个问题：首先移动平均法需要庞大的过去数据进行对比分析，其次它需要不断引进新数据来修改平均值。再次尽管移动平均法的期数越大平滑波动效果越好，但是这样也会导致预测结果与数据实际变动有出入。最后虽然移动平均值能反映出趋势，但是它并不总是能很好地反映数据波动。

2. 指数平滑法

指数平滑法是在移动平均法的基础上进行了改进与发展，它主要是通过对过往的数据序列给予平滑系数来进行预测，对近期的统计数据给予较大的加权因子，对远期的统计数据给予较小的加权因子。它的优点是不需要很多的历史数据，计算方便，同时也不需要存储大量实际数据，这样可以节省处理数据的时间和存储空间。

3. 灰色预测理论

灰色系统理论是研究不确定性系统、系统的系统以及小样本、贫信息问题建模的一种方法，该理论通过对部分已知信息的处理，找出有用的信息。它最早由我国学者邓聚龙教授于 1982 年提出，目前已经形成了一套完整的理论体系。灰色预测理论是灰色系统理论领域中最为活跃的分支之一，它在工业、农业、经济等领域中被广泛应用，解决了很多的实际问题。灰色预测模型的思想是去掉数据序列中的老数据，同时不断补充新数据。

一方面，灰色预测理论不断加入新数据能满足自学的要求。另一方面，不断去掉老数据，减少了存储备空间，使运算方便，与移动平均法、指数平滑法对比，在预测中精度、计算量及数据量等方面具有明显的优势。在这几种方法中，运用灰色关联理论进行投资估算具有简单、快捷的特点。灰色关联分析的基本思想是根据序列曲线几何形状的相似程度来判断其联系是否紧密。如果进行比较的两个数据序列的发展趋势一致或相似，就说明两者关联度大。否则，就小。我们在对建筑工程进行投资估算时应充分考虑建设工程的多种因素，如建筑工程的建设地点对建筑工程的投资估算会有很大影响。

综合以上建筑工程的特点，本平台选择项目特征相似的工程项目进行灰色关联分析。测算的思路是通过选取与待测算的工程最接近的若干工程，然后测算其与待测算工程的关联度，通过灰色关联度筛选出若干工程与待测算的工程的灰色关联度最接近的 5 个典型工程，然后对这些典型工程的投资估算进行平均取值，就可以得到待测算的工程的投资估算。工程造价平台投资估算指标的具体测算过程主要为：首先，选取工程建设地点、工程类别及要测算的指标类型，再输入影响工程造价的关键因素如：结构形式、内装形式、给排水等，平台会根据输入的信息从数据库中检索到类似工程项目进行匹配。然后，工程项目单方造价对匹配的类似工程项目的特征信息进行赋系数，具体数值应不小于 0.5。接下来，计算各类似工程的关联度。n 个类似项目工程 P1、P2、P3，…，Pn，每个典型工程有 10 个工程特征参数。10 个工程特征分别为结构形式、内墙装饰、外墙装饰、给排水、暖通、强电、弱电，消防、电梯、燃气。

对各个工程与待测工程的关联度进行排序，找出关联度较大的前 5 个典型工程。再对各典型工程的相应的各分部分项目指标取平均值，即可得到工程的投资估算指标。

二、基于 Map Ruduce 的 K-means 聚类分析

基于 Map Ruduce 的聚类算法，是在大数据的 Map Ruduce 框架下，通过对数据规模、复杂性集节点数等因素进行分析，找到它们之间的关系及

影响因素，来提高并行数据处理的效率。本平台主要应用Map Ruduce的K-means算法等来对工程材料价格信息进行聚类分析。

（一）基于Map Ruduce的K-means算法

K-means算法对给出的样本进行分类，测算它们的分类距离，找出最近的。这一处理过程各个工作之间相互独立，而且在每一次的迭代任务中的处理是一样的。而基于Map Ruduce的K-means算法则有所区别，每一次迭代处理，Map和Reduee有一样的过程。具体过程为：首先选取M个样本，这M个样本是通过随便抽取，然后将它们作为中心点，这样一共有M个中心点，将所有这些中心点都放到一个文件中，他们作为全局变量由HDFS来进行读写等。接下来对Map函数，Combine及Reduce函数都进行迭代运算。

1.Map函数设计

Map函数处理是用<key，value>表示的，它们是MapReduce数据处理的初始格式。其中key是偏移量，是与初始输入文件数据的距离。value是字符串，表示样本的多维坐标。在函数处理过程中首先要从value中的字符串进行解析，然后计算各个维度与M个中心点之间的距离，找出最近的聚类，将其下标进行标记。最后输出<key'，value'>。其中key'值是标记找到的聚类下标，value'是它的多维坐标。为了减少迭代过程中处理数据量和提高通信效率，在Map函数运行完成后，K-means算法添加了一个Combine操作，它的作用是合并Map函数运行完成后的结果数据。因为map函数运行完成后的结果数据都在本地，这样Combine操作都是只需在本地操作就可以了，大大减少了通信的时间。

2.Combine函数设计

Combine函数处理用<key，V>表示，key是聚类的下标，V表示链表，这些链表是与key相对应的聚类，它由多维度数据的坐标的字符串组成。Combine函数处理过程为首先从这些链表中解析出这些表示多维数据坐标的字符串，然后记录将他们进行相加后的总数，最后输出<key，value>。key'表示聚类的下标，value包含两个信息，一个是样本总数，另一个是表示多维坐标值的字符串。

3.Reduce函数设计

Reduce 函数处理用 <key，V>，key 是聚类的下标，V 表示中间结果，它是 Reducee 函数从 Combine 函数中传输得到的。Reduce 函数处理过程为首先解析出处理过程中的样本个数，并记录相应节点多维坐标的总和，然后对这些汇总数分别求和，它与总个数的商即为新的坐标值。

（二）K-means 算法改进

K-Means 算法必须提前给出 K 值，K 的取值直接影响算法的效率和精度。为了更合理地选择 K 值，我们需要对 K-Means 算法进行改进，通过比较数据集中的样本之间的距离，选择尽可能远距离的点作为初始中心点，再通过新生成分类确定 K 值。

（三）聚类分析

在工程造价实际工作中，对工程材料询价及信息查询是必不可少的。当前，工程造价人员主要依靠造价信息期刊及各类造价信息网站发布的造价进行查询和比价。造价信息刊物的信息存在着明显的滞后的特点，往往查询的数据是上个月发布的数据，而相关造价信息网站发布的信息量大，发布的材料价格有高有低，让工程造价人员很难掌握真实的市场价格。因此有必要对工程材料价格信息进行分析，找出真实的价格，以便于工程造价人员编制施工预算及投标报价等。

这样，通过对同一材料的不同价格进行分析，将价格分别进行分类，在不同的聚类中心，通过聚类中心点、价格及聚类数，让工程造价人员能够直观地掌握所查询的价格信息，即分布中心点多的价格，这种市场占有率会大。生产经营者掌握第一手的价格信息，也有利于审计人员及时判断价格信息的真实性。

第五节　平台维护系统

平台维护系统模块主要包括用户管理、业务状态修改、日志管理及数据库备份等功能。平台用户主要为平台管理人员以及管理人员外的造价相关人员，造价相关人员主要包括政府工作人员、设计、施工、咨询单位等单位相关人员。平台用户又分为超级管理员和普通人员，超级管理员有更改平台录入信息、业务状态，审核信息，添加、删除用户等所有功能。普通人员仅有操作基本信息采集录入、检索等功能。政府工作人员主要发布相关政策、行业标准等信息并上传到平台，也可以通过平台检索相关造价信息。

建设单位主要采集已完工程造价等相关信息并上传至平台及信息检索系统等。设计单位主要权限为采集相关设计信息、设计概算等并上传至平台及信息检索。施工单位主要采集人材机的相关信息、施工预算等信息上传及信息检索等，咨询单位主要采集单位业绩及从业人员信息等并上传至平台及信息检索等。业务状态主要分为信息录入状态及审核状态，新录入信息即为录入状态。经过平台管理人员审核后即为审核状态。信息录入后信息不会马上进入数据库系统中，它们先被存储在一个临时数据库中，临时数据库中数据经过平台管理员审核后，才会正式进入数据系统中存储供用户检索。日志管理为平台日常操作日志及数据库信息日志，仅有超级管理员查询权限，方便平台管理员及时了解平台信息变化，对平台进行管理，保证平台信息安全。数据库备份为工程造价信息资源库的备份与恢复，供管理员日常维护平台数据库。

经过一系列的调研及对基础能力平台的梳理，现如今网络上基础能力平台主要有两类：一是业务平台提供的基础能力是业界已经淘汰的旧技术或者承载的业务是旧体制下的产物，这类平台一般仍然采用垂直烟囱式的管理架构；二是平台提供的基础能力是当前新技术、新领域，符合集团战略目标和业界发展趋势的业务平台，这类平台一般采用业界较先进的水平分层的管理架构。

对于第一类平台，科学技术的发展和新技术或新功能出现，使得业务的发展发生改变,其承载的业务和技术已经衰退落后,并已转向其他新领域。因此,建议进行同质技术和业务整合,对于暂不能整合的,逐步按计划归并、清退。故这类平台软硬件维持原状，不再进行升级换代，其维护标准应该给予降级，只要维持基本的业务功能即可。

对于第二类平台，则需要分多种情况进行讨论。在业务平台的不同发展阶段，维护标准也应该不同。例如，在平台的孵化期，可研、立项、设计和建设这几个节点中，维护部门的主要作用是介入其中，提出符合该系统的可维护标准，以要求系统在设计和建设节点就考虑系统运营时的维护要求，在系统可研、设计和建设初期进行可维护性评审，保证系统上线、交维时业务系统的可维可管能力，确保系统稳定运行。而试运行节点就进入维护相关流程，在这个维护流程中，由于平台处于试运行阶段，相关维护操作不会影响用户的感知，只要操作不影响周边网络的安全，其要求相对其他节点会宽松一些。但是，到了培育期、发展期、成熟期等阶段，业务已经上线，这时所有的维护管理都必须以用户感知为首要考虑前提。因此，业务平台的维护标准不但与业务平台生命周期的各个阶段有关，相同的阶段承载的业务的重要性不同，平台发生故障对全网的影响面也不同，其维护等级就有所不同，这就是平台差异化维护管理模式的核心。为便于讨论，将这种差异化的维护管理模式分为 A、B、C 三大级别，其中 A 级最高、C 级最低。

业务平台维护主要包含软件变更、系统容灾、网络安全、可靠性等方面，最终反映到维护质量上。由于基础能力平台的特殊地位，对此类平台的软件变更都必须执行严格的审批制度，不同级别的业务平台维护过程中就有了不同的要求，这样才能保证把有限的资源和精力最大效益化。

第六节　平台测试

随着软件开发技术的不断成熟，软件的测试变得日益重要。不过，测试是一项具有风险的工作，主要体现在以下方面：首先，测试需要大量的资源，如果放在开发者的机器上进行测试，导致开发者在测试过程中机器性能降低，从而降低了开发者的开发效率；其次，由于测试失败的可能性较高，因此后果无法预计，轻则输出的结果和预想有偏差，重则导致整个系统崩溃；最后，对于部分测试，需要依赖于不同的硬件，如果团队没有足够的资金去购买相应的硬件，这会使测试变得更加困难。

鉴于以上问题，我们需要设计一套更加良好的测试方案，以使开发者达到以下目的：首先，提高开发者的测试效率，测试不占用开发者的计算资源，并且尽量能够自动进行；其次，提高测试的安全性，即使测试失败，也不会导致整个系统崩溃；再次，测试能够弹性地改变测试环境，即改变测试的资源配置；最后，测试的过程中系统能够尽量自动收集更多的测试数据，如 CPU 占有率、内存占用、IO 的情况等，能够在测试结束后返回给用户。

基于这些需求，我们通过比较，认为云计算是一个很好的解决方案。首先，云计算能够把计算资源放在云端，几乎不占用客户端的任何计算资源；其次，利用云端虚拟化的天然隔离性，可以保证在一台虚拟机崩溃后不影响整个云系统，从而使得测试的健壮性得到加强；最后，云计算的虚拟化可以通过改变虚拟机的配置,使动态改变资源配置成为可能。这些特点，使得这个新测试系统能成为一个典型的云计算系统。

一、平台测试环境

平台测试环境分为硬件环境与软件环境，其中硬件环境选择平台分别用 5 台计算机，5 台计算机的配置均为 CPU 四核 orei5、内存 8CHZ、硬盘 500C、网卡 1000M。软件环境操作系统为 Windows2008server。Java 程序为 JDK1.6.25.hadop0.20.2 版本。

二、单机运行时间

通过单机串行与单台基于 mapduce 框架下的 hadoop 平台计算机运行相同大小的数据来进行测试，并不断增加数据的规模。其中 M 为单机运行时间，N 为单台 hadop 平台计算机运行时间。

通过测试可以看出，在数据量较小时，mapduce 框架下的 hadoop 平台效率明显低于单机串行。但是随着数据规模的不断增大，单机串行会出现内存溢出的情况，而 mapduce 框架 F 的 hadop 平台能处理相对规模较大的数据，因此这体现出 hadoop 平台处理大规模数据的优势。

三、hadoop 集群运行时间

仍然按照上述数据，分别选择 1、2、3、4 个节点，测试不同节点下 hadoop 集群的处理时间。通过测试我们可以看出，对相同大小的数据，随着节点增加，集群的处理速度明显变快，这说明平台运行中，我们可以通过增加节点数量来提高平台处理效率。

四、加速比

加速比是指处理同一个事务时，单机系统与并行系统所用的时间的比，它主要用来对并行系统或程序的性能与效果进行衡量。平台测试主要通过增加集群的节点数来测试计算机的处理能力。

当数据量较小时，随着节点的增加，处理速度是指数式增长。当数据量较大时，加速比与节点数按一定比例正相关，随着节点的不断增加，其比例近乎保持不变，这说明随着节点的增加，hadop 集群明显比单机运行效率高，而且相对比较稳定。

第七节　平台建设、运作与维护策略

一、平台的建设策略

1. 组织结构建设

基于大数据的工程造价信息管理平台涉及单位众多，在平台的组织建设方面应建立以政府为领导的平台建设小组，平台建设小组应包含政府、工程造价协会以及参与平台试点建设的建设单位、设计单位、施工单位、咨询单位等。政府层面，主要负责信息采集标准制定及组织、管理本级与下级单位参与平台建设。工程造价行业协会主要负责各单位的组织和协调工作，收集各单位上传的信息数据。数据的整理应选择专业化的咨询单位来进行数据的审核、整理等工作。在具体组织建设中，应包括技术组与业务组两个层次。技术组主要负责从技术角度进行方案制定和软件开发，负责运行环境建设和软件系统部署、分析和评估平台建设中的技术需求和问题，负责平台技术方案的讨论、设计和技术实现工作。业务组主要主要负责提供业务需求和信息数据整理，负责平台的测试、试运行、基础数据整理及测试工作，对测试发现的问题及时记录并提交技术小组加以修改和完善。

2. 协同工作制度

一方面，建立一套从中央到省、地方的垂直管理机制及政府内部各单位之间的交流制度。另一方面，充分利用信息技术搭建项目管理系统，形成政府、建设单位、设计单位、施工单位等彼此的信息沟通和信息共享。除此以外，还应制定相应的法律和法规，形成一套政府监督机制和社会监督机制来监督平台建设工作。在实际平台建设工作中，沟通除了信息化手段外，还要采用会议和书面形式。会议定期或不定期举行，主要包括建设进度审查会议、建设关键阶段评审会议等。同时在实际工作中按周报、月报、阶段报告（以里程碑划分）三种报告方式进行项目工作汇报，工作汇报的对象是项目负责人代表，接收工作汇报的人必须签署回复意见或建议。

3. 风险控制机制

风险控制要贯穿平台建设的始终。从平台立项、方案讨论、项目建设到最后的平台验收工作都要充分考虑项目建设的风险。项目建设要同时建立风险预防和化解机制，风险计划与处理情况要作为项目计划、项目报告的重要内容之一。

风险的预防和化解，采取迭代的方式进行，时刻注意风险的预计、累积与化解。风险控制机制应在项目负责人中形成共识，不同的风险应该由不同级别、范围的项目负责人共同协助防范与处理。风险识别周期分为三种：项目启动、里程碑阶段和每周。项目启动时、每到达一个里程碑、每周开始，都要列举可能遇到的风险、风险影响、风险级别、处理措施。对化解的风险、化解措施等都要做详细记录。

二、平台的运作策略

1. 数据采集与整理策略

数据的收集与整理是平台最基础的工作，但也是平台得以发挥其作用不可忽视的重要环节，没有有效、规范的数据采集与整理，平台的建设等于零。数据采集方面，首先要保证数据的完整性，对于不完整、残缺的数据应及时摒弃，避免进入数据库影响后期的检索与决策分析。其次要标明数据的出处，这样在发生问题时能追本溯源，及时查找到问题的所在。数据整理方面，首先，应由专业化的团队统一进行数据筛选、审核工作，团队成员必须熟悉工程造价业务。其次,数据的整理要有一套完善的审核制度,对采集到的数据进行筛选、审核,保证数据的合法性、有效性。最后,要充分应用信息化技术手段,实现数据的批次处理,提高数据整理的工作效率。

2. 实时数据发布机制

一方面,应由中国工程造价协会协调各地方造价站,建立一套完整、及时的全国造价信息发布机制。另一方面,应由政府组织牵头,协调各建设单位、设计单位、施工单位、工程造价单位、软件提供商等及时上报、发布材料价格、已完工程等工程造价信息,建立一个全国性的综合信息发布网络。除此以外,企业内部应形成信息共享氛围,激励个人共享信息资源。

三、平台的维护策略

在平台的维护中,平台及其数据的安全因素是平台维护中的核心部分。在平台的功能模块设计中,本平台已经设计了维护系统,由专业的维护人员进行系统的维护。除此以外,还应有相应的数据备份与容灾措施及安全体系来实现无人值守,自动保护平台数据的安全性。

1. 数据备份与容灾

由于本平台是从全国性的角度来进行考虑建设,平台的数据库信息体量庞大,随着数据体量的高速膨胀,历史数据的备份是不得不考虑的问题。同时,自然与人为因素和平台本身潜在的破坏性因素都可能会导致数据的不安全。因此,完备的数据备份与容灾是平台维护不可或缺的部分。在平台数据备份方面应选择高性能的服务器,通过统一的备份软件进行管理,通过相应的备份许可,能够备份相应的数据库文件和一般文件,既要能实现主数据中心备份,也要能实现容灾数据中心的统一备份,并保持两者的一致性。数据容灾是指一旦 IT 系统发生灾难性的事件导致系统遭受破坏,容灾系统能保护数据的安全性。平台容灾系统建立应能实现存储系统之间的数据自动复制,不需要人工干预,不占用服务器资源,可实现数据的实时复制。

2. 安全体系设计

针对平台内部业务需求的有关信息以及与外部交换的业务信息和向社会发布的信息所面临的潜在的安全风险,结合需要保护的各类信息及可承受的最大风险的分析，制定与各类信息系统安全需求相适应的安全目标，建立可适应安全模型，并为系统配置、管理和应用提供基本的框架，以形成符合基于大数据的工程造价信息管理平台要求的合理、完善的信息安全体系。在具体的安全体系设计中，首先要建立一套覆盖平台所有相关人员的安全管理制度。其次要对平台使用与访问人员进行权限分类设置。再次要将访问控制技术、密码技术和鉴别技术等信息技术应用于基于大数据的工程造价信息管理平台来保证平台的数据安全。除此以外，还应设立一套监控体系，对平台使用和访问人员进行合理的监控。总之，要建立制度、管理、技术、监控等一体的安全体系来保障平台数据的安全性。

四、工程造价建材信息服务云计算平台

近年来，我国基础设施建设、社会固定资产投资和房地产行业投资规模的不断扩大，带动了中国建筑行业的快速发展。目前，建筑行业信息化中，造价信息化是最普及的应用，随着造价从计划经济的“定额模式”走向市场经济的“清单模式”，材料的价格信息成为建筑经济、成本控制中不可缺少的一环。然而，采购商不能及时把握供应商的价格信息，供应商所提供的价格可能因为原材料的价格波动随时改变，不同地域的供应商所提供的价格也可能不同。综合这些因素，采购商需要花更多的时间来决定不同材料的供应商。为了准确把握建设市场动态以及预测工程造价发展趋势，材料采购商需要在工程建设领域花费很多时间来处理这些造价信息，以使工程的预算达到最低。

此外，近年来电子商务（E-commerce）也在互联网不断发展的进程中迅速成为一种新的商业模式。使跨地域甚至跨国商业贸易得以实现，大大提高了生产和销售效率。同时，随着互联网数据规模的迅速增长，云计算的概念也逐渐成为一个热门，它以大规模的数据计算能力和存储能力，成为推动电子商务不断向前发展的动力，云计算成了提供各种互联网服务的重要平台。

所以，将造价信息与云计算技术相结合，搭建一个工程造价建材信息服务云计算（简称“造价云”）平台是非常有必要的。对采购商而言，通过这个平台，材料采购商可以在第一时间获取供应商的材料价格信息，通

过在线比价，综合地域、运输成本、材料价格和优惠政策等各种信息。采购商可以迅速联系供应商，大大减少了采购时间，综合在线价格信息，采购商还可以在非常短的时间内估算出工程预算。对供应商而言，公平自由的市场竞争可以淘汰高价低质量的生产商，而质量好的供应商可以在同行业各种品牌的竞争对手中脱颖而出，争取更多的市场份额。“造价云”平台的建设，可以引领行业信息化服务的发展潮流，及时、准确、有效地满足企业对建筑建材等信息的广泛需求，极大地降低中间环节的成本支出和由于信息的不对称性所产生的损失，有利于促进市场公平公开的良性竞争。

1.“造价云”设计目标

材料和服务的价格是完成建筑产品计价的核心环节之一，全国绝大部分地区都是由行政主管部门和计价软件供应商提供的部分免费信息，这些信息既不完整也不可靠，不能全面满足客户需求。所以“造价云”既要为政府管理部门服务，又要为造价专业人员及询价企业服务，同时还要面对社会开放，为采购商、投标方等不同的对象服务，成为全国性的建筑行业服务平台。

“造价云”平台主要面对六类服务对象：设计院、建设方、施工方、供应商、评审方和相关政府部门，运用这个平台以提高生产效率，快速做出工程预算，对施工进度的实时掌控等。直观地展示了“造价云”平台对这六类服务对象的作用，“造价云”为这些部门的工作人员提供了三种不同层次的服务。最底层的商铺服务是为广大供应商提供的，他们可以建立自己的商铺，推送材料信息，扩大企业营销渠道；中间层是信息价格服务，采用了云计算的服务模式，通过平台强大的数据分析处理能力对供应商提供的材料价格信息统计汇总，对其他用户展示直观的价格走势、价格比较等信息；最高层是 VIP 服务，平台对高端用户建立独有供应商库，更为紧密地联结合作伙伴，实现其管理流程的高效性。

通过“造价云”平台，不同的用户可以发挥自己的优势，与其他用户在线展开交流合作，大大提高了工作效率。设计院在设计建筑时要考虑到美观、资源节约、降低能耗等要求，还要考虑到建筑设计的合理性，尽可能地控制建筑预算。“造价云”平台可以有效解决设计院建材信息获取渠道狭窄的瓶颈问题，使建筑设计向节能降耗、有效控制成本的方向发展。

"造价云"平台提供的建材信息，不仅是建材价格信息的汇总，还包含大量建材数据的分析、整理以及价格走势，建设方可以轻松获取需要的信息，不仅能简化建材采购工作，而且能有效控制建设项目的成本并加强风险管理能力。施工方可以通过"造价云"平台查询、分析和管理建材信息服务，提供施工方寻找建材供应商、比较建材性价比、建材购买和建材运输等一系列工作的效率。对供应商而言，"造价云"为他们提供了发布企业动态信息、企业宣传、发布材料信息以及相关信息的平台，他们可以与建材采购方进行信息交换，敏锐地捕捉市场信息、深入开发信息资源、实现建材厂商的信息化。

"造价云"的建设目标不仅仅是一个对用户发布材料价格信息和查询价格信息的平台，更是一个供应商、采购商、设计方和政府等不同服务对象开展广泛合作和交流的平台。通过"造价云"平台的海量供应商信息，可以从根本上扭转传统依靠人工采价的模式，扩大造价行业获取价格数据的渠道，方便建筑各方的交流合作，这种业务模式在建筑工程领域具有无可比拟的优势。

2."造价云"系统设计

云计算是一种能够将动态伸缩的虚拟化资源通过互联网以服务的方式提供给用户的计算模式，用户不需要知道如何管理那些支持云计算的基础设施。IBM认为云计算是一种共享的网络交付信息服务模式，用户不必关心相关基础设施的具体实现，只关注服务本身。根据服务方式又分为公有云、私有云和混合云三大类。公有云是可以被企业和用户共享使用的云环境，私有云是由某个企业独立构建和使用的云环境，只有企业内部成员可以使用，混合云是指公有云与私有云的混合。

"造价云"是一个能充分整合设备资源，提供可靠、动态可扩展的云计算与服务的平台，一方面为建筑企业、建材供应商、相关政府部门提供优质高效的信息服务；另一方面为公司的应用研究提供公共的基础设施环境。通过"造价云"平台，系统运维者可以维护所有信息和服务系统，包括政府建筑招投标管理系统、公司内部信息管理系统、建材询价管理系统、企业资质审查系统、行业信息发布系统和建材质量追踪系统等，所有服务与信息管理都可以集中存储于云端，保障信息的安全。为了实现"造价云"

的业务目标，结合未来建筑行业信息化发展趋势，“造价云”可以分解为三个层次：建材信息服务、建筑信息服务平台和建筑信息基础设施。

“造价云”主要是为建设单位、咨询机构、监理单位、设计单位、政府机构、施工单位等建筑相关企事业单位提供信息交流和沟通的平台。所以“造价云”的最顶层是面向各种服务对象的服务，用户可以根据各自的需要定制服务。“造价云”平台是 B/S 架构，即浏览器和服务器的架构，服务主要是以 Web 页面通过浏览器展现给用户，用户无须在客户端安装任何软件，通过互联网登录“造价云”即可获得这些服务。“造价云”在提供大量免费信息服务的同时，也提供专业化定制服务，根据各个用户的需求定制个性化的服务。免费服务通过广告等手段为平台提供收益，专业化定制服务收取一定的服务费。

“造价云”的业务核心是建材信息，所以为材料供应商提供的服务是平台的核心之一，“造价云”为材料供应商提供了价格发布、客户管理、询价管理、报价管理、成交意向等基本服务。展示了“造价云”顶层建材服务的服务内容，包括服务对象、材料供应商的功能和基础服务。基础服务中包含了价格指标分析来预测未来价格走势、计费管理、广告管理、客户管理等服务来满足“造价云”平台自身管理的需求。

建材业平台服务层是一个开放层，可以满足建材信息服务的定制化和扩展性要求，对外开放平台 SDK（Soft Development Kit），允许第三方创建自己的应用上传至“造价云”平台。底层是建材云基础设施服务，为了满足建材信息服务的可扩展性、按需使用资源等技术要求，建筑信息基础设施需要使用经过虚拟化的计算资源、存储资源和网络资源，并将其通过服务的方式提供给上层的平台和信息服务使用。

随着工程造价信息量的不断增长，工程造价信息化必然是未来发展的方向。将工程造价信息化与云计算相结合，利用云计算超大规模的计算能力，大容量的存储、相对较低的维护成本等优势，为大量用户提供可靠的服务。“造价云”以互联网平台为载体，以云计算作为整个项目的核心理念，打造一个整合整个建筑行业材料信息的大平台。在此基础上，变革了现有的产业模式，引导整个行业朝着材料供求一体信息化方向发展，极大地提高了建筑行业的生产效率。

第八章　工程造价管理信息系统的应用

人们从借助纸、笔、计算器和定额编制概预算转变为借助造价软件及网络平台来完成询价、报价等工程造价管理工作。在工程造价管理领域应用计算机，可以大幅度地提高工程造价管理工作效率，提升建筑业信息化水平，帮助企业建立完整的工程资料库，进行各种历史资料的整理与分析，及时发现问题，改进有关的工作程序，从而为造价的科学管理与决策起到良好的促进作用，因此，本章主要研究工程造价管理信息系统的应用。

第一节　概述

从20世纪60年代开始，工业发达国家已经开始利用计算机做估价工作，这比我国要早10年左右。它们的造价软件一般都重视已完工程数据的利用、价格管理、造价估计和造价控制等方面。由于各国的造价管理具有不同的特点，造价软件也体现出不同的特点，这也说明应用软件的首要原则应是满足用户的需求。目前工程造价软件在全国的应用比较广泛，并且已经取得了巨大的社会效益和经济效益，随着面向全过程的工程造价管理软件的应用和普及，它必将为企业和全行业带来更大的经济效益，也必将为我国的工程造价管理体制改革起到有力的推动作用。

一、工程造价软件的发展

我国早期在编制工程预算时，完全靠纸、笔、定额册，编制一个工程的预算，单单从工程量计算入手，套定额、工料分析、调价差、计算费用到完成预算书的编制，需要花费很长时间，计算过程烦琐枯燥，工作量大，且预算结果较为固定。

管理软件在我国工程造价管理领域的使用最早可以追溯到1973年，当时著名的数学家华罗庚在沈阳就曾试过使用计算机编制工程概预算。随后，全国各地的定额管理机关及教学单位、大型建筑公司也都尝试过开发概预算软件，并且取得了一定的成果，但多数软件的作用就是完成简单的数学运算和表格打印，没能形成大规模推广应用。进入20世纪80年代后期，随着计算机应用范围的扩大，国内已出现了不少功能全面的工程造价管理软件，当时计算机价格仍比较昂贵，计算速度慢，操作仍不够方便，有条件使用计算机的企业很少，尚不能得到普及应用，但该技术已显露出其在工程造价管理领域广阔的发展前景；到20世纪90年代，信息技术的发展使硬件价格迅速下降，企业甚至个人拥有计算机已不是很困难的事，计算机的运算速度也比以前有了突飞猛进的提高，操作更方便、直观，而且可供选择的软件种类增多了，功能和人机界面得到了很大的改善。现在国内大中城市乃至一些边远地区的造价员都能熟练地使用计算机进行工程造价管理工作，从计算工程量到完成造价文件这个过程的工作缩短到1~2小时就能完成，大大提高了劳动生产率，而且预算结果的表现形式多种多样，可从不同的角度进行造价的分析和组合，也可以从不同角度反映该工程造价的结果，工程造价管理软件技术的进步对造价行业的影响由此可见一斑。在这个时期，我国工程造价管理的信息技术应用进入了快速发展期，主要表现在以下几个方面：首先，以计算工程造价为核心目的的软件飞速发展起来，并迅速在全国范围获得推广和深入应用。推广和应用最广泛的就是辅助计算工程量和辅助计算造价的工具软件。其次，软件的计算机技术含量不断提高，语言从最早的FOXPRO等比较初级的语言，到现在的DELPHI、C++、BUILDER等，软件结构也从单机版，逐步过渡到局域网网络版（C/S结构、客户端/服务器结构），近年更向INTERNET网络应用逐步发展（B/S结构；浏览器/服务器结构）。随着互联网技术的不断发展，我国也出现了为工程造价及其相关管理活动提供信息和服务的网站。同时，随着用户业务需求的扩展，我国部分地区也出现了为行业用户提供的整体解决方案系列的产品，但这些都还处在初级阶段。

二、工程量清单计价模式下的工程造价管理软件的应用

1. 工程量清单计价实施后给企业造价管理带来的影响

《建设工程工程量清单计价规范》已于2003年开始实施，2008年和2013年相继更新。工程量清单计价模式充分体现了市场形成价格的竞争机制，企业必须要有应对的策略和方法，才能在日益激烈的竞争中不断发展和壮大。《建设工程工程量清单计价规范》实施后企业出现的问题就是在投标报价时如何体现个别成本。该规范规定企业必须根据自己的施工工艺方案、技术水平、企业定额，以体现企业个别成本的价格进行自由组价，没有企业定额的可以参照政府反映社会平均水平的消耗量定额。企业要适应清单下的计价必须要对本企业的基础数据进行积累，形成反映企业施工工艺水平用以快速报价的企业定额库、材料预算价格库，对每次报价能很好地进行判断分析，并能快速测算出企业的零利润成本。也就是说，在最短的时间内能测算出本企业对于某一工程项目以多少造价施工才不会发生亏损（不包括风险因素的亏损）。必须在投标阶段很好地控制工程项目的可控预算成本，就是在不考虑风险的情况下，利润为零的成本。每个企业如何知道自己的个别成本，是所有企业在实行清单计价后的一大难点。

2. 清单计价后工程造价软件的应用给企业带来的机遇

在实行工程量清单计价后，企业如果不形成反映自身施工工艺水平的企业定额，不进行人工、材料、机械台班含量及价格信息的积累，完全依靠政府定额是无法进行竞争的。在建筑工程中需要积累的信息主要包括各类工程项目的企业报价、历史结算资料的积累、企业真实成本消耗资料积累、价格信息及合格供应商信息的积累、竞争对手资料的积累等。对于造价从业人员，要积累以往工程的经验数据、企业定额，行业指标库和市场信息等数据，能充分利用现代软件工具，并通晓多种能够快速准确地估价、报价的市场渠道以及厂家联络及网站信息等。这一切对管理软件在工程造价中的应用提供了很好的环境及机遇。只有依靠计算机的强大储存、自动处理和信息传递功能，才能提高企业的管理水平。企业只有选择满足要求的管理软件和管理人才，才能在激烈的竞争中更占据优势。

3. 工程量清单计价模式下软件和网络的应用

工程量清单计价方式已经在全国范围内推广，新的计价形式要求造价从业人员和广大企业迅速地适应新环境所带来的变革，适应新环境下的竞争，并能够快速地在清单计价模式下建立自己的优势。国内一些工程造价软件公司适时推出了工程量清单整体解决方案。该类软件针对清单下招标文件的编制提供了招标助手工具包，主要包括图形自动算量软件、钢筋抽样软件、工程量清单生成软件、招标文件快速生成软件等。无论传统的定额计价模式还是现在的工程量清单计价模式，算“量”是核心，各方在招投标结算过程中，往往围绕“量”上做文章。国内造价人员的核心能力和竞争能力也更多地体现在“量”的计算上，而“量”的计算是最为枯燥、烦琐的。目前，一些软件开发公司开发了针对工程量清单计价规范的自动算量软件及钢筋抽样软件，通过软件对图形进行自动处理，实现建筑工程工程量自动计算，招标人可以直接按计算规则计算出12位编码的工程量，并全面、准确地描述清单项目。

该类软件还能按自由组合的工程量清单名称进行工程量分解，达到详细精确地描述清单项目及计算工程量的目的。另外，该类软件还对措施项目清单、其他项目清单等具有满足使用要求的编辑功能。在工程量清单编制完成后，软件既可以打印，也可以生成并导出“电子招标文件”，招标文件包括工程量清单、招标须知、合同条款及评标办法。招标文件以电子文件的形式发放给投标单位，使投标单位编制投标文件时不需要重新编制工程量清单，节省了大量的时间，防止投标单位编制投标文件时可能不符合招标文件的格式要求等而造成的不必要损失。

三、工程造价软件的优点

工程造价软件具有以下几方面的优点。

1. 速度快、计算准确

广联达公司曾统计过这样一组数据，一根三跨的平面整体表示方法标注的梁，让624人手工计算钢筋，在20分钟能够计算出结果的只有15.224%，结果正确的只有0.32%，而经过软件应用培训后，采用软件在1分钟内能够计算出正确结果的为97.077%。10 000 m^2 的工程，利用软件在一天内准确计算出完整工程量也已司空见惯。由此可以看出，电算化给我们工作上带来的方便及普及电算化的必要性。

2. 修改、调整方便

工程造价软件运算速度快，在编制造价文件过程中，由于图纸变更等因素引起的变动，需对造价进行调整时，仅需对其中的一些原始数据进行修改，重新运算一次即可完成造价的调整，而不像手工编制造价文件那样，需对整个计算过程进行调整。

3. 成果项目齐全、完整

应用工程造价软件编制文件，除完成造价文件本身的编制外，还可以获取分层分段工程的工料分析、单位面积各种工料消耗指标、各项费用的组成比例等技术资料，为备料、施工计划和经济核算等提供大量可靠的数据。

4. 人机对话、操作简单，有利于培训新的造价技术人员

要用工程造价软件编制文件，工作人员只要能够熟悉施工图纸、合理地选用计价依据和根据对话框要求输入工程原始数据，就能独立地完成工程造价文件的编制工作。

第二节　常用工程造价管理信息系统软件介绍

20 世纪 90 年代，一些从事软件开发的专业公司开始研制工程造价软件，如武汉海文公司、海口神机公司等。预算软件有很多种，每个地区都有不同的软件，工程预算软件有广联达、鲁班、红利、英特、斯维尔算量三维算量软件、蓝博清单计价软件等，最常用的就是鲁班、三维算量软件和广联达。

一、鲁班软件

（一）鲁班软件简介

鲁班算量软件是国内率先基于 Auto CAD 图形平台开发的工程量自动计算软件，它利用 Auto CAD 强大的图形功能及 Auto CAD 的布尔实体算法，充分地考虑了我国工程造价模式的特点及未来造价模式的发展变化，可得到精确的工程量计算结果，广泛适用于建设方、承包方、审价方工程造价

人员工程量的计算。鲁班算量软件可以提高工程造价人员工作效率，减轻工作量，并支持三维显示工程；可以提供楼层、构件选择，并进行自由组合，以便进行快速检查；可以直接识别设计院电子文档（墙、梁、柱、基础、门窗表、门窗等），建模效率高；可以对建筑平面为不规则图形设计、结构设计复杂的工程进行建模。

（二）功能介绍

鲁班软件包括鲁班算量软件、鲁班钢筋算量软件等产品，分别应用于建筑工程不同专业和不同的建设阶段。

1. 鲁班土建算量软件的特点

（1）技术先进

该文件对复杂图形的处理能力非常突出；能转化设计院电子文档；人性化交互结合面设计；LBIM 全系列建筑信息模型，包含土建、安装、钢筋、室外总体和钢结构等多个专业。

（2）建模功能强大

强大的图形功能、编辑功能能快速地完成建立算量模型的过程；老虎窗、台阶、坡道及多坡屋面构建布置一键生成。

（3）数据准确

为防止用户输入错误引起的计算结果误差，软件引入了可视化校验的功能，用户每一步操作都可以通过三维立体模型，检查绘图误差或构件的扣减关系；智能检查系统用来智能检查用户可能产生的建模错误。

（4）计算规则灵活

软件内置了全国各地定额的计算规则，可靠、细致；用户可根据自己的需要，调整各类构件的计算规则；计算规则可存为模板，其他类似工程可直接调用。

（5）计算过程可视

由于软件采用了三维立体建模的方式，工程均可以三维显示，可以最真实地模拟现实情况。例如墙、梁、板、柱、楼梯、阳台、门窗等构件，用户不仅可以看到它们的平面位置，而且可以看到它们的立体形状。

（6）报表功能强大

计算结果可以采用图形和表格两种方式输出，既可分门别类地输出与施工图相同的工程量标注图，用于工程量核对或用于指导生产和绘制竣工图，也可以输出工程量汇总表、明细表、计算公式表、建筑面积表等；所有输出表格用户均可以预览，可以调整；具有条件统计功能，可以指导施工生产，编制月进度报表和进行数据分析。

（7）数据结果开放

计算结果可以输出到Excel、TXT文件格式，对所有套价软件开放接口。

2. 鲁班钢筋算量软件的特点

（1）内置钢筋规范，降低用户专业门槛

鲁班钢筋（预算版）软件内置了现行的钢筋相关的规范，对不熟悉钢筋计算的预算人员来说非常有用，可以通过软件更直观地学习规范，还可以直接调整规范设置，适应各类工程情况。

（2）强大的钢筋三维显示

鲁班钢筋算量软件独创的图形法建模功能，方便、快速地解决所有构件的建模和整体翻样问题，可完整显示整个工程的三维模型，查询构件布置是否出错。同时提供了钢筋实体的三维显示，可查看钢筋的复杂节点配筋情况，实现软件虚拟化施工，为计算结果检验及复核带来极大的便利性。

（3）特殊构件轻松应对，提高工作效率，减轻工作量

只要建好钢筋算量模型，工程量计算速度即可成倍甚至数倍提高。特殊节点（集水井、放坡等）手工计算非常烦琐，而且准确度不高，软件提供各种模块，计算特殊构件，只需要按图输入即可。

（4）CAD转化用时短

传统的钢筋算量方式：看图→标记→计算并草稿→统计→统计校对→出报表；软件的钢筋算量方式：导入图纸→CAD转化→计算→出报表（用时仅为传统方式的1/50）。

（5）LBIM数据共享

鲁班各系列软件之间的数据实现完全共享，在钢筋软件中可以直接调入土建算量的模型，给定钢筋参数后即可计算钢筋量。自动进行搭接，弯钩和弯曲系数的计算，并根据钢筋直径得到钢筋重量。整个钢筋的计算过程，用户无须干预，自动计算钢筋的重量和长度。

（6）钢筋工程量计算结果多种分析

统计方式，可应用于工程施工的全过程管理软件的计算结果以数据库方式保存，可以方便地以各种方式对计算结果进行统计分析，如按层、按钢筋级别、按构件、按钢筋直径范围进行统计分析。将成果应用于成本分析、材料管理和施工管理日常工作中。

（7）计算结果核对，简单方便

利用三维显示，可以轻松检查模型的正确性和计算结果的准确性。另外，建设方、承包方、审价顾问之间核对工程量，只需要核对模型是否有不同之处。

（8）报表功能强大，满足不同需求

鲁班钢筋算量软件含两套报表模式，分别适用于用户对量和按需查看钢筋量，可以自主定义报表格式，有 30 多种形式报表的统计，且可以按节点（或称目录）形式来统计工程量的功能，完全满足用户需要的任何统计格式。

二、三维算量软件

（一）清华斯维尔三维算量软件简介

三维可视化工程量智能计算软件（注册商标为“三维算量”）是国内技术领先的基于完备三维空间模型的工程量计算及钢筋抽样计算软件。经过多年的研究开发，该软件可以精确计算出建筑、结构、装饰工程量以及钢筋用量。其可快速、准确地识别出轴网、柱、梁、墙、门窗洞、人工挖孔桩、预制桩等构件和柱筋、梁筋、墙筋、板筋等钢筋。另外，三维算量支持国标清单算量、定额算量。清单定额算量相结合，可以输出招标方的招标工程量清单，也可以输出投标方报价所需要的根据实际施工要求的定额工程量清单，二者有机结合，充分体现国标清单规范算量报价的优点。

（二）清华斯维尔三维算量软件的主要特点

①操作方便。三维算量软件综合考虑了工程算量的特点，所有的操作都以构件作为组织对象，建立工程人员熟悉的工程模型。系统以 AutoCAD 作为图形平台，采用简洁的操作界面，易于操作使用。

②自动识别。设计单位建筑施工或结构施工电子文档，采用独创的优化设计方案，有效利用电子图档，快速识别出轴网、柱、梁、墙、门窗、柱筋、梁筋、墙筋、板筋，图纸识别率达到95%，图纸识别的准确率达到100%。

③三维直观。该软件是国内第一个基于“三维建模”的图形算量软件。可以在三维立体可视化的环境中监督整个建模和计算过程，通过系统提供的可视化修改查询工具，对模型的所有细节信息进行监控。强大的检查修改功能可以让使用者放心、方便地使用。

④钢筋抽样一体化。很多工程量计算软件没有钢筋计算能力，其钢筋计算是另一个独立的应用程序。该软件工程量计算和钢筋抽样整合于一体，钢筋计算时可从构件几何尺寸中直接读取相关数据，真实捕捉结构设计工程师的全盘配筋设计思路。

⑤精确建模、准确地内置计算规则，自动完成构件之间的相关扣减，自动计算出准确的工程量计算结果。

⑥采用优化算法，自动套用定额，并提供完整的换算信息。导入计价软件后不用换算调整，直接计算出计价结果，实现了三维算量软件和计价软件的无缝连接。

⑦开放的完整的报表系统，给出用户需要的所有报表。报表中的工程量带有详细计算式，便于用户核对。钢筋报表中给出钢筋简图，便于施工。

（三）功能介绍

1. 三维算量软件建筑工程量工作流程

运用三维算量软件计算一栋房屋的工程量大致分为以下几个步骤：第一步，新建工程项目；第二步，工程设置；第三步，建立工程模型；第四步，挂接做法；第五步，校核、调整图形与计算规则；第六步，分析统计；第七步，输出、打印报表。其中工程模型的建立又分为手工和识别两种方式。有电子施工图时，可导入电子图文档进行构架识别，目前软件可以识别的构建有轴网、基础、柱（暗柱）、梁、墙与门窗；没有电子施工图或者软件无法进行识别的构建，则通过软件布置功能手工布置构建。

2. 三维算量软件钢筋工程量工作流程

运用三维算量软件计算一栋房屋的钢筋工程量大致分为以下几个步骤：

第一步，新建工程项目；第二步，工程设置；第三步，建立工程模型；第四步，布置钢筋；第五步，核对与调整钢筋；第六步，分析统计；第七步，输出、打印报表。其中需要注意的是，计算钢筋工程量必须在[工程设置]中，勾选“计量模式”中应用范围的“钢筋计算”，并在“钢筋标准”中选择相应的钢筋标准。钢筋的布置分为手工布置和识别布置两种方式。有电子施工图时，可导入电子图文档进行钢筋识别，目前软件可以识别的钢筋有柱筋（柱表）、梁筋（梁表）、梁腰筋（腰筋表）、强筋（墙表）、过梁筋（过梁表）与板筋；没有电子施工图或者软件无法进行识别的钢筋，则应手工布置钢筋，包括基础筋、过梁筋、楼梯钢筋、异性板钢筋、圈梁钢筋等。

3. 三维算量软件清单计价软件

清单计价软件提供二次开发功能，可以自定义计费程序和报表，满足不同地区、不同专业乃至不同项目的招投标报价的需求；同时支持定额计价、综合计价、清单计价等多种计价方法，实现不同计价方法的快速转换；支持多文档、多窗体、多页面操作，能同时操作多个项目文件，不同项目文件之间可以拖曳或“块”操作的方式实现项目数据的交换；为保证数据的安全性，系统具有自动备份机制，可保留最后8次备份记录。为帮助积累清单组价经验数据，系统提供清单做法库，可在造价编制过程中将清单组价经验数据保存到清单做法库，供日后计价快速调用；为提高软件操作效率，系统提供多种数据录入方式，可快速录入，或联想录入关键定额；同时也可以通过查询等操作，从清单库、定额库、清单做法库、工料机库录入数据；提供多种换算操作，可视化记录换算信息和换算标识，可追溯换算过程。

三、广联达软件

（一）广联达软件简介

北京广联达公司先后在DOS平台和Windows平台上，研制了工程造价的系列软件，工程概预算软件、广联达工程量自动计算软件、广联达钢筋计算软件、广联达施工统计软件、广联达概预算审核软件等。这些产品的应用，基本可以解决目前的低预算编制、概预算审核、工程量计算、统计报表以及施工过程中的预算问题，也使我国的造价软件进入了工程计价的实用阶段。

北京广联达公司的工程造价软件采用的是树状结构的项目管理方式，在建立项目的过程中，该软件明确提出了三级管理的概念，即建设项目、单项工程和单位工程。编制工程造价时，以单位工程为基本单位，各单位工程的概算文件可自动汇总成单项工程综合概算，各单项工程综合概算可自动汇总为建设项目总概算。这种设计层次，有利于大型项目的管理。而且，在一个单位工程内部，还提供了多级的自定义分部功能，即用户可定义自己需要的分部，在一个分部的下面仍然可以定义分层，分层的下面可定义分段和分项等。这种项目的层次划分，为施工企业内部造价管理提供了方便。广联达软件包括钢筋抽样软件、图形算量软件和计价软件。

（二）功能介绍

1. 钢筋抽样软件

广联达钢筋抽样软件 GGJ10.0 基于国家规范和平法标准图集，采用建模方式，整体考虑构件之间的扣减关系，辅助以表格输入，解决工程造价人员在招投标、施工过程提量和结算阶段钢筋工程量的计算。钢筋软件内置规则极大地方便了用户，建模的方式自动考虑了构件之间的关联关系，使用者只需要完成绘图即可。软件多样化的统计方式和丰富的报表，满足使用者在不同阶段的需求。钢筋抽样软件还可以帮助我们学习和应用平法，降低了钢筋算量的难度，大大提高钢筋算量的工作效率。

钢筋抽样软件目前已在全国 32 个省市地区应用，单独使用钢筋软件的人数接近 10 万人，完成的工程数量已经无法统计，小到几百平方米，大到数十万平方米的建筑物都已经实际应用。钢筋软件通过画图方式建立建筑物的计算模型。软件综合考虑了平法系列图集、结构设计规范、施工验收规范以及常见的钢筋施工工艺，根据内置的计算规则实现自动扣减，能够满足不同构件的钢筋计算要求。不仅能够完整地计算工程的钢筋总量，而且能够根据工程要求按照结构类型的不同、楼层的不同、构件的不同，计算出各自的钢筋明细量。

2. 图形算量软件

广联达图形算量软件基于各地计算规则与全统清单计算规则，采用建模方式，整体考虑各类构件之间的相互关系，以直接输入为补充，软件主要解决工程造价人员在招投标过程中的算量、过程提量、结算阶段构件工程量计算的业务问题，不仅将使用者从繁杂的手工算量工作中解放出来，还能在很大程度上提高算量工作效率和精度。自 GCL7.0、GCI8.0 推出以来，广联达图形算量软件成功应用于国家大剧院、奥运会鸟巢等经典工程，单独使用图形软件的人数接近 10 万人，应用广联达图形算量软件也已经成为工程量计算的主流趋势。2007 年，广联达围绕图形算量软件“准确、简单、专业、实用”四大核心定位，秉承了 GCL8.0 的优点，推出了全新的工程量计算软件：广联达图形算量软件 GCL2008。GCL2008 基于广联达公司最先进的 GSP 平台进行开发，并采用公司自主研发且国内领先的动态三维技术，从构件绘制到构件显示，再到构件计算，均在 GCL8.0 的基础上有了很大的提升。图形算量软件能够计算的工程量包括：土石方工程量、砌体工程量、混凝土及模板工程量、屋面工程量、天棚及其楼地面工程量、墙柱面工程量等。

3. 计价软件

广联达计价软件 GBQ4.0 是融招标管理、投标管理、计价于一体的全新计价软件。作为工程造价管理的核心产品，GBQ4.0 以工程量清单计价为基础，全面支持电子招投标应用，帮助工程造价单位和个人提高工作效率，实现招投标业务的一体化解决，使计价更高效、招标更快捷、投标更安全。广联达计价系列产品以专业全面的功能在全国得到了广泛应用，直接使用者达 12 万人，产品覆盖全国 30 个地区，成功应用于奥运鸟巢、水立方、国家大剧院等典型工程。小结图形自动算量软件及钢筋抽样软件内置了国家统一工程量清单计算规则，主要通过计算机对图形自动处理，实现建筑工程工程量清单的自动计算。利用软件处理调价的方法通常是允许用户输入或修改每种材料的市场价，工料分析、汇总价差由软件自动完成，更好的处理方式是采用“电子信息盘”。工程造价管理软件的应用将对我国的工程造价管理体制改革起到有力的推动作用。

四、BIM 软件和协同平台的应用

BIM 技术的实现手段是软件。与 CAD 技术只需一个或几个软件不同的是，BIM 需要一系列软件来支撑。除 BIM 核心建模软件之外，BIM 的实现需要大量其他软件的协调与帮助。一般可以将 BIM 技术所需软件分成以下两大类型。

① BIM 建模软件：包括建筑与结构设计软件（如 Autodesk Revit 系列、Graphisoft ArchiCAD 等）、机电与其他各系统的设计软件（如 Autodesk Revit 系列、Design Master 等）等。

② BIM 分析软件：包括结构分析软件（如 PKPM、SAP000 等）、施工进度管理软件（如 MS Project、Navisworks 等）、制作加工图 Shop Drawing 的深化设计软件（如 Xsteel 等）、概预算软件、设备管理软件、可视化软件等。对于 BIM 分析软件，重点介绍国内与建设项目造价控制有关的建筑经济分析软件，如广联达、清华斯维尔和鲁班等。在建设项目造价控制的实施过程中，存在信息管理问题、各阶段之间的协调问题和各参与方之间协调问题等诸多因素，而解决以上问题的核心是通过 BIM 建立信息共享平台以提升各个阶段的造价控制工作效率，并确保各个阶段之间、项目各参与方之间造价控制能相互联系、相互协调，从而实现建设工程造价的全过程控制目标。

（一）BIM 相关软件介绍

1.BIM 设计类软件

设计类软件是 BIM 应用的前提，设计人员在设计时可以将设计构件的相关信息以参数的形式录入数据库，并与构件相关联，例如在设计墙体时，墙体的尺寸、材料、保温隔热要求等都可以在模型中体现出来。这样建筑便可以通过具有特定属性的对象表达出来。BIM 设计类软件在市场上主要有五家主流公司，分别是 Autodesk、Benley、Gra-phisoft/Nemetschek AG、Gery Technology 以及 Telkla 公司。这些公司各自开发的系列软件如下。

（1）Autodesk 公司的 Revit 系列

Autodesk 公司的 Revit 系列占据了市场很大的份额且是行业领跑者，其 Revit 系列包括 Revit Arhiteture（建筑）、Revit Structure（结构）、Revit MEP（机电管道）。Revit 是运用不同的代码库及文件结构且区别于 AutoCAD 的独立软件平台。其特色包括：

①包含了绿色建筑可扩展标记语言模式（Green Building XML），为

能耗模拟、荷载分析等提供了工程分析工具。

②与结构分析软件 ROBOT、RISA 等具有互用性。

③利用其他概念设计软件、建模软件（如 Skechup）等导出的 DXF 文件格式的模型，或图纸输出为 BIM 模型。

（2）Benley 公司的 Bentley Architecture 等

Benley 公司开发出 MicroStation TriForma 这一专业的 3D 建筑模型制作软件，其所建模型可以自动生成平面图、剖面图、立面图、透视图及各式的量化报告，如数量计算、规格与成本估计。2004 年，Bentley 推出了一系列具有革命性的继承者：Bentley Archi-tecture（建筑）、Bentley Structural（结构）、Benley Building Mechuanical Systems（机械：通风、空调、水道）、Benley Building Eletrical Systems（电气）、Benley Failies（设备）、Benley PowerCivil（场地建模）、Benley Generative Components（设计复杂几何造型）、Benley Interference Manger（碰撞检查）等系列软件。

Benley 软件的特点包括：

① Bentley 公司提供了支持多用户（mufi-user）、多项目（mufi-prijet）的管理平台 Bentley PrijetWise，其管理的文件内容包括工程图纸文件（DGN/DWG/ 光栅影像）、工程管理文件（设计标准 / 项目规范 / 进度信息 / 各类报表和日志）、工程资源文件（各种模板 / 专业的单元库 / 字体库 / 计算书）。

②该系列软件是基于文件形式的，即所有指令都写入文件以减少记忆内存。第三方开发了大量基于文件的应用，但由于与其他软件平台不匹配，用户需要转换模型形式。

（3）Graphisof/Nemetschek AG 公司的 ArchiCAD

ArchiCAD 是历史最悠久的且至今仍被应用的 BIM 建模软件。早在 20 世纪 80 年代初，Graphisoft 公司就开发了 ArchiCAD 软件。2007 年 Nemetschek 公司收购 Graphisof 公司以后，发布了 11.0 版本的 ArchiCAD 软件，其不但可以在 Mac 操作平台应用，还可以在 Windows 操作平台应用。

ArchiCAD 的特点包括：

① ArchiCAD 与一系列软件均具有互用性，包括利用 Maxon 创建曲面和制作建筑物的动画模拟，利用 ArchiFM 进行设备管理，利用 Sketchup 创

建模型等。

② ArchiCAD 与一系列能耗与可持续发展软件都有互用接口，如 Eeoteet，Energy+，ARCHiPHISIK 及 RIUSKA 等，且 ArchiCAD 包含了广泛的对象库（Objecl libraries）供用户使用。

（4）Gery Technology 公司的 Digital Project

Dasaul 公司开发的 CATIA 软件是全球被广泛应用的针对航空航天、汽车等大型机械设计制造领域的建模平台，而 Digial Project 是 Gery Technology 公司基于 CATIA 软件为工程建设项目定做开发的应用软件（二次开发软件），其本质还是 CATIA。Digtal Project 的特点包括：

① Digial Prjeet 软件需要强大的工作站支持其运行。这为 Digial Project 能够设计处理大型工程项目提供了必要条件。

② Digtal Project 与 Eeoteet 等能耗设计软件具有互用性。

③ Digital Project 软件能够设计任何几何造型的模型，且支持导入复杂的特制的参数模型构件。CATIA 的逻辑结构是称为 Workbenches 的模件，用户可以重复使用由别的用户开发的模件，但 Digital Project 软件并没有此项功能，因此 Gery Technology 公司通过导入建筑模件（Architecture Workbench）和结构模件（Structure Workbench），增强 Digital Project 软件的功能。

④ Digital Project 软件支持强大的应用程序接口以开发附加组件（Add-ones）。对于建立了本国建筑业需要的建设工程项目编码体系的许多发达国家，如美国、加拿大、新加坡以及欧洲一些国家等，可以将建设工程项目编码（如美国所采用的 Uniformat 和 Mastrormat）体系导入 Digital Proict 软件，以方便工程预算。

（5）Tekla 公司的 Xsteel

Xsteel 是芬兰 Tekla 公司开发的钢结构详图设计软件，它是通过先创建 3D 模型以后自动生成钢结构详图和各种报表来实现方便视图的功能。Xsteel 是一个 3D 智能钢结构模拟、详图的软件包。用户可以在一个虚拟的空间中搭建一个完整的钢结构模型,模型中不仅包括结零部件的几何尺寸，也包括材料规格、横截面、节点类型、材质、用户批注语等信息。Xsteel 中包含了 600 多个常用节点，在创建节点时非常方便。Xsteel 可以自动生成构件详图和零件详图。

2.BIM 施工类软件

BIM 施工管理软件（4D 应用软件、3D+time）具备实时漫游的功能，可以构建近似真实的施工场景，能够在施工前发现潜在问题，以便及时调整施工方案，优化施工进度。常见的软件有 Autodesk 公司的 Navisworks Manage 软件，Benley 公司的 Project Wise Navigator 软件，Innovaya 公司的 Visual Simulation 软件，以下做具体介绍。

（1）Autodesk 公司的 Narvisworks Manage

Navisworks Manage 软件是 Autodesk 公司开发的用于施工模拟、工程项目整体分析以及信息交流的智能软件。其具体的功能包括模拟与优化施工进度、识别与协调冲突与碰撞，使项目参与方有效沟通与协作以及在施工前发现潜在问题。Navisworks Manage 软件与 Microsoft Project 具有互用性，在 Mierosoft Project 软件环境下创建的施工进度计划可以导入 Narvisworks Manage 软件，再将每项计划工序与 3D 模型的每一个构件一一关联，即可轻松地模拟施工过程。

（2）Bentley 公司的 Project Wise Navigator

ProjectWise Navigator 软件是 Bentley 公司于 2007 年发布的施工类 BIM 软件，它提供了动态协作的平台，使项目各参与方可以快速看到设计人员提供的包含设备布置、维修通道和其他关键设计数据的最初设计模型，并做出评估、分析及改进，以避免在施工阶段出现要付出高昂代价的错误与漏洞。其具体的功能包括：

①友好的交互式可视化界面，方便不同用户轻松地利用切割、过滤等工具生成并保存特定的视图，进而分析错综复杂的 3D 模型。

②检查冲突与碰撞。项目建设人员在施工前利用施工模拟能尽早发现施工过程中的不当之处，降低施工成本，避免重复工作。

③模拟、分析施工过程，以评估建造是否可行，并优化施工进度。

④直观的 3D 实时漫游功能，用户可以根据需要，简单地运用行走、飞行、自动巡视、旋转、缩放等功能，就可模拟置身于建设项目的任何一个角落实时查看构件的工程属性。

（3）Innovaya 公司的 Visual Simulation

Visual Simulation 软件是 Innovaya 公司开发的一款 4D 进度规划与可施工性分析的软件，与 Navisworks Manage 相似之处在于其能与 Revit 软件创建的模型相关联，且由 Microsoft Project 及 Primavera 进度计划软件创建的施工进度计划可以被导入该 4D 软件。用户可以点击 4D 建筑模拟中的建筑对象，查看在甘特图中显示的相关任务，反之，用户可以在施工任务的关键节点，通过 4D 软件查找特殊环节相对应的建筑对象并汇总所在阶段的构件数量。施工模拟可以有效地加强项目各参与方的沟通与协作，优化施工进度计划，为缩短工期、降低造价提供帮助。

3.BIM 造价类软件

BIM 造价类软件（5D 应用软件，3D+ 进度 + 成本）可以对 BIM 模型进行工程量统计和造价分析，并可以根据工程的进度提供造价控制需要的数据。在 BIM 技术比较发达的国家，BIM 造价软件早已广泛使用并取得了很好的效果，如 Visual Estimating 软件。虽然国外的造价软件已比较成熟，但是其工程量计算规则、施工方法及其他硬件设施等与我国差别比较大，软件中的许多参数并不符合我国国情，盲目使用很可能达不到预期效果，甚至存在很大的风险，所以现阶段在我国推广使用还比较困难。为了跟上国际市场的步伐，我国也开发了自己的 BIM 造价软件，目前在国内比较实用的有广联达、清华斯维尔和鲁班等。

（1）广联达造价软件

广联达造价软件包括图形算量软件、钢筋抽样软件和工程计价软件三个模块，应用时首先通过图形算量软件和钢筋抽样软件统计得到工程量，然后将工程量文件导入计价软件当中，最后通过数字网站询价即可生成工程造价。广联达在造价控制方面的产品与服务主要包括：云计价、土建计量、装饰计量、安装计量、市政算量和钢结构算量等模块。

（2）斯维尔造价软件

斯维尔在造价控制方面的产品与服务主要包括三维算量 for CAD、安装算量 for CAD、三维算量 for Revit、BIM 清单计价等模块。

（3）鲁班造价软件

鲁班造价软件在造价控制方面的产品与服务主要包括鲁班土建（Luban Architee–ture）、鲁班钢筋（Luban Steel）、鲁班钢筋（Civil）、鲁班安装（Luban

MEP）、鲁班场布（Luban Site）、鲁班云功能等模块。

（二）基于 BIM 软件与云技术的造价控制管理

1. 基于 BIM 的工程算量

基于 BIM 的工程算量模式是设计人员通过二次开发将 BIM 模型深化到施工图设计阶段，或者是利用符合计量规则的 BIM 算量插件，由工程造价人员利用 BIM 模型提取工程量。基于 BIM 的工程量计算在不同阶段，存在不同应用内容。

招投标阶段主要由建设单位主导，侧重于完整的工程量计算模型的创建与工程量清单的形成；施工实施阶段除体现建设单位的施工过程造价动态成本与招采管理外，更侧重于施工单位内部施工过程造价动态工程量监控、维护与统计分析，强调施工单位进行合理有效的动态资源配置与管理；竣工结算阶段，由建设单位和施工单位依据竣工资料进行洽商，最终由结算模型来确定项目最后的工程量数据；采用不同的计量、计价依据，并体现不同的造价管理与成本控制目标。

BIM 模型是一个面向对象的、包含丰富数据且具有多数化和智能化特点的建筑物的数字化模型，其中的建筑构件模型不仅包含大量的几何数据信息，同时也有许多可运算的物理数字信息。借助这些信息，计算机可以自动识别模型中的不同构件，并根据模型内嵌的几何和物理信息来对各种构件的数量进行统计；再加上 BIM 技术对于大数据的处理及分析能力，近年来基于 BIM 造价软件平台的工程量计算已成为主流趋势。

投资估算阶段一般模型（有达到工程量计算要求模型除外）的深度不满足 BIM 工程量计算的要求，不建议采用基于 BIM 的工程量计算，宜采用估算指标或类似工程建筑安装的造价数据等估算。基于 BIM 的工程量计算一般宜从设计概算开始应用。

2. 基于造价云技术的控制与管理

造价云技术是造价软件基于集成了多种应用功能平台的造价管理技术，可以进行文件管理，支持软件用户之间、用户与产品研发者之间进行沟通，支持概算、预算、结算、审核业务，帮助各阶段的数据自由流转。在造价管理方面，可以应用云技术来连接不同地区建材市场的相应价格、厂家等信息，可以有效地计算建筑各分部分项工程细部的工程量以及相应的综合单价。同时,造价云技术具有构建大数据信息库和智能推荐造价方案的特点。

（1）构建大数据信息库

在当前的建筑大市场下，竞争越来越激烈，各地方和各企业都需要建立属于自己的大数据信息库，然后进行数据交换和共享。建立企业自身的大数据信息库时，最少应包含两个方面：一是要把国家、行业和企业标准放到信息库里，比如清单、定额和常用材料及其价格等；二是关于工程的信息库，将之前做过的工程及其有关造价的信息输入进去，比如工程的概预算和结算等，为后续工程提供帮助。基于 BIM 的信息数据库和传统的造价清单信息不同，信息数据库里包含建筑物构件的全部信息和与其相关的信息，范围远远大于传统的造价清单。建立企业级数据库就可以根据信息数据库中的信息按照企业自身的特点从不同的方面进行重新分类管理，再借助 BIM 相关软件对模型和信息库的过滤与定位功能将信息和构件进行连接，最终形成具有自身特色的企业级数据库。

（2）造价方案的智能推荐

工程建设单位有了自身的大数据信息库后，在建设新项目时，可以将项目概况及相关信息输入信息库中，信息云平台会进行内部计算与整理，筛选出更好的造价信息供业主选择，既能节约时间，又能更好地完成工作。在项目施工阶段，可以将现场的进度质量成本安全等情况的相关信息连接到云平台，实现现场数据和信息库中的数据实时链接。这样既能更新信息库中的数据，也能提高现场的施工效率。由于在信息库中包含的清单信息范围远远超过传统的清单信息，企业还可以借助 Rfid 等新技术，将更多的信息如材料的物流运输和运营维护阶段的信息等添加进去，对信息进行细分，提高项目的成功性。

第九章　计算机在建筑工程概预算编制中的应用

为了保证施工的有序推进，并且实现施工企业经济利益的最大化，必须对资金的使用进行科学合理的安排，这需要进行整个工程的概预算工作，然后进行工程的造价控制。因此，本章将主要研究计算机在建筑工程概预算编制中的应用。

第一节　工程量清单发标文件的编制

一、选择工程模板

模板启动后自动完成工程量清单报价编制的系统设置，包括清单工程所需的定额库、材料价格库、规费、税率、动态费率、取费计算程序以及表格输出格式等。

二、输入工程信息

在【工程信息】页面左上窗口的“数据”栏内录入与“名称”栏内容相对应的各项工程信息。建议能尽量详细地录入相关信息。

三、零星项目清单的编制

完成业主提出的、工程量暂估的零星工作所需的费用，如果有零星工作项目发生，就将发生的项目名称、计算单位、数量等信息输入在零星工作费表里，但千万不能提供价格信息，价格信息是投标单位填写的，请加以注意。

四、其他项目清单的编制

其他项目清单应包括除分部分项清单项目和措施项目以外，为完成工程施工可能发生费用的项目。其他项目清单一般包括预留金、工程分包和材料购置费、总承包服务费和零星工作项目费四项内容，其中预留金、工程分包和材料购置费属于业主考虑的项目。这些费用的计算方法一般有两种，一种是根据【公共变量】中的费率计算，另一种是进入【其他项目清单】窗口输入由业主直接给定一个数值。

五、导出发标文件

当分部分项工程量清单、措施项目清单、其他项目清单编制完成以后，如果是发电子招标版，就需要对数据进行加锁和发标工作。

1. 清单项编号

一是根据国标工程量清单计价规则的要求，清单编码为12位长度；二是在实际工作中，不同的清单项都会用同一编码，需要计算出10~12位的顺序码。另外，在不同的专业中，如一般土建工程中有“挖土方”清单，而人工石方工程中也有“挖土方”清单，为了不至于清单编码重复，需要接着前一专业的编码号后续。所以，清单项编号这一步操作必须进行，否则，将会给评标工作带来麻烦。

2. 清单项加锁

发电子版招标书的一个重要目的是防止投标单位篡改清单内容，给以后的评标工作、签证工作、预结算工作带来不便，所以，要求现行的工程造价软件在处理工程量清单时，必须有清单项加锁功能，以防数据被修改。清单项加锁以后，将不能修改编码、项目特征、项目名称、单位、数量。

3. 导出发标文件

导出发标文件通常有两种方法，一种是导出 *.fbwj 格式的文件，另一种是另存为 *.gcs 格式的预算文件。

（1）导出 gcs 格式文件

gcs 格式文件是以预算文件格式发出的，将其他项目清单、取费表及打印报表一并发出，只适用于工程量清单（没有组价），投标方接到发标文件后直接打开就可组价。建议使用此种方法导出发标文件。

操作方法：选择“工程造价”主菜单下的“另存为”菜单项导出。

（2）导出 fbwj 格式文件

fbwj 格式文件只能将套定额窗口的工程量清单导出，不能导出其他项目清单、零星工作项目清单和费率等内容。投标方接到发标文件后需要新建工程、选择模板，在套定额窗口通过右键功能导入发标文件后，才能进行组价。适用于已经做好拦标价的清单。

操作方法：提取套【价库】窗口右键菜单，选择数据导入 / 导出发标文件选项，导出发标文件。

六、打印表格

当分部分项工程量清单、措施项目清单、其他项目清单编制完成以后，在发电子招标版的同时，还需要进入【打印输出】页面，打印输出各种清单招标文件。

第二节　工程量清单计价投标文件的编制

一、措施项目费的确定

1. 措施项目的确定与增减

措施项目是为工程实体施工服务的，措施项目清单由招标人提供。招标人在编制标底时，措施项目费可按照合理的施工方案和各措施项目费的参考费率及有关规定计算。投标人在编制报价时，可根据实际施工组织设计采取的具体措施，在招标人提供的措施项目清单的基础上，增加措施项目。对于清单中列出而实际中不采用的措施项目则应不填写报价。措施项目的计列应以实际发生为准。措施项目的大小数量应根据实际设计确定，不要盲目扩大或减少，这是估计措施项目费的基础。

2. 措施项目费的确定方法

措施项目清单中所列的措施项目均以“一项”列出，在计价时，首先应详细分析其所包含的全部工程内容，然后确定其综合单价。措施项目不同，费用确定的方法也不同，其综合单价组成内容可能有差异。综合单价的组成包括完成该措施项目的人工费、材料费、机械费、管理费、利润及一定的风险。

措施项目费用（综合单价）确定的方法有以下几种：

（1）定额法计价

这种方法与分部分项综合单价的计算方法一样，主要是指一些与实体有紧密联系的项目，如脚手架、模板、大型机械、垂直运输等。

（2）公式参数法计价

定额模式几乎所有的措施项目都采用这种办法。有些地区以费用定额的形式体现，就是按一定的基数乘以系数的方法或自定义公式进行计算。这种方法主要适用于施工过程中必须发生，但在投标时很难具体分析分项预测，又无法单独列出项目内容的措施项目，如夜间施工、二次搬运等，按此办法计价。

（3）实物量法计价

这种方法是最基本，也是最能反映投标人个别成本的计价方法，是按投标人现在的水平，预测将要发生的每一项费用的合计数，并考虑一定的浮动因数及其他社会环境影响因数。

（4）包法计价

包法计价是在分包价格的基础上增加投标人的管理费及风险进行计价的方法，这种方法适合可以分包的独立项目，如大型机械进出场及安拆、室内空气污染测试等。不同的措施项目其特点不同，不同的地区，费用确定的方法也不一样，但基本上可归纳为两种：其一，按分部分项工程费中所含各措施项目费的费率确定；其二，按实计算。前一种方法措施项目费中一般已包含管理费和利润等。按后一种方法措施项目费应另外考虑管理费、利润的分摊。

3. 措施项目费计算时应注意的事项

措施项目计价方法的多样性正体现了清单计价人自由组价的特点，使上面提到的这些方法对分部分项工程和其他项目的组价都是有用的。在使用上述办法组价时，需要注意以下几点。

①工程量清单计价规范规定，在确定措施项目综合单价时，规范规定的综合单价组成仅供参考，也就是说措施项目内的人工费、材料费、机械费、管理费、利润等不一定全部发生，不要求每个项目措施项目内人工费、材料费、机械费、管理费、利润都必须有。

②在报价时，措施项目招标人要求分析明细，这时用公式参数法组价、分包法组价都是先知道总数，这就靠人为用系数或比例的办法分摊人工费、材料费、机械费、管理费、利润。

③招标人提出的措施项目清单是根据一般情况确定的，没有考虑不同投标人的“个性”，因此，投标人在报价时，可以根据本企业的实际情况，调整措施项目内容并报价。

4. 措施项目计价的基本原理

①措施项目计价的前提：分部分项清单计价完成后，有关费用已知。

②计算方法：

编制标底：按参考费率计算或按定额计算。

编制报价：自主计算或按编标底的方法确定。

③按参考费率计算的（除安全及文明施工外），每项措施项目应分为人工土方工程、机械土方工程、桩基础工程、一般土建工程和装饰工程五项计算。

④按定额计算的，其综合单价的形成同分部分项工程计价。（注意清单含量为定额工程量）

二、建筑面积计算

（一）建筑面积的概念和作用

1. 建筑面积的概念

建筑面积是建筑物（包括墙体）所形成的楼地面面积，即房屋建筑底层外墙勒脚以上外边线（或楼层外墙外边线）围成的水平投影面积，以及附属于建筑物的室外阳台、雨篷、檐廊、室外走廊、室外楼梯等的面积。建筑面积是工程建设的一项重要技术经济指标，包括建筑使用面积、建筑辅助面积和建筑结构面积三部分。

（1）建筑使用面积

建筑使用面积是指房屋建筑各层平面布置中直接为生产或生活使用的面积之和。如住宅建筑中的居室、饭厅和客厅等。

（2）建筑辅助面积

建筑辅助面积是指房屋建筑各层平面布置中为辅助生产和辅助生活所占净面积之和。如住宅建筑中的楼梯、走道、厕所、厨房等。

使用面积与辅助面积的总和称为有效面积。

（3）建筑结构面积

建筑结构面积是指房屋建筑各层平面布置中的墙、柱等结构所占面积的总和。

2. 建筑面积的重要作用

建筑面积指标在工程建设中具有十分重要的作用，是计算和分析工程建设一系列技术经济指标的重要依据。其作用主要包括以下几个方面：

①建筑面积是基本建设投资、建设项目可行性研究、建设项目勘察设计、建设项目评估、建筑工程施工和竣工验收、建设工程造价管理等一系列计算、统计工作的重要指标和依据；

②建筑面积是计算土地利用系数、使用面积系数、有效面积系数、开工和竣工面积、全优工程率等指标的依据；

③建筑面积是计算工程建设单位面积的造价、人工消耗量、三大主材及主要材料消耗量等指标的依据；

④建筑面积是计算与之相关的工程量，如场地平整、室内回填土、楼地面、综合脚手架等工程量的依据；

⑤建筑面积是施工计划编制和施工统计工作的重要指标，以及计算相关指标的依据。

综上所述，建筑面积是工程建设一系列技术经济指标的计算依据，对全面控制建设工程造价具有重要意义，它在整个基本建设工作中起着十分重要的作用。

（二）建筑工程建筑面积计算规范

1. 概述

我国的《建筑面积计算规则》是 20 世纪 70 年代根据我国的实际情况

制订的。1982 年原国家经济委员会基本建设办公室印发了《建筑面积计算规则》，对 20 世纪 70 年代制订的《建筑面积计算规则》进行了修订。1995 年原国家建设部颁布了《全国统一建筑工程预算工程量计算规则》（土建工程 GJD–101–95），其中含《建筑面积计算规则》的内容，是 1982 年实施的《建筑面积计算规则》的修订版。2005 年，原国家建设部以国家标准的形式对《建筑面积计算规则》进行了修订，并改称为《建筑工程建筑面积计算规范》。经过 8 年的实施，住房和城乡建设部于 2013 年 12 月 30 日重新颁布了《建筑工程建筑面积计算规范》，自 2014 年 7 月 1 日起实施，原《建筑工程建筑面积计算规范》同时废止。此次修订是在总结《建筑工程建筑面积计算规范》实施情况的基础上进行的。鉴于建筑工业发展中出现的新结构、新材料和新技术，为了解决由于建筑技术的发展而产生的建筑面积计算问题，本着不重算、不漏算的原则，对建筑面积的计算范围和计算方法进行了修改、统一和完善。

2.《建筑工程建筑面积计算规范》的实施与修订

（1）《建筑工程建筑面积计算规范》的实施

《建筑工程建筑面积计算规范》在建设工程造价管理中起着非常重要的作用，是计算房屋建筑工程量、计算单位工程每平方米造价的主要依据，是统计部门汇总发布房屋建筑面积完成情况的基础。随着我国建筑市场的发展，建筑工程中的新结构、新材料、新技术和新方法不断涌现。《建筑工程建筑面积计算规范》的实施，为解决上述发展而产生的面积计算问题，使建筑面积计算更加科学合理，完善和统一建筑面积的计算范围和计算方法，以及对建筑市场的完善和发展发挥了极其重要的作用。

（2）《建筑工程建筑面积计算规范》修订的主要技术内容

根据住房和城乡建设部《关于印发〈2012 年工程建设标准规范制订修订计划〉的通知》建标的要求，规范编制组经广泛调查研究，认真总结经验，在广泛征求意见的基础上，对 2005 年 7 月 1 日实施的《建筑工程建筑面积计算规范》重新进行了修订，并于 2013 年 12 月 30 日颁布了《建筑工程建筑面积计算规范》，自 2014 年 7 月 1 日起实施。本规范修订的主要技术内容如下：

①增加建筑物架空层的面积计算规定，取消深基础架空层；

②取消有永久性顶盖的面积计算规定，增加无围护结构有围护设施的面积计算规定；

③修订落地橱窗、门斗、挑廊、走廊、檐廊的面积计算规定；

④增加凸（飘）窗的建筑面积计算要求；

⑤修订围护结构不垂直于水平面而超出底板外沿的建筑物的面积计算规定；

⑥删除原室外楼梯强调的有永久性顶盖的面积计算要求；

⑦修订阳台的面积计算规定；

⑧修订外保温层的面积计算规定；

⑨修订设备层、管道层的面积计算规定；

⑩增加门廊的面积计算规定；

⑪增加有顶盖的采光井的面积计算规定。

（3）《建筑工程建筑面积计算规范》的适用范围

为规范工业与民用建筑工程建设全过程的建筑面积计算，统一计算方法，修订后的《建筑工程建筑面积计算规范》的适用范围主要是新建、扩建、改建的工业与民用建筑工程建设全过程的建筑面积计算，包括工业厂房、仓库、公共建筑、居住建筑、农业生产使用的房屋、粮种仓库、地铁车站等建筑面积的计算。上述“建设全过程”是指从项目建议书、可行性研究报告至竣工验收、交付使用的过程。

（4）新旧《建筑工程建筑面积计算规范》变动要点

根据《住房和城乡建设部关于发布国家标准〈建筑工程建筑面积计算规范〉的公告》，新版《建筑工程建筑面积计算规范》（GB/T 50353—2013）自2014年7月1日起实施。新版规范条文变化较大，对当前很多“偷面积”的行为有了明确规定。新《建筑工程建筑面积计算规范》的变动要点如下：

出入口外墙外侧坡道有顶盖的部位，应按其外墙结构外围水平面积的1/2计算面积。“05规范”中只对“永久性顶盖”进行上述规定。坡道包括自行车坡道、车库坡道等，顶盖包含钢筋混凝土结构、采光板、玻璃顶等。

建筑物架空层及坡地建筑物吊脚架空层应按其顶板水平投影计算建筑面积。“05规范”中“不利用”的架空层可不计容。《容积率计算规则》

中架空层不高于 3.6 m，且只作为绿化、公用活动时，不计建筑面积（容积率）。

建筑物的门厅、大厅应按一层计算建筑面积，门厅、大厅内设置的走廊应按走廊结构底板水平投影面积计算建筑面积。

“05 规范”中的用词是“回廊”，新规范用的是“走廊”。

窗台与室内楼地面高差在 0.45 m 以下且结构净高在 2 m、10 m 及以上的凸（飘）窗，应按其围护结构外围水平面积计算 1/2 面积。本条与《住宅设计规范》（GB50096—2011）统一，利用假凸窗赠送面积的行为被进一步限制。

有围护设施的室外走廊（挑廊），应按其结构底板水平投影面积计算 1/2 面积；有围护设施（或柱）的檐廊，应按其围护设施（或柱）外围水平面积计算 1/2 面积。“05 规范”中有围护结构的、高度大于 2.2 m 的计全面积，小于 2.2 m 的才计 1/2 面积；有顶盖无围护结构的计 1/2 面积。

有顶盖的采光井应按一层计算面积。

地下室采光井、通风井，以往均不计建筑面积。规划阶段地下室面积应适当考虑此部分面积的比例。

在主体结构内的阳台按其结构外围水平面积计算全面积。

这条规定使得将房间改为假阳台从而“偷面积”的办法行不通了。

对于建筑物内的设备层、管道层、避难层等有结构层的楼层，结构层高在 2.20 m 及以上的，应计算全面积；结构层高在 2.20 m 以下的，应计算 1/2 面积。“05 规范”中不计面积。

（三）计算建筑面积的规定

①建筑物的建筑面积应按自然层外墙结构外围水平面积之和计算。结构层高在 2.20 m 及以上的，应计算全面积；结构层高在 2.20 m 以下的，应计算 1/2 面积。计算建筑面积时，在主体结构内形成的建筑空间，满足结构层高要求的均应按本条规定计算建筑面积。主体结构外的室外阳台、雨篷、檐廊、室外走廊、室外楼梯等按相应条款计算建筑面积。当外墙结构本身在一个层高范围内不等厚时，以楼地面结构标高处的外围水平面积计算。

②建筑物内设有局部楼层时，对于局部楼层的二层及以上楼层，有围

护结构的应按其围护结构外围水平面积计算，无围护结构的应按其结构底板水平面积计算，且结构层高在 2.20 m 及以上的，应计算全面积；结构层高在 2.20m 以下的，应计算 1/2 面积。

③对于形成建筑空间的坡屋顶，结构净高在 2.10 m 及以上的部位应计算全面积；结构净高在 1.20 m 及以上至 2.10 m 以下的部位应计算 1/2 面积；结构净高在 1.20 m 以下的部位不应计算建筑面积。

④场馆看台下的建筑空间因其上部结构多为斜板，所以采用净高的尺寸划定建筑面积的计算范围和对应规则。“有顶盖无围护结构的场馆看台”中所称的“场馆”为专业术语，指各种“场”类建筑，如体育场、足球场、网球场、带看台的风雨操场等。

⑤地下室、半地下室应按其结构外围水平面积计算。结构层高在 2.20 m及以上的，应计算全面积；结构层高在2.20 m以下的，应计算 1/2 面积。

第三节　传统计价工程预算书的编制

一、具体步骤

（一）熟悉施工图及有关资料

①弄清房屋的开间、进深、跨度、层高、总高及结构形式。

②弄清各层平面和层高是否有变化，室内外高差是多少。

③图纸上有门窗表、混凝土构件和钢筋下料长度表时，应选择 1~2 种构件复核。

④大致上弄清室内外装修的情况。

⑤注意核对图中尺寸是否有错，仔细阅读详图。

（二）列项、计算工程量

①建筑基数的计算。

a. 计算基础不同断面的外墙中心线 L 中、内墙净长 K 线 L 内、内墙地槽的净长线 L 内槽。

b. 计算外墙的外边线 L 外。

c. 计算外墙的中心线 L 中。

d. 计算不同墙厚的内墙净长线 L 内。

f. 计算建筑面积：单位 m^2。

②计算土方和基础工程包括平整场地、人工挖地槽、人工挖地坑、混凝土基础或垫层、砖基础、防潮层、基础回填土、房心回填土、余土外运。

③计算混凝土、钢筋、混凝土运输、安装工程：计算混凝土体积时，一定要注明是否嵌入墙体，是嵌入内墙还是外墙。计算项目一般包括现浇柱、构造柱基础梁、圈梁、过梁（分清现浇和预制）、单梁、连续梁、有梁板、无梁板、平板、现浇板带、YKB（1.015）YKB 和预制过梁等预制构件的运输（1.013）、安装（1.005）和灌缝。钢筋项目：钢筋应与混凝土一起计算，应按不同规格和钢种，分成现浇构件钢筋、预制构件钢筋、预应力钢筋列项。

④门、窗、木结构及其相应油漆工程项目包括木门窗、铝合金门窗（见前面表格）、木门窗油漆、扶手栏杆油漆。

⑤脚手架工程项目包括综合脚手架。

⑥砌筑项目包括不同配合比的内外混水墙体、台阶、零星砖砌体。

⑦墙柱面装饰工程项目包括内外墙抹灰和镶贴块料面层、墙裙抹灰和镶贴块料面层、各种装饰线和零星抹灰和墙面涂料。

⑧楼地面、天棚工程项目包括各种不同材料的垫层、找平层。

⑨屋面工程项目包括各种不同材料的找平层、保温层、二毡三油（二布三胶）防水层、SBS 或 App 改性沥青防水层、刚性防水层及钢筋、架空隔热层、水落管、弯头、落水口、落水斗。

⑩其他工程项目包括墙面涂料工程量的统计。

（三）预算定额的套用、换算、套用单价时需注意如下几点

①分项工程量的名称、规格、计量单位必须与预算定额所列内容一致，否则重套、错套、漏套预算基价都会引起直接工程费的偏差，导致施工图预算造价偏高或偏低。

②当施工图纸的某些设计要求与定额单价的特征不完全符合时，必须根据定额使用说明对定额基价进行调整或换算。

③当施工图纸的某些设计要求与定额单价特征相差甚远，既不能直接

套用也不能换算、调整时，必须编制补充单位估价表或补充定额。

二、当前我国概预算与定额管理模式

1988 年住房和城乡建设部成立标准定额司，各省市、各部委建立了定额管理站，全国颁布一系列推动概预算管理和定额管理发展的文件，以及大量的预算定额、概算定额、概算指标。20 世纪 80 年代后期，全过程造价管理概念逐渐为广大造价管理人员所接受，对推动建筑业改革起到了促进作用。随着经济体制改革的深入，我国基本建设概预算定额管理模式发生了很大的变化，主要表现在以下几点。

①重视项目决策阶段的投资估算工作，切实发挥其控制建设项目总造价的作用。

②强调设计阶段概预算工作，充分发挥其控制工程造价，合理使用建设资金的作用。

③明确建设工程产品也是商品，改革建设工程造价构成与国际惯例接轨。

④全面推行招标投标和承发包制，改行政手段分配设计、施工任务为招标承包。

⑤工程造价从过去的“静态”管理向“动态”管理过渡。

⑥建立监理工程师、造价工程师、咨询工程师（投资）执业资格制度。

⑦住房和城乡建设部于 2003 年颁布实施的《建设工程工程量清单计价规范》（GB50500—2003），不仅是适应市场定价机制、深化工程造价管理改革的重要措施，还增加了招标、投标透明度，进一步体现了招投标过程中公平、公正、公开的三公原则，是国家在工程量计价模式上的一次革命。

⑧确立咨询业公正、负责的社会地位。工程造价咨询面向社会接受委托，承担建设项目的可行性研究、投资估算、项目经济评价、工程概算、预算、工程结算、竣工决算、工程招标标底、投标报价的编制和审核，对工程造价进行监控。

（一）定额与劳动生产率

建筑工程定额反映一定时期社会生产力的水平。研究建筑产品消耗人工、材料和机械的数量及其节约的途径，以提高劳动生产率。定额对劳动生产率起保证作用。通过工时消耗研究、设备与工具的选择、劳动组织的优化、材料的合理使用等各方面的分析和研究，使各生产要素得到最合理的配合，最大限度地节约使用劳动力和减少材料消耗，挖掘潜力，从而提高劳动生产率和降低成本；通过定额的制定和执行，把提高劳动生产率的任务落实到各项工作和每个劳动者，使每个工人都能明确各自目标，加强责任感。

建筑工程定额反映建筑业的水平，是施工单位经营管理的依据和标准。每个施工单位和每个工人都要努力达到定额或争取超额完成定额。定额水平是指规定消耗在单位产品上的劳动、机械和材料数量的多寡，是按照一定施工程序和工艺条件下规定的施工生产中活劳动和物化劳动的消耗水平。定额的水平应直接反映劳动生产率水平，反映劳动和物质消耗水平。定额水平与劳动生产率水平变动方向一致，与劳动和物质消耗水平变动方向相反。现实中，定额水平和劳动生产率水平有不一致的方面。随着技术的发展和定额对社会劳动生产率的不断促进，定额水平往往落后于社会劳动生产率水平。当定额水平已经不能促进施工生产和管理，甚至影响进一步提高劳动生产率时，就应当修订已经陈旧的定额，以达到新的平衡。

（二）工时研究

企业定额的制定和推行与工时研究有着密切的关系。工时研究也称工作研究，其中包括两个密不可分的部分，即动作研究和时间研究。总体而言，企业定额的制定和执行就是工时研究的内容，是工时研究在施工生产和施工单位管理中的具体运用。

1. 动作研究

动作研究的实质是在现有设备条件下，对工作方法、生产程序和细微动作进行分析和优选，从而在产品生产中最大限度地利用物质资源，提高劳动生产率。

2. 时间研究

时间研究也称为时间衡量，是在一定标准测定条件下，确定人们作业活动所需时间总量的一套程序。时间研究的直接结果是提供制定反映劳动消耗时间定额的可靠数据资料。研究施工中的工作时间，主要目的是确定施工的时间定额和产量定额，在工作研究中称之为确定时间标准。时间研究还可以用于编制施工作业计划，检查定额执行情况和劳动效率，决定机械操作的人员组成，组织均衡生产，选择更好的施工方法和机械设备，决定工人和机械的调配，确定工程的计划成本以及作为计算工人劳动报酬的基础。但这些用途和目的，只有在确定了时间定额或产量定额的基础上才能达到。工作时间，在这里指的是工作班延续时间（不包括午休）。在对工作时间进行分类的基础上，可以采用多种方法进行工作时间的研究。施工过程的研究是工作研究的中心，工作时间的研究则是工作研究要达到的结果。研究施工中工作时间的前提，是对工作时间按其消耗性质进行分类，以便研究工时消耗的数量及其特点。

3. 施工过程研究

施工过程研究是在建设工地范围内所进行的生产过程。施工过程由不同工种、不同技术等级的建筑安装工人完成，并且必须有一定的劳动对象——建筑材料、半成品、配件、预制品等；一定的劳动工具——手动工具、小型机具和机械等。

施工过程有如下分类：

①按施工过程的性质不同，可以分为建筑过程、安装过程和建筑安装过程（建筑工程和安装工程交错进行）。

②按施工过程的完成方法不同，可以分为手工操作过程（手动过程）、机械化过程（机动过程）和机手并动过程（半机械化过程）。

③按施工过程劳动分工特点的不同，可以分为个人完成的过程、小组完成的过程和工作队完成的过程。

④按施工过程组织上的复杂程度，可以分为工序、工作过程和综合工作过程。工序是组织上分不开和技术上相同的施工过程。工序的主要特征是：工人班组、工作地点、施工工具和材料均不发生变化。如果其中有一个因素发生变化，就意味着从一个工序转入另一个工序。从施工的技术操作和组织的观点看，工序是工艺方面最简单的施工过程。工序又可分解为操作和动作。在用计时观察法来测定企业定额时，工序是主要的研究对象。工作过程是由同一工人或同一小组所完成的在技术操作上相互有机联系的工序的综合体。其特点是人员编制不变，工作地点不变，材料和工具则可以变换。例如，砌墙和勾缝，抹灰和刷浆，是不同的工作过程。

⑤施工过程的工序或其组成部分，如果以同样次序不断重复，并且每经一次重复都可以生产出同一种产品，称为循环的施工过程。施工过程的工序或其组成部分不是以同样的次序重复，或者生产出来的产品各不相同，这种施工过程则称为非循环的施工过程。施工过程和工作时间的研究是建立企业定额的基础。对复杂的施工过程和工作班延续时间进行分类和研究，是制定企业定额的必要前提。只有对施工过程进行分类研究，把施工过程划分为便于考察和研究的对象，才可以详细考察施工过程的技术组织条件，观察其工时消耗的性质和特点；只有把工作班延续时间按其消耗性质加以区别和分类，才能划分必须消耗时间和损失时间的界限，为制定定额建立科学的计算依据，也才能明确哪些工时消耗应计入定额，哪些则不应计入定额。同时，也便于每个施工过程设计出正确的施工条件，作为制定定额的技术根据。

三、（建筑）施工定额的概念

施工定额是具有合理劳动组织的建筑安装工人小组在正常施工条件下完成单位合格产品所需要的人工、机械、材料消耗的数量标准，它是根据专业施工的作业对象和工艺制定的。施工定额反映企业的施工水平，是建筑企业中用于工程施工管理的定额。施工定额是建筑工程定额中分得最细、定额子目最多的一种定额。一般情况下，施工定额等同于企业定额。但应当指出，一些施工企业缺乏自身的施工定额，这是施工管理的薄弱环节。施工企业应根据本企业的具体条件和可能挖掘的潜力，根据市场的需求和竞争环境，根据国家有关政策、法律和规范、制度，自己编制定额，自行决定定额的水平。同类施工企业之间存在着施工定额水平的差距，这样在建筑市场上才能具有竞争能力。同时，施工企业应将施工定额的水平对外作为商业秘密进行保密。在市场经济条件下，国家定额和地区定额不再是强加给施工企业的约束和指令，而是对企业的施工定额管理进行引导，从而实现对工程造价的宏观调控。

施工定额是由劳动定额、材料消耗定额和机械台班使用定额三部分组成的。它是在考虑了预算定额项目划分的方法和内容以及劳动定额的分工种做法的基础上，由工序定额综合而成的。

第四节　审计审核文件的编制

造价真实性审计是投资审计工作的重中之重。审计部门要在建筑工程造价控制与管理的各个环节中充分发挥控制、把关与监督作用，既能确保其真实性、客观性，又能达到工作快捷高效，以实现在提高审计质量的前提下，最大限度地节约审计成本，提高审计工作效率。

根据建设项目的不同特点采取不同的审计方法，为适应各种审计方法的需要，“神机妙算”系统设置了审计审核功能，且审计审核贯穿工程的全过程，包括：直接费审计审核、材料分析审计审核、价差分析审计审核、取费审计审核等内容，并可计算打印出审计审核对比分析表格。

“神机妙算工程造价计算平台”可根据送审形式进行审计审核，本章将介绍两种审计方法：送审为神机妙算工程造价文件、送审为打印报表。

一、“神机妙算文件”形式的审计审核

如果送审数据是神机妙算工程造价文件，文件扩展名为“.gcs”，则必须将“.gcs”转换为“tis”。

步骤一：选择“打开”菜单项，打开送审工程库。

步骤二：进入【套定额】页面，提取【套价库】窗口右键菜单，选择“审计审核 /（合并）排序（定额，直接费）”菜单项，按直接费大小排序，对导入的送审数据进行直接费抽样排序分析，删除不需要审计的定额数据，保留对造价影响比较大的定额项目，抽样分析后的数据，是要审计审核的定额项目。

步骤三：提取【套价库】窗口右键菜单，选择“审计审核 /（全）送审数据《-》审定数据”菜单项，将送审数据复制到审定窗口。

步骤四：打开审计审核对比窗口，通过分析定额项目的综合单价，对送审数据进行逐条对比分析。

步骤五：汇总计算。

步骤六：人材机分析。进入【人材机】页面，做完“提取刷新人材机”

后，提取窗口右键菜单，选择“（复制）数量→送审量”菜单项，将审定数据复制到“送审量”栏后，再根据送审量进行修改。

步骤七：取费计算。进入【取费】页面，提取右键菜单，选择“（复制）金额→送审金额”菜单项，将审定数数据复制到“送审（金额）”栏，再根据送审量进行修改。

步骤八：打印表格。进入【打印输出】页面，打印审计审核对比分析表格。

二、打印报表形式的审计审核

如果送审数据是打印报表，则必须先将打印报表逐条输入神机妙算工程造价软件，然后打开（审计审核）对比窗口，对送审数据进行逐条对比分析。

步骤一：新建工程库。

步骤二：进入【套定额】页面，提取【套价库】窗口右键菜单，选择“设置（字段、报价、小数）”菜单项，在弹出窗口中勾选“显示（送审）”栏全部选项，在【套价库】窗口将送审栏目打开。

步骤三：在【套价库】窗口，在“送定额号”栏输入送审的定额编号，按回车键；在“送量”栏录入工程量。

步骤四：打印表格。进入【打印输出】页面，打印审计审核对比分析表格。

结　语

综上所述，在工程造价管理工作中，使用大数据与BIM可以使工程造价管理工作有效开展，并且真正实现对工程造价的全面化控制管理。相信随着对大数据与BIM技术的不断优化升级，可以使其在工程造价中发挥出更大的作用，使工程造价得到更好的控制，从而推动我国工程建设工作顺利开展。随着BIM与大数据应用环境的完善、成熟，BIM与大数据在工程造价管理领域的应用将会更加广泛和深入。但我国工程造价信息化的程度有待进一步提高，需要借助国家政府相关行业主管部门推动数据信息的标准化，造价管理要充分依托大数据技术管理优势，进一步做好基础性的造价信息数据采集录入、归纳分析，使数据实现可交换化，从根本上推动我国工程造价的可持续健康发展。建筑工程造价的每一个环节都至关重要，任何一个阶段的变动都会影响到工程造价和企业的施工效率。

当前我国在建筑项目工程建设的造价管理中仍然存在着诸多问题，如数据获取信息不足，造价管理方式落后，各个阶段的数据信息传递失去真实性，等等，在很大程度上制约了对工程造价的管理。由于工程造价的变动性比较大，实施全过程的工程造价控制可以实现对建筑工程造价的动态管理，提高建筑施工企业工作效率，保证各个施工环节顺利进行。当前运用大数据和BIM技术来进行投标报价阶段、施工阶段、各工程竣工阶段的工程造价管理，可以有效提升工程造价管理的信息化水平，为企业创造更大的经济效益。

参考文献

[1]郑晓东.工程设计领域的知识管理：从信息化到知识化的实践智慧[M].南京：东南大学出版社，2017.

[2]郑江，杨晓莉.BIM在土木工程中的应用[M].北京：北京理工大学出版社，2017.

[3]汪和平，王付宇，李艳.工程造价管理[M].北京：机械工业出版社，2019.

[4]廖礼平，刘源，陈立华.工程造价管理[M].徐州：中国矿业大学出版社，2016.

[5]张仕平，刘虹贻，夏阳.工程造价管理[M].北京：北京航空航天大学出版社，2014.

[6]鲍学英.工程造价管理[M].北京：中国铁道出版社，2014.

[7]陈正，黄莹，樊红缨.面向可持续发展的土建类工程教育丛书基于BIM的造价管理[M].北京：机械工业出版社，2021.

[8]卢永琴，王辉.BIM与工程造价管理[M].北京：机械工业出版社，2021.

[9]王付宇，汪和平，王治国.工程造价典型案例分析[M].北京：机械工业出版社，2019.

[10]杨渝青.建筑工程管理与造价的BIM应用研究[M].长春：东北师范大学出版社，2018.

[11]张玲玲，刘霞，程晓慧.BIM全过程造价管理实训[M].重庆：重庆大学出版社，2018.

[12]林君晓，冯羽生.工程造价管理：第3版[M].北京：机械工业出版社，2022.

[13]杨峥，沈钦超，陈乾.工程造价与管理[M].长春：吉林科学技术出版社，2019.

[14]李玉洁.基于BIM的建筑工程管理[M].延吉：延边大学出版社，2018.
[15]陈建国.工程计量与造价管理：第4版[M].上海：同济大学出版社，2017.
[16]赵雪锋，刘占省.BIM导论[M].武汉：武汉大学出版社，2017.
[17]张鹏飞，李嘉军.基于BIM技术的大型建筑群体数字化协同管理[M].上海：同济大学出版社，2019.
[18]刘春燕，司晓梅.大数据导论[M].武汉：华中科学技术大学出版社，2022.
[19]黄寿孟，尤新华，黄家琴.大数据应用基础[M].西安：西北工业大学出版社，2021.
[20]童杰，冉孟廷，肖欢.大数据采集与数据处理[M].上海：上海交通大学出版社，2022.
[21]朱二喜，华驰.大数据导论[M].北京：机械工业出版社，2021.
[22]王志.大数据技术基础[M].武汉：华中科学技术大学出版社，2021.
[23]施苑英.大数据技术及应用[M].北京：机械工业出版社，2021.
[24]朱晓晶.大数据应用研究[M].成都：四川大学出版社，2021.
[25]罗森林，潘丽敏.大数据分析理论与技术[M].北京：北京理工大学出版社，2022.
[26]黄源，董明，刘江苏.大数据技术与应用[M].北京：机械工业出版社，2020.
[27]余肖生，陈鹏，姜艳静.大数据处理[M].武汉：武汉大学出版社，2020.
[28]李颖.工程造价控制[M].武汉：武汉理工大学出版社，2019.
[29]李华东，王艳梅.工程造价控制[M].成都：西南交通大学出版社，2018.
[30]刘镇，刘昌斌.工程造价控制[M].北京：北京理工大学出版社，2016.
[31]刘镇.工程造价控制[M].北京：中国建材工业出版社，2010.
[32]银花.工程造价控制[M].北京：中央广播电视大学出版社，2006.
[33]张凌云.工程造价控制[M].上海：东华大学出版社，2008.
[34]王忠诚，齐亚丽.工程造价控制与管理[M].北京：北京理工大学出版社，2019.